"十四五"职业教育河南省规划教材

信息技术与人工智能

主　审　陈林琳
主　编　李　平　张启坤
副主编　张节群　闫金亮　赵天强
　　　　朱战平　刘珍珍　杨晓远

教·学资源

航空工业出版社

北　京

内 容 提 要

本书根据教育部最新颁布的职业教育信息技术课程标准的要求和内容编写而成。全书采用项目任务式编写方式,以合理的结构、通俗易懂的语言,由浅入深、系统全面地介绍了信息技术与人工智能的相关知识。全书共分为 7 个项目,分别为平台基石——Windows 10 操作系统、文字管家——WPS 文档处理、数据洞察——WPS 电子表格处理、创意演示——WPS 演示文稿制作、沙里淘金——信息检索、修身正己——信息素养与社会责任、智启未来——人工智能。

本书可作为职业院校信息技术和计算机应用基础等课程的教材,也可作为计算机教育培训机构的专用教材。

图书在版编目(CIP)数据

信息技术与人工智能 / 李平,张启坤主编. -- 北京:航空工业出版社,2025.1(2025.8重印). -- ISBN 978-7-5165-3980-4

Ⅰ. TP3;TP18

中国国家版本馆 CIP 数据核字第 202498E6X7 号

信息技术与人工智能
Xinxi Jishu yu Rengong Zhineng

航空工业出版社出版发行
(北京市朝阳区京顺路 5 号曙光大厦 C 座四层 100028)
发行部电话:010-85672666 010-85672683　　读者服务热线:010-85672635
北京同文印刷有限责任公司印刷　　　　　　　全国各地新华书店经售
2025 年 1 月第 1 版　　　　　　　　　　　　2025 年 8 月第 2 次印刷
开本:787×1092　1/16　　　　　　　　　　　字数:375 千字
印张:16.25　　　　　　　　　　　　　　　　定价:49.80 元

PREFACE 前言

为贯彻落实《国家职业教育改革实施方案》《提升全民数字素养与技能行动纲要》，推动现代职业教育高质量发展，满足国家信息化发展战略对人才培养的要求，我们根据教育部颁布的职业教育信息技术课程标准的要求和内容，组织编写了本书。

一 本书特色

1. 春风化雨，立德树人

党的二十大报告指出："育人的根本在于立德。"本书积极贯彻党的二十大精神，始终坚持价值塑造、能力培养、知识传授"三位一体"的育人理念，将能够体现职业素养、职业道德、工匠精神、创新精神等的内容潜移默化地融入知识和技能教育，力求培养有担当、高素质、高水平的专业型人才。

2. 校企合作，协同育人

本书邀请三门峡崤云安全服务有限公司、中国电信集团有限公司三门峡分公司等相关企业专家指导和参与编写，结合企业对人才的实际要求，将教学重心落在信息素养提升和未来就业的实际需要上，充分发挥学校和企业各自在人才培养方面的优势，帮助学生实现从校园到企业的平稳过渡。

3. 全新形态，全新理念

本书遵循"理论够用，实践第一"的原则，采用项目任务式编写方式，在内容安排和教学方式上进行了大胆创新。全书以任务为基本单元，每个任务均包含"任务描述""任务准备""任务理论""任务实施"4个模块。

（1）**任务描述**：介绍任务的背景，帮助学生明确任务的学习内容。

（2）**任务准备**：引导学生以小组为单位，观看视频并回答问题，帮助学生提前了解任务的学习重点。

（3）**任务理论**：讲解任务中涉及的相关知识，帮助学生系统地掌握理论知识。

（4）**任务实施**：给出综合应用任务知识点完成任务操作的详细步骤，帮助学生提高对知识的应用能力，做到学以致用。

此外，每个项目都精心设计了项目实训和项目考核，以供学生自主练习，帮助学生查缺补漏，及时复习和巩固项目所讲的知识点；每个项目的结尾都安排了项目评价，方便学生和教师考查项目的学习成果。本书还根据需要安排了"小提示""小技巧""知识库""拓展阅读"栏目，适时提醒学生留意难点、疑点或关键点，拓宽学生的知识面。

4. 资源升级，平台支撑

本书配有丰富的数字资源，读者可以借助手机或其他移动设备扫描二维码观看微课视频，也可以登录文旌综合教育平台"文旌课堂"查看和下载本书配套资源，如素材与实例、优质课件、教案等。如果读者在学习过程中有什么疑问，也可登录该平台寻求帮助。

此外，本书还提供了在线题库，支持"教学作业，一键发布"，教师只需通过微信或"文旌课堂"App 扫描扉页二维码，即可迅速选题、一键发布、智能批改，并查看学生的作业分析报告，提高教学效率，提升教学体验。学生可在线完成作业，巩固所学知识，提高学习效率。

二 本书创作团队

本书由陈林琳担任主审，三门峡社会管理职业学院李平、张启坤担任主编，三门峡社会管理职业学院张节群、闫金亮、赵天强、朱战平、刘珍珍及三门峡崤云安全服务有限公司杨晓远担任副主编，宁梦娣、张恒齐参与编写。由于编者水平有限，书中可能存在疏漏或不妥之处，敬请各位读者批评指正。

三 特别说明

（1）在本书编写过程中，编者参考了大量资料，这些资料大部分已获授权，但由于部分资料来自网络，我们暂时无法联系到原作者。对此，我们深表歉意，并欢迎原作者随时与我们联系。

（2）本书所选案例均来源于企业真实案例，但为了避免引起误会，企业和人物均使用了化名。

本书配套资源下载网址和联系方式

网址：https://www.wenjingketang.com
电话：400-117-9835
邮箱：book@wenjingketang.com

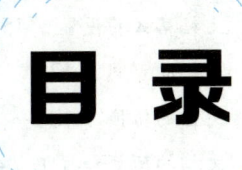

CONTENTS 目 录

项目一 平台基石——Windows 10 操作系统 / 1

任务一 启动与退出 Windows 10 操作系统 / 2

任务描述 / 2

任务准备 / 2

任务理论 / 2

　一、操作系统概述 / 2

　二、操作系统的分类 / 3

　三、主流的操作系统 / 3

任务实施 / 4

任务二 熟悉 Windows 10 操作系统 / 4

任务描述 / 4

任务准备 / 4

任务理论 / 5

　一、Windows 10 操作系统的桌面 / 5

　二、Windows 10 操作系统的窗口 / 6

　三、Windows 10 操作系统的对话框 / 8

　四、Windows 10 操作系统的快捷菜单 / 9

　五、Windows 10 操作系统的"设置"窗口 / 9

任务实施 / 10

任务三 安装与卸载应用程序 / 17

任务描述 / 17

任务准备 / 17

任务理论 / 18

　一、应用程序的安装、启动与卸载 / 18

　二、操作系统自带的应用程序 / 18

　三、输入法的使用 / 19

任务实施 / 20

任务四 管理文件及文件夹 / 24

任务描述 / 24

任务准备 / 24

任务理论 / 25

　一、文件与文件夹 / 25

　二、文件的目录结构和路径 / 26

　三、文件资源管理器 / 27

任务实施 / 27

项目实训 / 33

项目考核 / 34

项目评价 / 36

项目二 文字管家——WPS 文档处理 / 37

任务一 制作员工培训通知 / 38

任务描述 / 38

任务准备 / 38

任务理论 / 39

　一、WPS 文字的工作界面 / 39

　二、文档的基本操作 / 40

三、文档格式的设置 /45
　　四、文档的审阅 /47
　　五、文档的转换 /48
　　六、文档的预览和打印 /48
　任务实施 /49

任务二　制作招聘海报 /57
　任务描述 /57
　任务准备 /57
　任务理论 /58
　　一、对象的插入 /58
　　二、对象的编辑和美化 /58
　任务实施 /59

任务三　制作产品订购单 /67
　任务描述 /67
　任务准备 /68
　任务理论 /68
　　一、表格的创建 /68
　　二、表格内容的输入与编辑 /68
　　三、表格的编辑 /70
　　四、表格的美化 /72
　　五、文本与表格的相互转换 /74

　任务实施 /74

任务四　编排员工手册 /82
　任务描述 /82
　任务准备 /82
　任务理论 /83
　　一、分页、分节和分栏的设置 /83
　　二、页眉、页脚和页码的设置 /84
　　三、样式的使用 /85
　　四、目录和题注的使用 /87
　任务实施 /89

任务五　协同编辑员工通讯录 /95
　任务描述 /95
　任务准备 /96
　任务理论 /96
　　一、云文档 /96
　　二、云协作 /96
　任务实施 /96

项目实训 /99
项目考核 /100
项目评价 /102

项目三　数据洞察——WPS电子表格处理 /103

任务一　制作商品销售统计表 /104
　任务描述 /104
　任务准备 /104
　任务理论 /105
　　一、WPS表格的工作界面 /105
　　二、工作簿、工作表和单元格的基本
　　　　操作 /106
　　三、数据的输入与编辑 /109
　　四、工作表格式的设置 /111
　任务实施 /113

**任务二　加工商品销售统计表
　　　　数据** /117
　任务描述 /117
　任务准备 /117
　任务理论 /118
　　一、公式和函数的使用 /118
　　二、排序、筛选和分类汇总 /120
　任务实施 /121

**任务三　分析商品销售统计表
　　　　数据** /129
　任务描述 /129

目录

  任务准备 / 130
  任务理论 / 130
    一、图表的组成 / 130
    二、图表的创建、编辑与美化 / 131
    三、数据透视表和数据透视图 / 131
  任务实施 / 131
 任务四 保护与打印商品销售
    统计表 / 135
  任务描述 / 135

  任务准备 / 135
  任务理论 / 136
    一、工作簿和工作表的保护 / 136
    二、工作表的打印 / 136
  任务实施 / 136
项目实训 / 139
项目考核 / 143
项目评价 / 145

项目四 创意演示——WPS演示文稿制作 / 146

 任务一 制作公司宣传演示文稿
    内容 / 147
  任务描述 / 147
  任务准备 / 147
  任务理论 / 148
    一、WPS演示的工作界面 / 148
    二、演示文稿的基本操作 / 149
    三、演示文稿的视图模式 / 150
    四、幻灯片的基本操作 / 150
    五、幻灯片中对象的插入和编辑 / 151
    六、幻灯片母版、版式和背景的
      使用 / 151
  任务实施 / 153

 任务二 设置公司宣传演示文稿
    效果 / 166
  任务描述 / 166
  任务准备 / 166
  任务理论 / 167
    一、切换效果的设置 / 167
    二、动画效果的设置 / 167
    三、超链接和动作按钮的设置 / 168
    四、演示文稿的放映 / 169
    五、演示文稿的打包 / 169
  任务实施 / 170
项目实训 / 174
项目考核 / 175
项目评价 / 178

项目五 沙里淘金——信息检索 / 179

 任务一 检索"人工智能"的最新
    发展动态 / 180
  任务描述 / 180
  任务准备 / 180
  任务理论 / 180
    一、信息检索概述 / 180
    二、搜索引擎概述 / 182

    三、常用的信息检索方法 / 183
  任务实施 / 187
 任务二 检索"大数据与财务管理"
    相关文献 / 190
  任务描述 / 190
  任务准备 / 190
  任务理论 / 191

一、常用的信息检索通用平台 / 191
二、常用的信息检索专用平台 / 193
任务实施 / 194
项目实训 / 196
项目考核 / 197
项目评价 / 198

项目六 修身正己——信息素养与社会责任 / 200

任务一 在中国大学 MOOC 平台上学习线上课程 / 201
  任务描述 / 201
  任务准备 / 201
  任务理论 / 201
    一、认识信息素养 / 201
    二、信息素养的主要要素 / 202
    三、信息素养的提升途径 / 202
  任务实施 / 203

任务二 利用 360 安全卫士保障信息安全 / 206
  任务描述 / 206
  任务准备 / 206
  任务理论 / 206
    一、认识信息安全 / 206
    二、信息安全相关法律法规 / 208
    三、信息伦理和职业行为自律 / 209
  任务实施 / 210

项目实训 / 212
项目考核 / 214
项目评价 / 215

项目七 智启未来——人工智能 / 216

任务一 提取图片中的文字 / 217
  任务描述 / 217
  任务准备 / 217
  任务理论 / 217
    一、人工智能的概念 / 217
    二、人工智能的起源与发展 / 218
    三、人工智能的应用领域 / 219
    四、人工智能的主要技术 / 223
  任务实施 / 229

任务二 生成宣传海报配图 / 230
  任务描述 / 230
  任务准备 / 230
  任务理论 / 230
    一、人工智能文本处理工具 / 230
    二、人工智能图像处理工具 / 233
    三、人工智能视频生成工具 / 235
    四、人工智能语音处理工具 / 237
  任务实施 / 239

任务三 使用 WPS AI 设计活动策划方案 / 241
  任务描述 / 241
  任务准备 / 241
  任务理论 / 241
    一、WPS AI 协助文档处理 / 241
    二、WPS AI 协助电子表格处理 / 243
    三、WPS AI 协助演示文稿制作 / 244
  任务实施 / 245

项目实训 / 248
项目考核 / 249
项目评价 / 250

参考文献 / 251

项目一

平台基石——Windows 10 操作系统

在当今数字化的时代，操作系统作为人与计算机之间的桥梁，其重要性不言而喻。Windows 10 操作系统凭借其强大的功能，成为众多用户的首选。它不仅提供了稳定、高效的运行环境，还集成了众多实用的功能和工具，极大地提升了用户的计算机使用体验。

本项目主要介绍操作系统的相关知识，包括 Windows 10 操作系统的基本操作、应用程序管理、资源管理等。

知识目标

了解操作系统的概念、功能、分类，以及主流的操作系统；熟悉 Windows 10 操作系统的桌面、窗口、对话框、快捷菜单和"设置"窗口；掌握应用程序的安装与卸载方法；熟悉文件、文件夹和文件资源管理器的相关内容，并掌握管理文件和文件夹的基本操作。

能力目标

能够利用 Windows 10 操作系统的视窗元素（窗口、对话框、快捷菜单等）与计算机进行交互；能够完成 Windows 10 操作系统的个性化设置；能够安装与卸载应用程序；能够使用文件资源管理器有效管理 Windows 10 操作系统中的文件和文件夹。

素质目标

领略科技前沿，增强民族自豪感和自信心；发扬精益求精的工匠精神，养成严谨认真的工作态度。

信息技术与人工智能

任务一　启动与退出 Windows 10 操作系统

任务描述

操作系统在计算机中占据特殊的地位，计算机需要安装操作系统才能正常工作。正值大一新生开学，为了帮助他们更好地掌握计算机基本技能，××学校安排了 Windows 10 操作系统实践课程，课程从最基础的启动与退出 Windows 10 操作系统着手，循序渐进地引导新生开启计算机学习之路。

为了完成启动与退出 Windows 10 操作系统这个任务，我们先来了解操作系统的概念、功能、分类，以及主流的操作系统。

任务准备

全班学生以 4 人为一组进行分组，组长组织组员扫码观看"操作系统概述"视频，讨论并回答下列问题。

问题 1：主流的操作系统有哪些？

问题 2：Windows 操作系统的主流版本有哪些？

操作系统概述

任务理论

一、操作系统概述

1. 操作系统的概念

操作系统（operating system, OS）是用户与计算机底层硬件交互的接口。它是管理和控制计算机软硬件资源的计算机程序，是直接运行在裸机上的最基本的系统软件，任何其他软件都必须在操作系统的支持下才能运行。

2. 操作系统的功能

操作系统的功能主要包括进程管理、存储管理、设备管理、文件管理、作业管理等。

（1）**进程管理**。进程管理是指管理计算机系统中的各个进程，确保进程之间能够协同工作且互不干扰。进程管理包括进程组织、进程控制、进程调度、进程通信等。

（2）**存储管理**。存储管理主要是针对内存的管理，包括内存的分配、回收及地址转换等，以确保不同作业间互不干扰。

（3）设备管理。设备管理是指管理和控制各类外部设备的接入、驱动及调用等。

（4）文件管理。文件管理是指管理文件系统，包括文件的新建、删除、读取、写入等。

（5）作业管理。作业管理是指管理计算机系统中的作业（用户提交的请求），包括作业的输入、输出、调度、控制等。

二、操作系统的分类

操作系统的种类多样，按照不同的方式可以将其分为不同的类型。

（1）按与用户对话界面的不同，可将操作系统分为命令行界面操作系统（如磁盘操作系统）和图形用户界面操作系统。

（2）按同一时间内所支持的用户数不同，可将操作系统分为单用户操作系统和多用户操作系统。

（3）按处理任务数量的不同，可将操作系统分为单任务操作系统和多任务操作系统。

（4）按部署方式的不同，可将操作系统分为单机操作系统、分布式操作系统和网络操作系统。

（5）按系统功能的不同，可将操作系统分为批处理操作系统、分时操作系统和实时操作系统。

这些分类方式并不是完全独立的，一个操作系统可能同时属于多个分类。例如，Windows 操作系统既属于图形用户界面操作系统，又属于多用户、多任务操作系统。又如，Linux 操作系统既属于多用户、多任务操作系统，又属于网络操作系统。

三、主流的操作系统

目前，主流的操作系统有 Windows、Linux、鸿蒙、安卓（Android）、macOS、iOS 等。

（1）Windows 操作系统。Windows 操作系统属于图形用户界面、多用户、多任务操作系统，它提供了易于理解和交互的图形用户界面，大大降低了用户使用操作系统的门槛。Windows 操作系统是目前应用最广泛的操作系统之一，主要流行的版本有 Windows 10 操作系统和 Windows 11 操作系统。

（2）Linux 操作系统。Linux 操作系统属于多用户、多任务、网络操作系统，具有开源、免费、稳定、安全、灵活和可定制等特点。Linux 操作系统版本众多，主要流行的版本有 Red Hat 和 Ubuntu 等。

（3）鸿蒙操作系统（HarmonyOS）。鸿蒙操作系统是我国第一款智能终端操作系统，也是我国在操作系统领域的一次具有里程碑意义的突破。鸿蒙操作系统是面向全场景的分布式操作系统，可以满足用户多屏合一的需求，使用户能够轻松在智能手机、平板电脑、汽车、智能电视、智能腕表等之间自由切换。

（4）安卓（Android）操作系统。安卓操作系统是一种开源的、基于 Linux 的操作系统，主要应用于移动设备，如智能手机、平板电脑等。目前，安卓操作系统在智能手机上应用比较广泛。

（5）macOS 操作系统。macOS 操作系统属于图形用户界面、多用户、多任务操作系统，是苹果公司为其 Macintosh 系列电脑开发的操作系统，具有用户界面简洁、稳定、安全等特点。

（6）iOS 操作系统。iOS 操作系统是由苹果公司研发的移动操作系统，它主要针对苹果公司的产品，对其他公司的移动终端并不支持。

任务实施

使用 Windows 10 操作系统之前，需要先掌握启动与退出该操作系统的方法。

步骤 1 按显示器的电源开关，然后按主机机箱上的电源开关，稍等片刻，进入启动界面。

步骤 2 启动成功后按键盘上的任意键，若设置有登录密码，则进入登录界面，输入正确的密码，并按"Enter"键，进入 Windows 10 操作系统的桌面；若没有设置登录密码，则直接进入 Windows 10 操作系统的桌面。

步骤 3 单击桌面左下角的"开始"按钮，在展开的"开始"菜单中单击"电源"图标，在展开的列表中选择"关机"选项，退出 Windows 10 操作系统。

任务二 熟悉 Windows 10 操作系统

任务描述

××学校在开展的 Windows 10 操作系统实践课程中，安排了丰富多样的实践操作环节，如管理窗口、个性化设置 Windows 10 操作系统等，旨在让同学们通过亲身体验，快速熟悉 Windows 10 操作系统。

为了完成熟悉 Windows 10 操作系统这个任务，我们先来学习 Windows 10 操作系统的桌面、窗口、对话框、快捷菜单和"设置"窗口的相关知识。

任务准备

全班学生以 4 人为一组进行分组，组长组织组员扫码观看"Windows 10 操作系统概述"视频，讨论并回答下列问题。

问题 1：Windows 10 操作系统的桌面由哪几部分组成？

问题 2：Windows 10 操作系统的视窗元素有哪些？

Windows 10 操作系统概述

项目一 平台基石——Windows 10 操作系统

> 任务理论

一、Windows 10 操作系统的桌面

在启动 Windows 10 操作系统后，展现在用户面前的是它的桌面。桌面是用户与计算机进行交流的窗口，它由桌面图标、任务栏、和桌面区等组成，如图 1-1 所示。

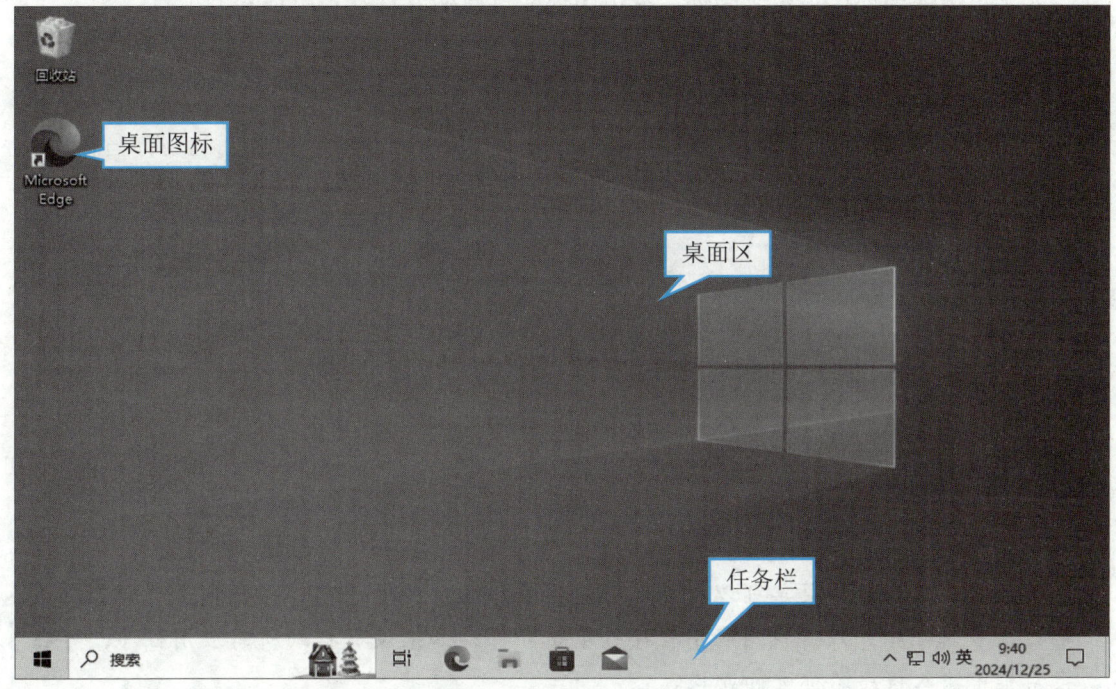

图 1-1　Windows 10 操作系统的桌面

💡 **小提示**

为了提高图片显示的效果，我们这里将系统的颜色更换为"浅色"。更换系统颜色的具体操作将在任务实施中详细介绍。

1. 桌面图标

桌面图标通常由图标和名称两部分组成，可以代表程序、文件、文件夹、快捷方式或其他项目。Windows 10 操作系统的桌面图标包括程序或文件的快捷图标和系统图标。

（1）快捷图标。快捷图标是创建快捷方式得到的图标，该图标在左下角都有一个指向右上方的箭头标志。快捷方式是 Windows 操作系统提供的一种快速启动程序、打开文件或文件夹的方法。它是一个很小的文件，是一个实际对象（程序、文件或文件夹）的地址，其扩展名为 lnk。

> 小提示
>
> 删除快捷方式不影响原文件，但删除原文件后，快捷方式不可用。

（2）系统图标。系统图标是操作系统中预定义的、具有特定含义和功能的图标，包括"此电脑""回收站""网络"和"控制面板"等。Windows 操作系统的系统图标不可以删除但可以隐藏。

无论是快捷图标还是系统图标，双击图标即可启动或打开它所代表的项目。

2. 任务栏

任务栏用于快速启动要执行的任务或切换任务。默认情况下，任务栏位于桌面的最底端，如图 1-2 所示。

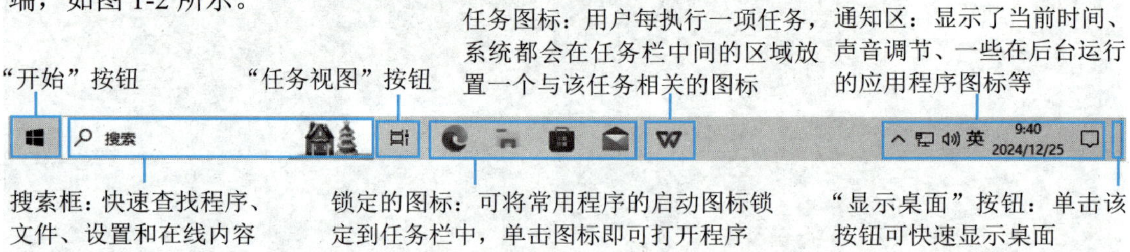

"开始"按钮　　　　"任务视图"按钮　　　任务图标：用户每执行一项任务，系统都会在任务栏中间的区域放置一个与该任务相关的图标　　　通知区：显示了当前时间、声音调节、一些在后台运行的应用程序图标等

搜索框：快速查找程序、文件、设置和在线内容　　　锁定的图标：可将常用程序的启动图标锁定到任务栏中，单击图标即可打开程序　　　"显示桌面"按钮：单击该按钮可快速显示桌面

图 1-2　任务栏

> 小提示
>
> 在 Windows 10 操作系统中，单击桌面左下角的"开始"按钮，即可打开"开始"菜单。通过"开始"菜单可以打开多数应用程序和系统管理窗口。要利用"开始"菜单打开应用程序，只需找到应用程序并单击即可；如果没有找到所需应用程序，可在搜索框中输入程序名称进行查找。

3. 桌面区

在 Windows 10 操作系统中，打开的应用程序、窗口等都会呈现在桌面区。

二、Windows 10 操作系统的窗口

在 Windows 10 操作系统中启动应用程序或打开文件夹时，会在屏幕上划定一个矩形区域，这便是窗口。例如，双击桌面上的"此电脑"图标，可打开"此电脑"窗口，如图 1-3 所示。不同类型的窗口，其组成元素不完全相同，但大部分窗口都存在一些共同的组成元素，下面以"此电脑"窗口为例进行介绍。

（1）快速访问工具栏。快速访问工具栏用于显示用户常用的命令按钮，默认只显示"属性"和"新建文件夹"两个按钮。用户可单击"自定义快速访问工具栏"按钮，在展开的下拉列表中选择相应选项，将其显示在快速访问工具栏中。

项目一　平台基石——Windows 10 操作系统

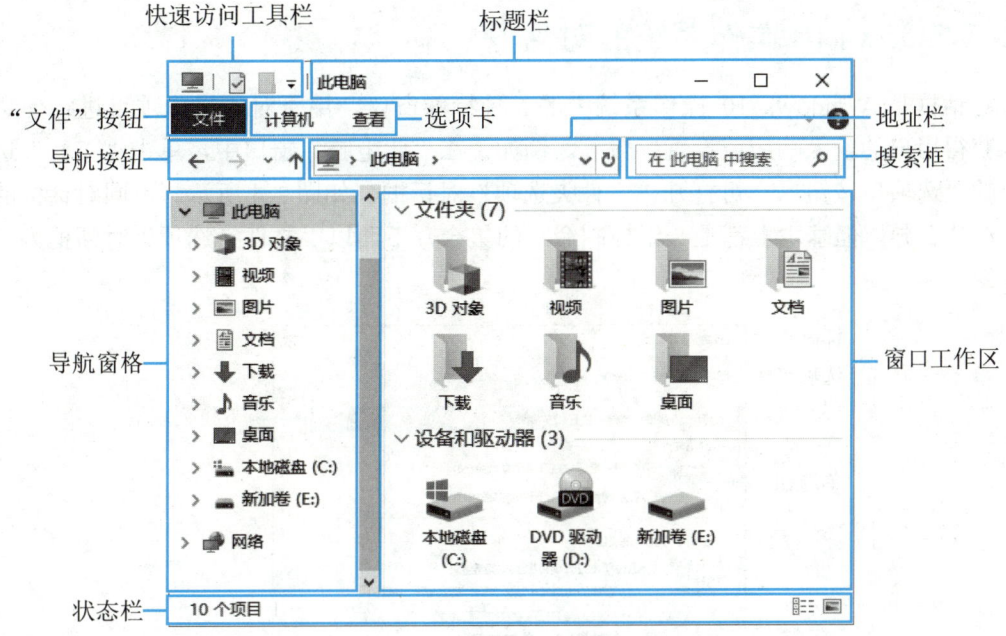

图 1-3　"此电脑"窗口

（2）**标题栏**。标题栏用于显示当前文件或文件夹的位置。标题栏右侧有"最小化""最大化/还原""关闭"3 个窗口控制按钮，单击某个按钮可对窗口执行相应的操作。

（3）**"文件"按钮和选项卡**。单击"文件"按钮可展开"文件"列表，其中包含若干与文件相关的操作选项和子列表项。选项卡是一个功能区，其中分类存放着与当前程序窗口相关的功能命令。例如，在"此电脑"窗口中，"查看"选项卡中包括若干与窗口布局、视图、项目显示/隐藏等相关的命令。

（4）**导航按钮**。导航按钮包括后退按钮←、前进按钮→、"最近浏览的位置"按钮∨和上移按钮↑。其中，后退、前进和上移按钮可分别实现目录的后退、前进和返回上级目录；"最近浏览的位置"按钮可用于快速访问最近浏览的目录。

（5）**地址栏**。地址栏用于显示当前目录的路径信息。用户在地址栏中输入要查看目录的路径信息，并按"Enter"键，即可跳转至指定目录。

（6）**搜索框**。搜索框用于在当前目录中搜索文件和文件夹。

（7）**导航窗格**。导航窗格用于显示目录层级、快速访问某个文件或文件夹，以及将项目快速移动或复制到目标位置。

（8）**窗口工作区**。窗口工作区用于显示当前窗口的内容或执行某项操作后显示的内容。当内容较多时，窗口工作区右侧和下方会出现滚动条，拖动滚动条即可查看未显示的内容。

（9）**状态栏**。状态栏用于显示当前窗口总项目和选中项目的数量、选中文件的大小等信息。此外，单击状态栏右侧的列表按钮或缩略图按钮可切换到相应视图模式。

三、Windows 10 操作系统的对话框

对话框是 Windows 10 操作系统中的一种特殊窗口，用于对所操作项目进行信息显示、获得用户的输入响应或设置参数等。例如，在"此电脑"窗口中，单击"查看"选项卡中的"选项"按钮，可打开"文件夹选项"对话框，如图 1-4 所示。不同对话框的大小、形状各异，但基本上都是一组控制命令的集合，下面以"文件夹选项"对话框为例进行介绍。

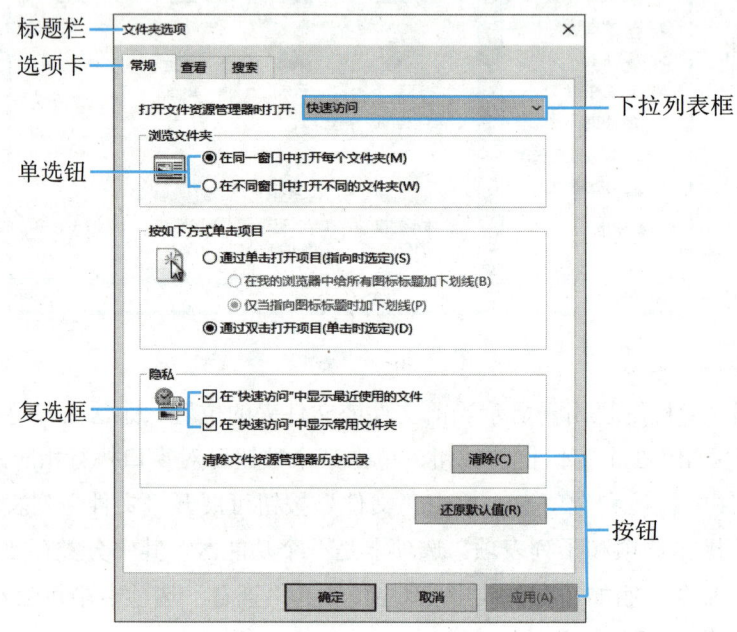

图 1-4 "文件夹选项"对话框

（1）**标题栏**。标题栏左侧显示了对话框的名称，右侧是"关闭"按钮，单击可关闭对话框。

（2）**选项卡**。当对话框中的内容较多时，通常采用选项卡的形式将内容归类到不同的选项卡中。实际上，每个选项卡都可看成一个独立的对话框，单击选项卡标签，可在不同选项卡之间切换。

（3）**下拉列表框**。下拉列表框包含某些设置的可选择项。下拉列表框只显示一个当前选项，单击其右侧的下拉按钮会展开下拉列表，可从中选择需要的选项。

（4）**单选钮**。单选钮用圆圈表示，用户只能选择一组单选钮中的一项。选中的单选钮呈◉形状，未选中的单选钮呈○形状。

（5）**复选框**。复选框带有方框标识，用户可以同时选择多个选项。单击☐可选中当前选项，此时☐变为☑形状，再次单击☑可以取消选择。

（6）**按钮**。对话框中有许多按钮，单击这些按钮可打开某个对话框或应用相关设置。其中，"确定""取消""应用"按钮对话框中较常见的按钮。单击"确定"按钮可使设置

生效并关闭对话框,单击"取消"按钮可取消设置并关闭对话框,单击"应用"按钮可使设置生效但不关闭对话框。

四、Windows 10 操作系统的快捷菜单

在 Windows 10 操作系统桌面、窗口等的不同位置右击,会弹出一个快捷菜单,其中列出了一些与当前所选对象相关的快捷操作,选择快捷菜单中的某一项,即可执行对应的操作。例如,右击桌面空白区域弹出快捷菜单,选择"个性化"选项,可以打开"个性化"设置窗口,在该窗口中可以对计算机进行更换桌面背景、选择系统颜色等个性化设置,如图 1-5 所示。

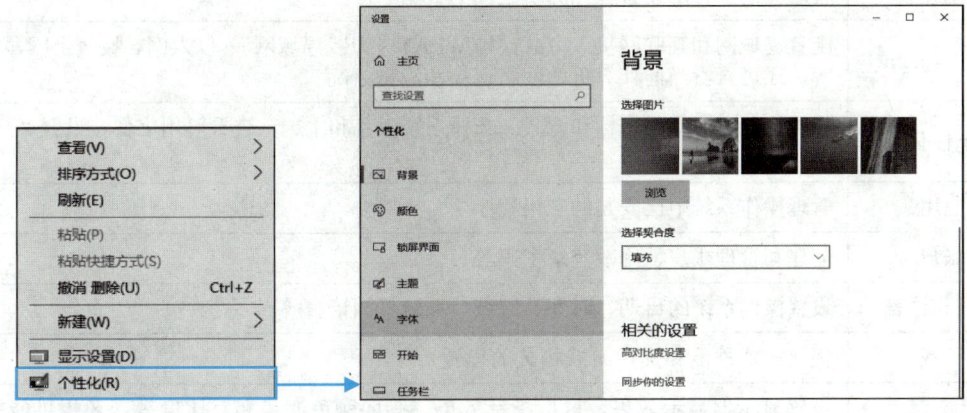

图 1-5　通过桌面快捷菜单打开"个性化"设置窗口

五、Windows 10 操作系统的"设置"窗口

"设置"窗口是 Windows 10 操作系统重要的功能界面之一,用户可在其中完成操作系统和计算机绝大部分参数的设置和管理操作。在"开始"菜单中单击"设置"图标(或按"Windows+I"组合键),即可打开"设置"窗口,如图 1-6 所示。

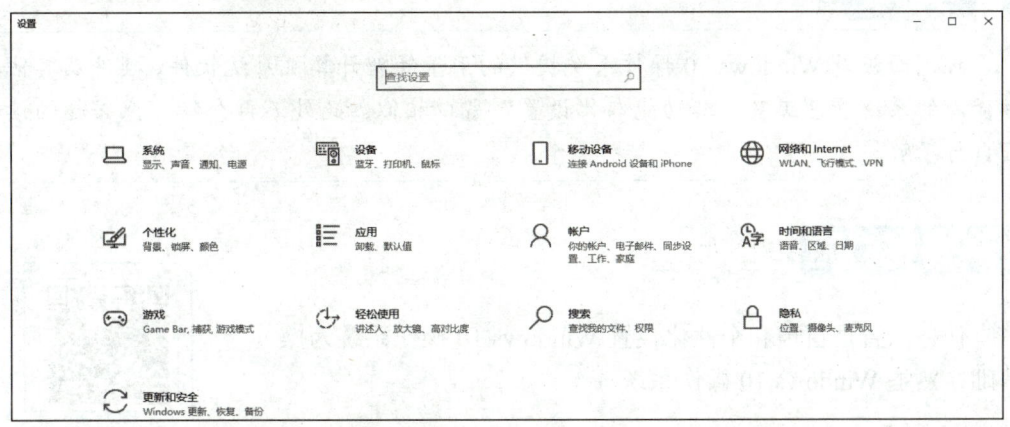

图 1-6　"设置"窗口

信息技术与人工智能

由于 Windows 10 操作系统的设置功能较多，"设置"窗口采用了层次结构设计，窗口的布局和组织非常直观和易于理解。单击窗口中排布的某个选项进入相应的功能区，在其中可完成计算机的相关基本设置。"设置"窗口各选项对应的功能如表 1-1 所示。

表 1-1 "设置"窗口的功能

选 项	功 能
系统	设置计算机所显示的文本、应用等项目的大小、桌面分辨率和显示方向，选择声音输入和输出设备并调整其音量，设置屏幕和主机休眠时间等
设备	添加、查看、管理和删除各种外部设备，如打印机、扫描仪、鼠标、键盘等
移动设备	管理和同步移动设备与计算机之间的数据
网络和 Internet	配置局域网和互联网接入方式，如 WLAN（无线局域网）、以太网、拨号上网、VPN 等，还可查看当前计算机的网络连接和流量情况
个性化	设置计算机的桌面图标和背景，选择系统颜色和主题，查看可用字体，设置"开始"菜单和任务栏等
应用	管理操作系统中已安装的应用程序
账户	创建和管理账户、修改登录密码等
时间和语言	设置操作系统的日期、时间、区域、系统界面语言等
游戏	优化游戏性能和提供游戏相关的设置
轻松使用	设置显示器显示效果、鼠标指针效果、画面颜色滤镜和对比度等，还提供能放大鼠标指针周围内容的放大镜等辅助工具
搜索	控制计算机搜索的隐私选项和功能设置
隐私	设置操作系统权限和各应用的权限
更新和安全	接收并安装 Windows 10 操作系统的更新补丁

💡 小提示

控制面板是 Windows 10 操作系统提供的用于管理计算机系统软件、硬件及其他各种资源的系统管理工具。其功能与"设置"窗口相似，此处不再介绍，感兴趣的读者可自行了解。

任务实施

本任务以管理窗口和个性化设置 Windows 10 操作系统为操作基础，熟悉 Windows 10 操作系统。

熟悉 Windows 10 操作系统

项目一 平台基石——Windows 10 操作系统

1. 管理窗口

（1）打开窗口并查看其中的对象。

步骤 1 单击"开始"按钮■，在打开的"开始"菜单中选择"Windows 系统"/"此电脑"选项，如图 1-7 所示。

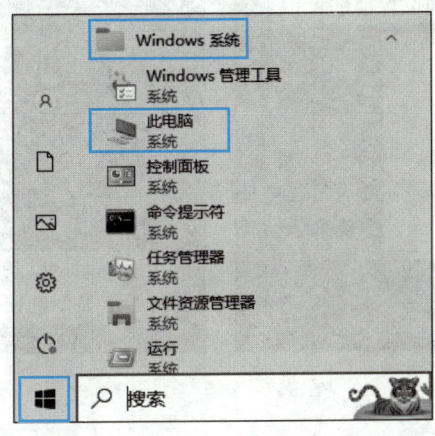

图 1-7 选择"Windows 系统"/"此电脑"选项

步骤 2 打开"此电脑"窗口，双击 C 磁盘图标，打开 C 磁盘窗口并查看其中的对象，如图 1-8 所示。

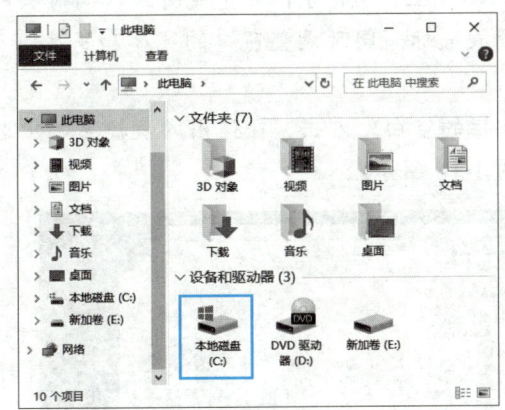 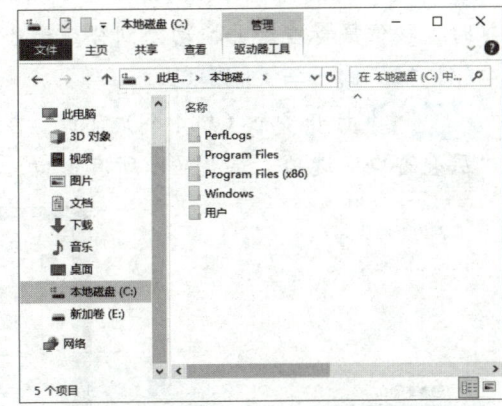

图 1-8 打开 C 磁盘窗口并查看其中的对象

步骤 3 单击地址栏左侧的上移按钮↑，可返回到上一级的"此电脑"窗口。

（2）最大化、最小化和还原窗口。

步骤 1 单击"此电脑"窗口右上角的"最大化"按钮□，此时可看到窗口铺满整个屏幕，且"最大化"按钮□变成"向下还原"按钮□；单击"向下还原"按钮□，将最大化后的窗口还原成原始大小。

步骤 2 单击窗口右上角的"最小化"按钮—，此时该窗口隐藏，并在任务栏中显示一个图标■；单击该图标，将窗口还原到屏幕显示状态。

(3) 移动窗口位置并调整其大小。

步骤 1 将鼠标指针移到"此电脑"窗口标题栏的空白处，按住鼠标左键并向右拖动，待屏幕右侧边缘出现窗口气泡时释放鼠标，移动窗口位置，如图1-9所示。

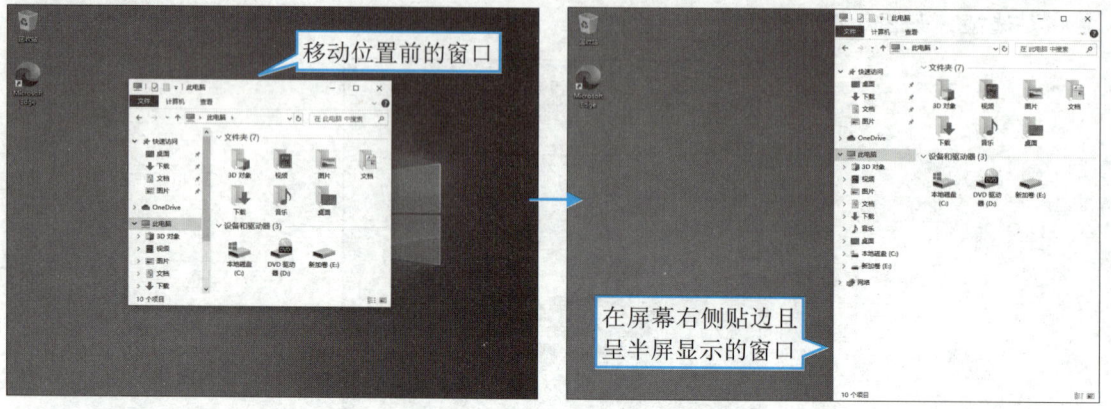

图1-9　移动窗口位置

步骤 2 将鼠标指针移到窗口的左、右、上、下边框线上，待鼠标指针变成左右双向箭头↔或上下双向箭头↕时，按住鼠标左键并左右或上下拖动，到合适大小后释放鼠标，调整窗口的宽度或高度。

步骤 3 将鼠标指针移到窗口4个角的任一顶点上，待鼠标指针变成斜式双向箭头↗或↘时，按住鼠标左键并拖动，到合适大小后释放鼠标，同时调整窗口的宽度和高度。

(4) 排列显示与关闭窗口。

步骤 1 打开多个（如4个）窗口，在任务栏的空白处右击，在弹出的快捷菜单中选择"层叠窗口"选项，层叠显示所有窗口，如图1-10所示。

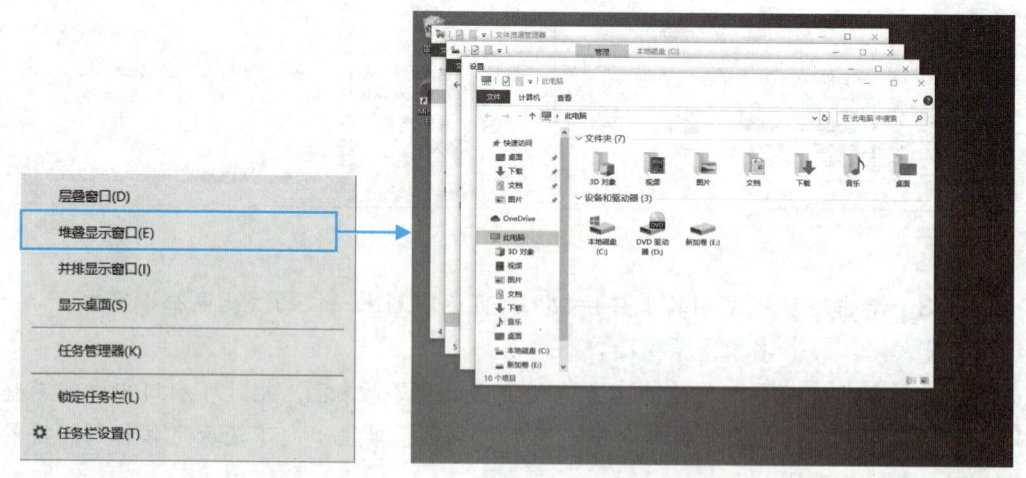

图1-10　层叠显示所有窗口

步骤 2 在任务栏的空白处右击，在弹出的快捷菜单中选择"并排显示窗口"选项，并排显示所有窗口。

步骤 3 在任务栏的空白处右击,在弹出的快捷菜单中选择"撤销并排显示所有窗口"选项,将窗口恢复到原来的层叠显示状态。

步骤 4 单击"此电脑"窗口右上角的"关闭"按钮×,关闭"此电脑"窗口。

步骤 5 在任务栏中多个窗口的任务图标上右击,在弹出的快捷菜单中选择"关闭所有窗口"选项,关闭所有窗口。

2. 个性化设置 Windows 10 操作系统

(1)添加与更改桌面图标。

默认情况下,启动 Windows 10 操作系统后,桌面上只显示"回收站"和"Microsoft Edge"图标。用户可以将常用的桌面图标"计算机""用户的文件""网络"等添加到桌面上,还可以更改桌面图标的样式。

步骤 1 在桌面空白处右击,在弹出的快捷菜单中选择"个性化"选项,打开"个性化"设置窗口。

步骤 2 在窗口左侧选择"主题"选项,然后在窗口右侧选择"桌面图标设置"选项,打开"桌面图标设置"对话框;在"桌面图标"设置区中勾选所有复选框,单击"应用"按钮,添加桌面图标,如图 1-11 所示。

步骤 3 在"桌面图标设置"对话框的中间部分选中要更改的桌面图标,然后单击"更改图标"按钮,在打开的"更改图标"对话框中选择一种图标并单击"确定"按钮,更改桌面图标样式,如图 1-12 所示。

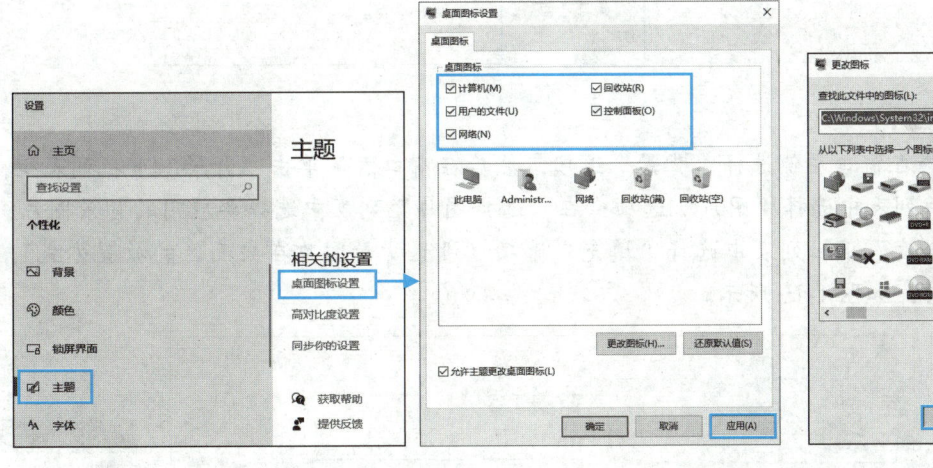

图 1-11 添加桌面图标　　　　图 1-12 更改桌面图标样式

(2)设置系统的颜色、主题和桌面背景。

步骤 1 打开"个性化"设置窗口,在窗口左侧选择"颜色"选项,然后在窗口右侧选中"选择你的默认 Windows 模式"下方的"浅色"单选钮,设置系统颜色,如图 1-13 所示。

步骤 2 在窗口左侧选择"主题"选项,然后在窗口右侧选择"鲜花"主题,设置系统主题,如图 1-14 所示。

信息技术与人工智能

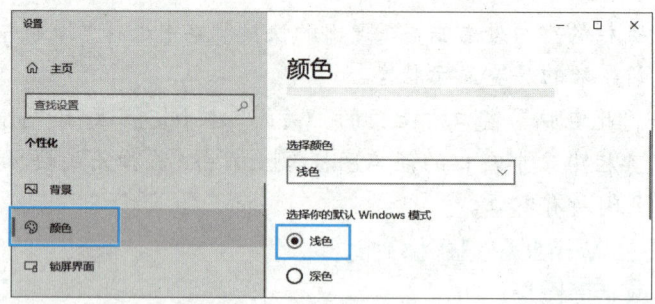

图 1-13 设置系统颜色

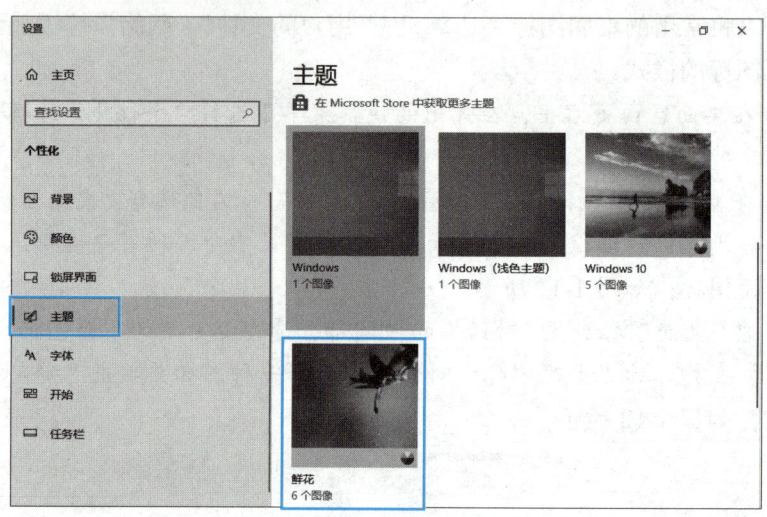

图 1-14 设置系统主题

步骤 3 在窗口左侧选择"背景"选项,然后在窗口右侧单击"背景"下拉列表框,在展开的下拉列表中选择"图片"选项;在"选择图片"列表中选择要应用的背景图片;在"选择契合度"下拉列表中选择"填充"选项(设置背景图片在桌面区的放置方式),设置桌面背景,如图 1-15 所示。

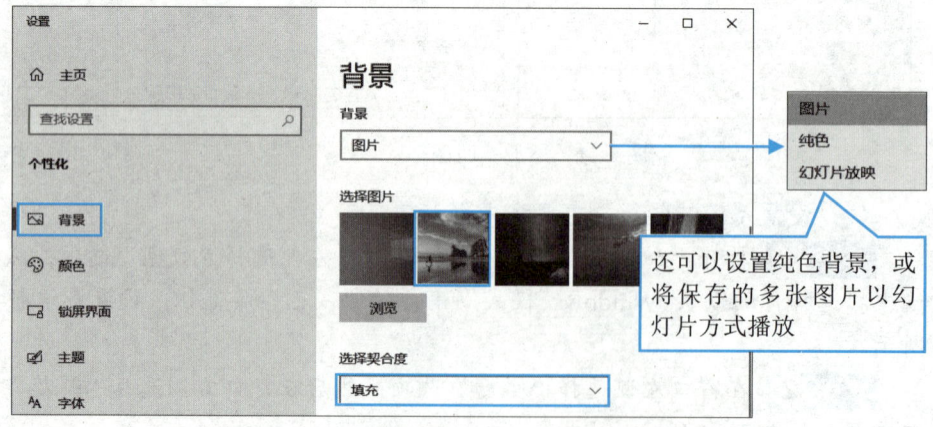

图 1-15 设置桌面背景

项目一　平台基石——Windows 10 操作系统

(3) 安装字体。

打开"个性化"设置窗口，在窗口左侧选择"字体"选项，然后按住鼠标左键将待安装的字体（此处安装"素材与实例"/"项目一"/"任务二"/"FZY3JW.TTF"字体）拖到窗口右侧的"拖放以安装"虚线框中（见图 1-16），释放鼠标后安装该字体。

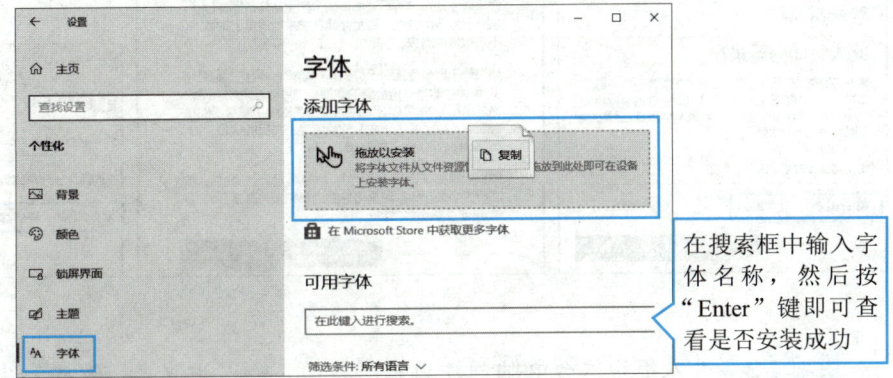

在搜索框中输入字体名称，然后按"Enter"键即可查看是否安装成功

图 1-16　安装字体

(4) 设置 Windows 10 操作系统用户账户并登录系统。

Windows 10 操作系统提供了多用户操作环境。当多人使用同一台计算机时，可以分别为每个用户创建一个账户。这样，每个用户都可以使用自己的账号和密码登录系统，拥有独立的桌面、用户文件夹等，从而使用户之间互不影响，保障各自数据的隐私性与安全性。

步骤 1　在"开始"菜单中选择"设置"图标，打开"设置"窗口，选择"账户"选项，进入"账户"设置窗口，在窗口左侧选择"家庭和其他用户"选项，然后在窗口右侧选择"将其他人添加到这台电脑"选项，如图 1-17 所示。

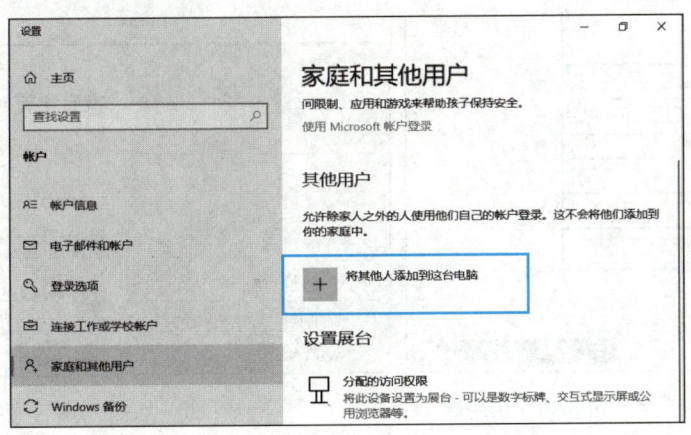

图 1-17　选择"将其他人添加到这台电脑"选项

步骤 2　打开 Microsoft 账户对话框，进入"此人将如何登录？"界面，选择"我没有这个人的登录信息"选项；进入"个人数据导出许可"界面，单击"同意并继续"按钮；进入"创建账户"界面，选择"添加一个没有 Microsoft 账户的用户"选项，如图 1-18 所示。

信息技术与人工智能

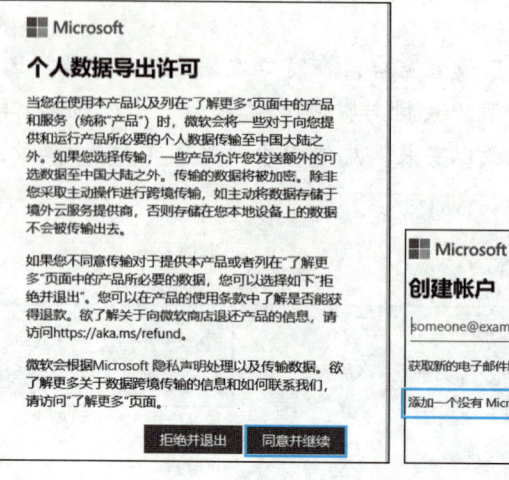

图 1-18　创建账户

步骤 ③ 进入"为这台电脑创建用户"界面，输入用户名、密码和安全问题，并单击"下一步"按钮，如图 1-19 所示。

步骤 ④ 返回"账户"设置窗口，在窗口右侧的"其他用户"列表中可看到新创建的用户账户，如图 1-20 所示。

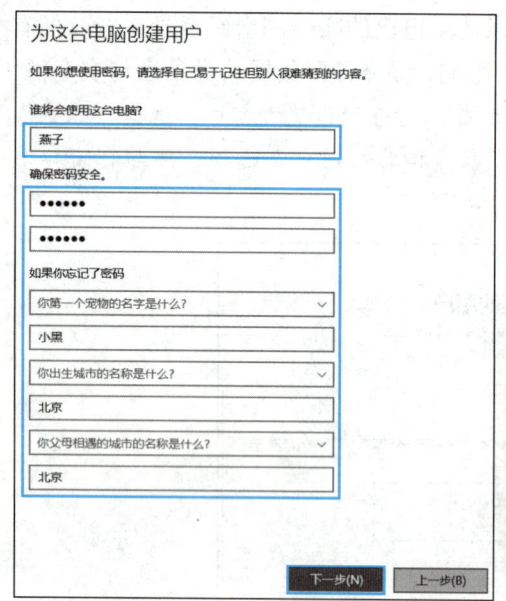
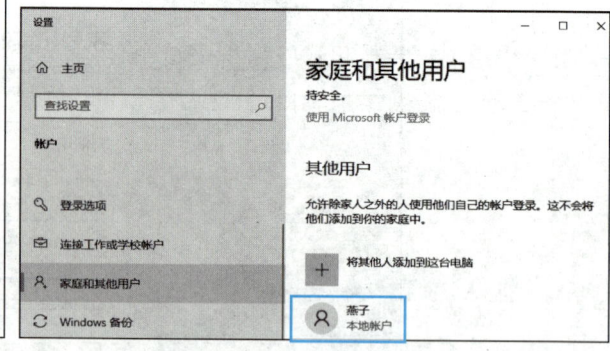

图 1-19　设置用户名、密码和安全问题　　　　图 1-20　查看创建的用户账户

　　使用的 Windows 10 操作系统版本不同，设置 Windows 10 操作系统用户账户的操作可能不同，读者可根据实际提示进行操作。

项目一 平台基石——Windows 10 操作系统

步骤 5 在任务栏空白处右击,在弹出的快捷菜单中选择"任务管理器"选项;打开"任务管理器"窗口,在"用户"选项卡的"用户"列表中选择当前用户并右击,在弹出的快捷菜单中选择"断开连接"选项;在弹出的提示对话框中单击"断开用户连接"按钮,断开用户连接,如图 1-21 所示。

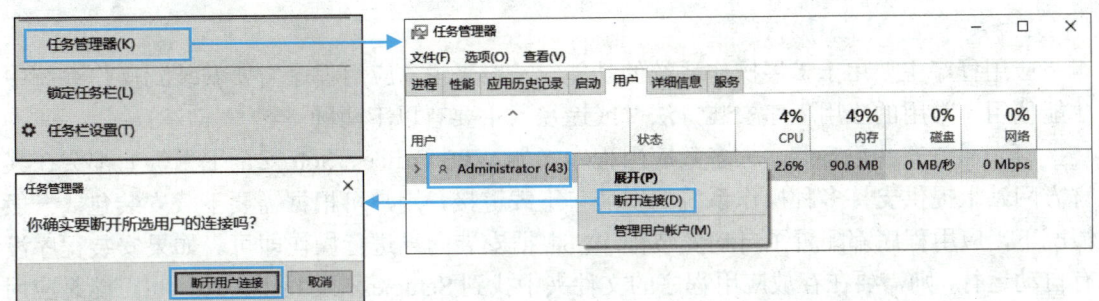

图 1-21 断开用户连接

步骤 6 进入系统登录界面,在左下角选择新用户账户,输入相应的密码并按"Enter"键登录系统。

任务三 安装与卸载应用程序

任务描述

为切实提升学生在日常使用计算机时的自主管理能力,××学校在开展的 Windows 10 操作系统实践课程中安排了相关学习内容,以教授学生如何管理计算机中的应用程序。

为了完成安装与卸载应用程序这个任务,我们先来学习安装、启动与卸载应用程序的方法,同时了解操作系统自带的应用程序和输入法的相关知识。

任务准备

全班学生以 4 人为一组进行分组,组长组织组员扫码观看"应用程序概述"视频,讨论并回答下列问题。

问题 1:在日常工作和学习中,常用的应用程序有哪些?

问题 2:在日常工作和学习中,常用的输入法有哪些?

应用程序概述

信息技术与人工智能

任务理论

一、应用程序的安装、启动与卸载

1. 安装应用程序

应用程序主要用于扩展操作系统的功能。一般来说，应用程序需要安装到操作系统中才能使用。常用的应用程序安装方法（或途径）主要有以下两种。

（1）**通过安装包安装**。大多数应用程序（如 WPS Office、360 安全卫士等）都会在其官方网站上提供支持多种操作系统的安装包下载链接，用户可根据需要下载安装包。一般情况下，应用程序都配置了自动安装程序，根据安装向导进行操作即可。如果安装程序没有自动运行，则需要在存放应用程序的文件夹中找到 Setup.exe 或 Install.exe（也可能是应用程序名称）等文件，双击便可进行安装操作。

（2）**通过应用商店安装**。几乎所有采用图形用户界面的操作系统都会提供应用商店，如 Windows 操作系统提供的 Microsoft Store、鸿蒙操作系统提供的应用市场、macOS 和 iOS 操作系统提供的 App Store 等。这些应用商店中提供了丰富的应用程序，用户往往只需单击应用程序页面中的"安装"按钮即可将其安装到操作系统中，安装过程非常简单便捷。

2. 启动应用程序

启动应用程序的方法主要有以下两种。

（1）**通过桌面快捷方式图标启动**。这种启动方法适用于大部分操作系统。应用程序安装完成后通常会在桌面上自动创建一个快捷方式图标，用户通过双击该快捷方式图标即可快速启动应用程序。

（2）**通过应用程序的可执行文件启动**。这种启动方法适用于安装在 Windows 操作系统中的应用程序。该方法需要先找到应用程序的安装路径，然后在安装文件夹中双击扩展名为"exe"的可执行文件。

3. 卸载应用程序

卸载应用程序的方法主要有以下两种。

（1）**使用卸载程序卸载**。应用程序大都提供了卸载程序。例如，在 Windows 操作系统中，用户可在应用程序的安装文件夹中找到并运行带有"uninst""uninstall"等字样的卸载程序，然后按照卸载向导中的提示进行操作即可。

（2）**使用应用程序管理工具卸载**。为了便于集中管理各种应用程序，操作系统通常都内置了应用程序管理工具。例如，在 Windows 操作系统中，用户可在"设置"窗口中的"应用"设置窗口中卸载计算机中的应用程序。

二、操作系统自带的应用程序

如今的操作系统通常会自带一些可实现基本功能的应用程序，不同类型的操作系统自带的应用程序略有不同，但可实现的功能整体一致。Windows 10 操作系统自带的应用程序包括计算器、日历、时钟、记事本、写字板、浏览器、画图等，如表 1-2 所示。

• 项目一　平台基石——Windows 10 操作系统

表 1-2　Windows 10 操作系统自带的应用程序

功能类别	程序名称
文件资源管理类	文件资源管理器
网页浏览类	Microsoft Edge、Internet Explorer
文本编辑类	记事本、写字板
图形图像类	画图、画图 3D、截图工具、照片
影音工具类	录音机、电影和电视
生活服务类	时钟、日历、天气、地图、计算器
命令行操作类	命令提示符

例如，"记事本"应用程序可用来查看或编辑无格式的文本文档，如图 1-22 所示。在"开始"菜单中选择"Windows 附件"/"记事本"选项即可启动该应用程序。输入文本后，还可通过"编辑""格式""查看"菜单对其进行各项设置。

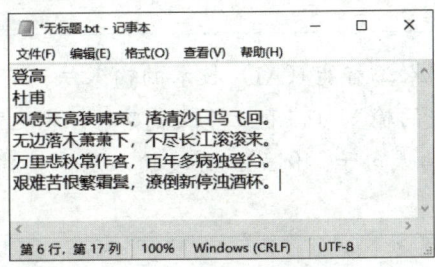

图 1-22　使用"记事本"应用程序查看文本文档

三、输入法的使用

输入文本是用户与计算机进行交互的重要方式。输入文本通常需要借助键盘和输入法。输入法是一种应用程序，其主要功能是根据一定的编码规则，使用户可以在计算机中输入英文字母、数字、汉字、特殊字符等内容。

操作系统通常都会自带中英文输入法，用户也可根据需要安装第三方输入法，以及对输入法进行自定义设置。为了提高输入速度，用户应掌握键盘的盲打指法，如图 1-23 所示。

1. 常用的输入法

目前，常用的输入法主要有拼音输入法和五笔字型输入法两类。

（1）**拼音输入法**。拼音输入法是以汉语拼音为基础的输入法。它会将用户输入的一个汉字拼音识别为多个同音汉字供用户选择。常见的拼音输入法有微软拼音输入法、搜狗拼音输入法、QQ 拼音输入法等。

（2）**五笔字型输入法**。五笔字型输入法是根据汉字结构进行编码的中文输入法。它会将汉字拆分成一些基本字根，每个字根都与键盘上的一个字母键相对应，依次按下多个字母键即可组合成汉字。常见的五笔字型输入法有搜狗五笔输入法、万能五笔输入法和极品五笔输入法等。

信息技术与人工智能

图 1-23　盲打指法示意图

知识库

AI 输入法是一种基于人工智能（AI）技术的输入法，它利用机器学习、自然语言处理等技术，能够根据用户的输入习惯和上下文内容，智能地预测用户想要输入的文字，并提供相应的候选词、短语或句子。例如，百度输入法、搜狗输入法、讯飞输入法等都内置了 AI 输入功能。

2. 输入法的选择和切换

要选择或切换输入法，可单击任务栏右侧的输入法图标拼，然后在展开的列表中选择所需的输入法（见图 1-24），或者按"Ctrl+Shift"组合键进行输入法之间的逐一切换，直至切换到所需输入法。

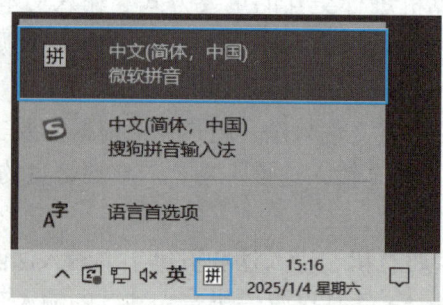

图 1-24　选择输入法

任务实施

本任务以安装与卸载 360 安全卫士和安装与设置输入法为例，练习管理计算机中应用程序的操作。

项目一 平台基石——Windows 10 操作系统

1. 安装与卸载 360 安全卫士

步骤 1 双击桌面上的"Microsoft Edge"图标，启动 Microsoft Edge 浏览器，然后在地址栏中输入网址"https://www.360.cn"（见图 1-25），按"Enter"键进入 360 官方网站。

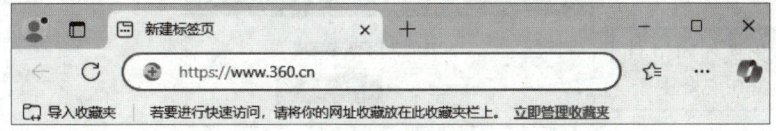

图 1-25　输入 360 官方网站网址

步骤 2 在打开的 360 官方网站首页中保持"360 安全卫士"的选中状态，单击"立即体验"按钮下载"360 安全卫士"安装包，如图 1-26 所示。

> 360 官方网站页面可能更新，用户可根据实际情况下载安装包

图 1-26　下载"360 安全卫士"安装包

步骤 3 打开下载完成的安装包所在的文件夹，然后双击下载的安装包文件（"inst.exe"文件），打开"360 安全卫士"安装界面（见图 1-27），单击"浏览"按钮可更改安装路径，此处保持默认，最后单击"同意并安装"按钮开始安装。

图 1-27　"360 安全卫士"安装界面

步骤 4 关闭打开的"致 360 安全卫士用户的一封信"界面，等待安装。安装完成后会出现提示界面（见图 1-28），此处单击界面右上角的"关闭"按钮 关闭该界面。至此，360 安全卫士应用程序安装完成。

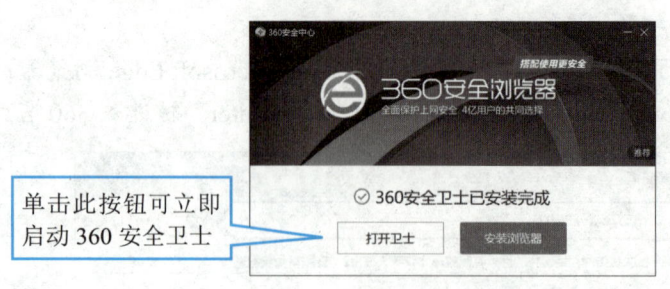

图 1-28　360 安全卫士已安装完成的提示界面

步骤 5 若不再需要 360 安全卫士应用程序，可将其卸载，以释放磁盘空间。在"开始"菜单中选择"设置"图标，打开"设置"窗口，选择"应用"选项，进入"应用"设置窗口，然后在窗口右侧选择"应用和功能"列表中的"360 安全卫士"选项，最后单击该选项下方的"卸载"按钮即可卸载该应用程序，如图 1-29 所示。

图 1-29　卸载应用程序

2. 安装与设置输入法

步骤 1 进入搜狗输入法官方网站（网址 https://shurufa.sogou.com），下载搜狗拼音输入法安装包，然后双击下载的安装包，并根据提示安装搜狗拼音输入法。

步骤 2 在"开始"菜单中选择"设置"图标，打开"设置"窗口，选择"时间和语言"选项。

步骤 3 进入"时间和语言"设置窗口（见图 1-30），在窗口左侧选择"语言"选项，然后在窗口右侧选择"首选语言"列表中的"中文(简体，中国)"选项，最后单击该选项下方的"选项"按钮。

安装与设置输入法

步骤 4 进入"语言选项：中文(简体，中国)"设置窗口，选择"键盘"列表中的"添加键盘"选项，在展开的下拉列表中选择"微软五笔"选项（见图 1-31），即可在"键盘"列表中看到添加的"微软五笔"输入法。

项目一 平台基石——Windows 10 操作系统

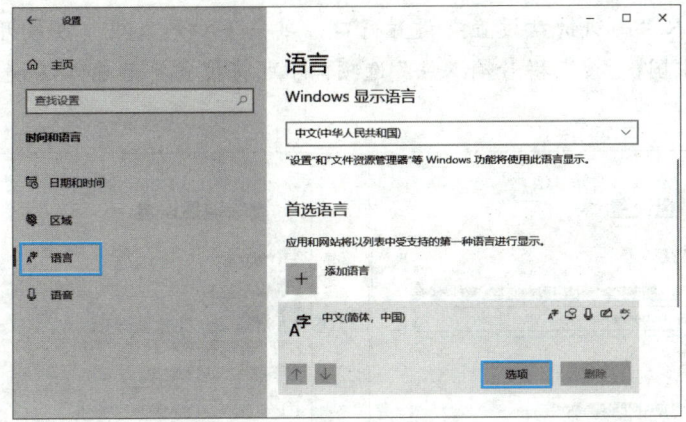

图 1-30 "时间和语言"设置窗口

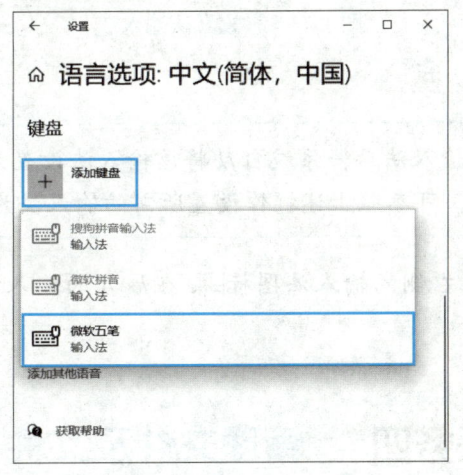

图 1-31 选择"微软五笔"选项

步骤 5 返回"时间和语言"设置窗口,在窗口右侧选择"相关设置"列表中的"拼写、键入和键盘设置"选项;进入"输入"设置窗口,在窗口右侧选择"更多键盘设置"列表中的"高级键盘设置"选项,如图 1-32 所示。

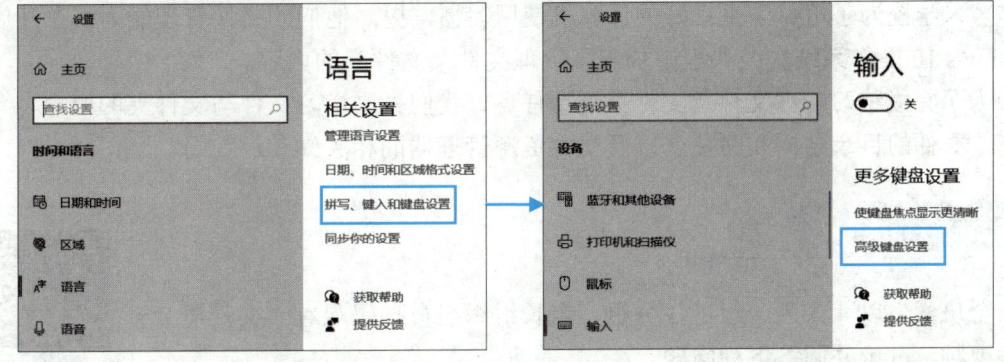

图 1-32 选择"高级键盘设置"选项

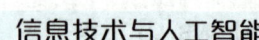

步骤 6 进入"高级键盘设置"设置窗口，单击下拉列表框，在展开的下拉列表中选择"中文(简体，中国) - 搜狗拼音输入法"选项，即可将搜狗拼音输入法设置为默认输入法，如图 1-33 所示。

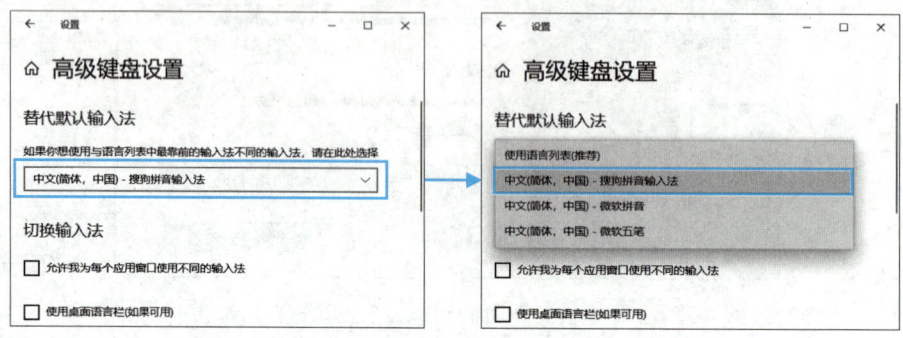

图 1-33　设置默认输入法

> **小提示**
>
> 此处安装搜狗拼音输入法后，系统自动将该输入法设置为默认输入法。读者若安装了多个第三方输入法，可参照上述操作设置所需的输入法为默认输入法。

步骤 7 单击任务栏右侧的输入法图标囲，在展开的输入法列表中可以看到新添加的输入法。

任务四　管理文件及文件夹

任务描述

在日常学习和工作中，高效管理文件及文件夹是确保信息有序存储和快速检索的关键。××学校为了培养学生良好的计算机使用习惯，提高他们的文件管理能力，在开展的 Windows 10 操作系统实践课程中加入了管理文件及文件夹的内容。

为了完成练习管理文件及文件夹这个任务，我们先来学习文件与文件夹的概念、命名规则，文件的目录结构和路径，以及文件资源管理器的相关知识。

任务准备

全班学生以 4 人为一组进行分组，组长组织组员扫码观看"文件概述"视频，讨论并回答下列问题。

问题 1：文件名一般由哪几部分组成？

文件概述

问题2：如何判断文件的类型？常见的文件类型有哪些？

任务理论

一、文件与文件夹

计算机中的数据都是以文件的形式保存的。在 Windows 10 操作系统中，可以用文件夹对文件进行归类，并通过文件资源管理器来查看和管理。

1. 文件

文件是指存放在外存储器上的一组相关信息的集合。文件中存放的信息可以是一个程序，也可以是一篇文章、一首乐曲、一幅图片等。每个文件都有一个名字，称为文件名。

文件名由主文件名和扩展名两部分组成，中间由"."分隔，如"信息技术与人工智能.docx""电子表格.xlsx"等。文件名中位于"."左侧的部分称为主文件名；位于"."右侧的部分称为扩展名，表示文件类型。常见的文件扩展名如表1-3所示。

表1-3 常见的文件扩展名

文件扩展名	文件类型	文件扩展名	文件类型	文件扩展名	文件类型
txt	文本文件	docx、doc	文档	jpg、png、gif	图像文件
wav、mp3	音频文件	xlsx、xls	电子表格	htm、html、asp	网页文件
avi、mp4	视频文件	pptx、ppt	演示文稿	sys	系统文件

> **知识库**
>
> 按照打开方式划分，文件可分为可执行文件和不可执行文件两种类型。
> ① 可执行文件是指可以自己运行的文件，其扩展名主要为exe。双击可执行文件，该文件会自动运行。
> ② 不可执行文件是指不能自己运行，需要借助特定应用程序打开或使用的文件，如文本文件、电子表格、图像文件、视频文件等。

2. 文件夹

文件夹是存放文件的场所。为了方便管理文件，用户可以创建不同的文件夹，将文件分门别类地存放在文件夹中。文件夹由一个黄色的小夹子图标和名称组成，如图1-34所示。此外，在文件夹中除了可以包含文件外，还可以包含其他文件夹。

文件夹一般分为系统文件夹和用户文件夹两种类型。系统文件夹是安装好操作系统或应用程序后系统自己创建的文件夹，它们通常位于C盘中，不能随意删除和更改名称；用户文件夹是用户自己创建的文件夹，可以删除和更改名称。

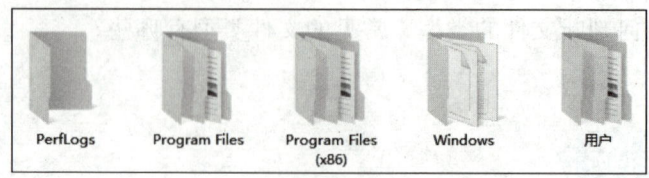

图 1-34　文件夹

3. 主文件名与文件夹名的命名规则

主文件名与文件夹名具体的命名规则如下。

（1）它们的名称不能超过 255 个字符（一个汉字相当于两个字符）。

（2）它们的名称可以包含汉字、英文字母（不区分大小写）、数字、空格，以及"+" "【" "】" "@" "." "(" ")"等字符，但不可以包含"/" "\" "|" ":" "?" "*" """ ">" "<"等字符。

（3）在同一文件夹中不能有同名的文件或文件夹。

> **小提示**
>
> 查找文件时可以使用通配符"*"和"?"，前者可以代表零个、一个或多个字符，后者仅代表一个字符。例如，"*.doc"表示查找扩展名为 doc 的所有文件，"?B*.exe"表示查找第二个字符为 B 的所有可执行文件。

二、文件的目录结构和路径

1. 文件的目录结构

一个磁盘上的文件成千上万，为了有效地管理和使用文件，用户通常在磁盘上创建文件夹（目录），在文件夹下再创建子文件夹（子目录），然后将文件分门别类地存放在不同的文件夹中。磁盘上所有文件的目录结构就像一棵倒置的树，如图 1-35 所示。其中，树根为根文件夹（根目录），树中每个分枝为子文件夹（子目录），树叶为文件。

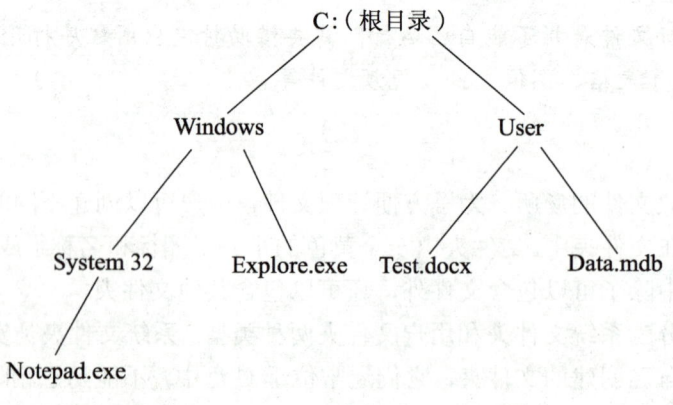

图 1-35　目录结构

项目一　平台基石——Windows 10 操作系统

2. 文件路径

文件路径指文件的存储位置，分为绝对路径和相对路径。绝对路径是指从根目录开始，逐级到达目标文件的完整路径；相对路径是指从当前目录或指定参照点开始，逐级到达目标文件的路径。例如，图 1-35 中，"Notepad.exe" 文件的绝对路径为 "C:\Windows\System32\Notepad.exe"；如果当前目录为 "System 32"，则 "Data.mdb" 的相对路径为 "..\..\User\Data.mdb"。

三、文件资源管理器

在 Windows 10 操作系统中，文件资源管理器是管理计算机中文件、文件夹等资源的重要工具，它采用层次结构对计算机中的资源进行导航，使得用户可以轻松地浏览和管理计算机中的文件和文件夹。右击"开始"按钮，在弹出的快捷菜单中选择"文件资源管理器"选项，可打开"文件资源管理器"窗口，如图 1-36 所示。

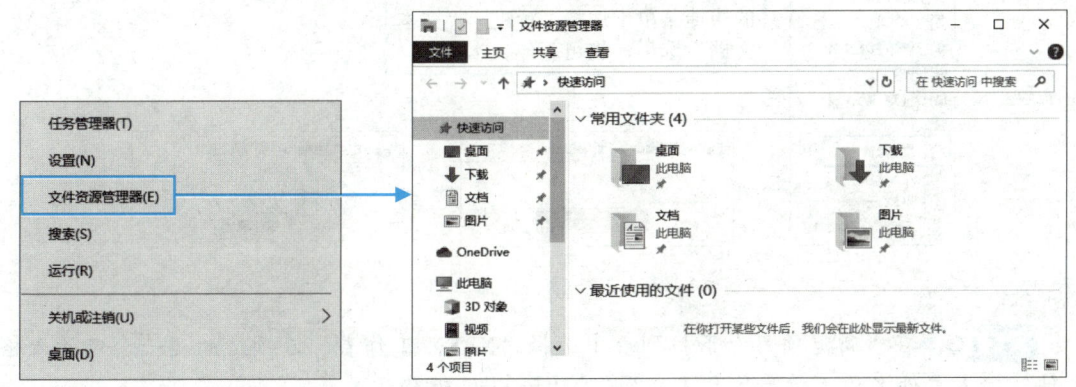

图 1-36　打开"文件资源管理器"窗口

> **拓展阅读**
>
> 在日常使用 Windows 操作系统时，我们应该养成良好的文件管理习惯，如根据文件用途分类存放文件，使用简洁、明确、统一的命名规则为文件命名，定期清理和更新文件等，以更好地组织、存储和访问文件资源，提高工作和学习效率。
>
> 同样，在日常生活中，我们也要培养自己做事有条理的良好习惯，分类管理、合理安排，使自己在学习和工作时有条不紊、清晰有序，达到事半功倍的效果。

任务实施

在管理文件和文件夹的过程中，经常需要对文件或文件夹进行新建、选择、移动、复制、重命名、删除、还原、查找、查看并设置属性等操作，大家应熟练掌握这些操作。

管理文件及文件夹

1. 新建文件和文件夹

此处通过在 E 磁盘中新建"专业笔记"文本文件、"学生信息采集"电子表格文件、"个人资料"文件夹,并在"个人资料"文件夹中新建"学习资料"和"工作资料"文件夹,介绍新建文件和文件夹的方法。

步骤 1 打开"文件资源管理器"窗口,在导航窗格中选择"此电脑"选项,然后在右侧窗口工作区中双击 E 磁盘图标,打开 E 磁盘窗口。

步骤 2 单击窗口"主页"选项卡"新建"组中的"新建项目"按钮,在展开的下拉列表中选择"文本文档"选项,新建一个文本文件;输入文件名称"专业笔记",在窗口空白处单击,或者按"Enter"键确认,如图 1-37 所示。

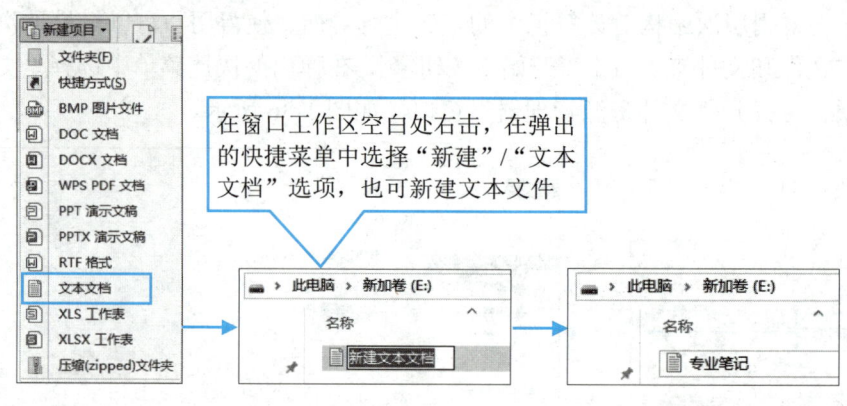

图 1-37 新建文本文件

步骤 3 在"新建项目"下拉列表中选择"XLSX 工作表"选项,新建一个电子表格文件;输入文件名称"学生信息采集",按"Enter"键确认。

步骤 4 单击"主页"选项卡"新建"组中的"新建文件夹"按钮,或者在窗口工作区空白处右击,在弹出的快捷菜单中选择"新建"/"文件夹"选项,新建一个文件夹;输入文件夹名称"个人资料",按"Enter"键确认。

步骤 5 双击打开"个人资料"文件夹,在其中使用与步骤 4 相同的方法新建"学习资料"和"工作资料"文件夹。最终的文件和文件夹结构如图 1-38 所示。

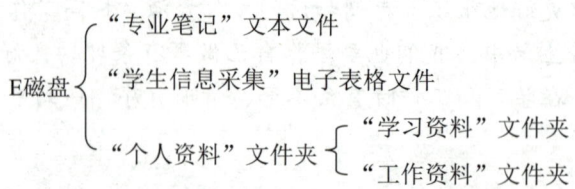

图 1-38 文件和文件夹结构图

2. 移动、复制、重命名文件和文件夹

移动是指将所选文件或文件夹移到指定位置,原来的位置不保留被移动的文件或文件夹,而复制是指在移动文件或文件夹后会在原来的位置保留被移动的文件或文件夹。

项目一 平台基石——Windows 10 操作系统

此处通过操作 E 磁盘中的文件和文件夹，介绍移动、复制、重命名文件和文件夹的方法。

步骤 1 打开"此电脑"窗口，双击 E 磁盘图标，打开 E 磁盘窗口，单击"学生信息采集"电子表格文件，选中要移动的文件。

小技巧

在对文件或文件夹进行移动、复制、重命名等操作时，都需要先选择文件或文件夹。可使用以下几种方法选择文件或文件夹。

① 选择单个文件或文件夹：直接单击该文件或文件夹即可，选中的文件或文件夹将高亮显示。

② 选择多个不连续的文件或文件夹：单击要选择的第一个文件或文件夹，按住"Ctrl"键的同时依次单击要选择的其他文件或文件夹。

③ 选择多个连续的文件或文件夹：单击要选择的第一个文件或文件夹，按住"Shift"键的同时单击要选择的最后一个文件或文件夹，则两个文件或文件夹之间的对象均被选中。

④ 使用鼠标拖放选择：按住鼠标左键不放，拖出一个矩形选框，释放鼠标后，选框内的所有文件或文件夹都会被选中。

⑤ 选择当前窗口中的所有文件和文件夹：单击"主页"选项卡"选择"组中的"全部选择"按钮，或者直接按"Ctrl+A"组合键。

步骤 2 按"Ctrl+X"组合键，或者右击选中的文件，在弹出的快捷菜单中选择"剪切"选项，如图 1-39 所示。

步骤 3 在导航窗格中选择"个人资料"选项将其展开，在其中选择"工作资料"选项，最后按"Ctrl+V"组合键，或者在窗口空白处右击，在弹出的快捷菜单中选择"粘贴"选项（见图 1-40），将剪切的文件移到"工作资料"文件夹中。

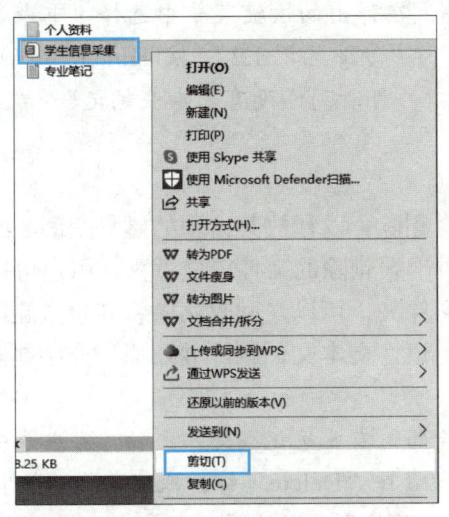

图 1-39 剪切要移动的文件

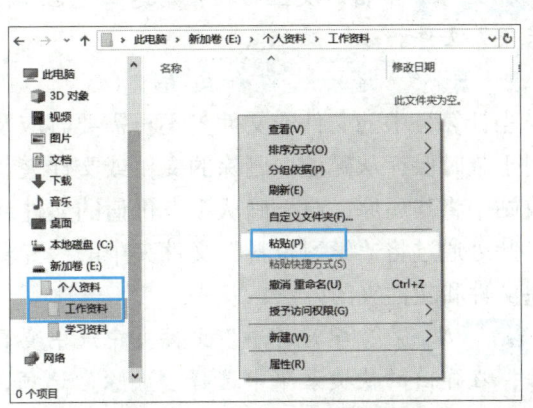

图 1-40 在目标文件夹中粘贴文件

知识库

Windows 10 操作系统支持显示或隐藏文件的扩展名。在文件资源管理器中，勾选"查看"选项卡"显示/隐藏"组中的"文件扩展名"复选框，可以显示文件的扩展名，如图 1-41 所示。取消勾选"文件扩展名"复选框，可以隐藏文件的扩展名。

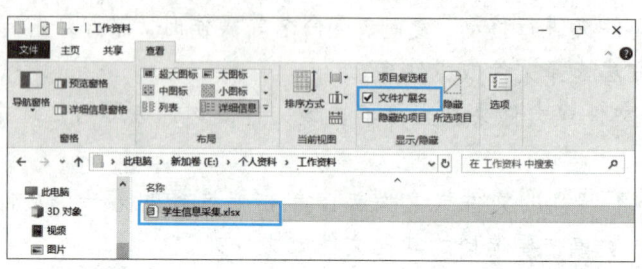

图 1-41　显示文件的扩展名

步骤 4 使用同样的方法，将"专业笔记"文本文件移到"学习资料"文件夹中。

步骤 5 选中"专业笔记"文本文件，按"Ctrl+C"组合键，或者右击选中的文件，在弹出的快捷菜单中选择"复制"选项，然后在当前文件夹中按"Ctrl+V"组合键，或者在窗口工作区空白处右击，在弹出的快捷菜单中选择"粘贴"选项，复制一份"专业笔记"文本文件，如图 1-42 所示。

> 在同一个文件夹中复制文件或文件夹，系统会自动为复制得到的文件或文件夹在原名称后面增加" - 副本"以做区分

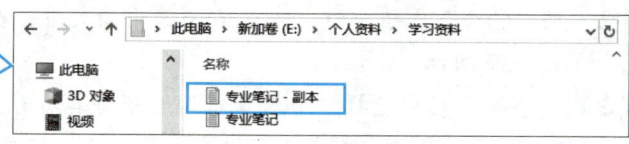

图 1-42　复制"专业笔记"文本文件

步骤 6 右击"专业笔记 - 副本"文本文件，在弹出的快捷菜单中选择"重命名"选项，此时文件名称处于可编辑状态，输入新的名称"专业笔记1.2"，按"Enter"键确认。

步骤 7 单击两次上移按钮↑返回 E 磁盘窗口，可看到已没有"专业笔记""学生信息采集"文件。

3. 删除、还原文件和文件夹

当计算机中的文件或文件夹不再需要时应及时删除，以释放其占用的磁盘空间。回收站用于临时保存从磁盘中删除的文件或文件夹。对于误删除的文件或文件夹，用户可以在回收站中将其还原；对于确认没有价值的文件或文件夹，可以在回收站中将其永久删除。

此处通过将"学习资料"文件夹中的"专业笔记"文本文件删除并还原，介绍删除、还原文件和文件夹的方法。

步骤 1 在"学习资料"文件夹中选中要删除的"专业笔记"文本文件，右击选中的文件，在弹出的快捷菜单中选择"删除"选项，或者按"Delete"键，或者单击"主页"选项卡"组织"组中的"删除"下拉按钮，在展开的下拉列表（见图 1-43）中选择"回收"选项，将所选文件移到回收站。

项目一 平台基石——Windows 10 操作系统

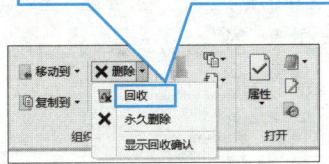

选择"回收"选项,相当于按"Delete"键;选择"永久删除"选项,相当于按"Shift+Delete"组合键,从硬盘上永久删除所选文件或文件夹;选择"显示回收确认"选项,会在删除文件或文件夹时弹出提示对话框

图1-43 "删除"下拉列表

步骤2 双击桌面上的"回收站"图标,打开"回收站"窗口,在其中可看到删除的文件和文件夹。右击要还原的"专业笔记"文本文件,在弹出的快捷菜单中选择"还原"选项,或者单击"管理 回收站工具"选项卡"还原"组中的"还原选定的项目"按钮,将所选文件还原到删除前的位置,如图1-44所示。

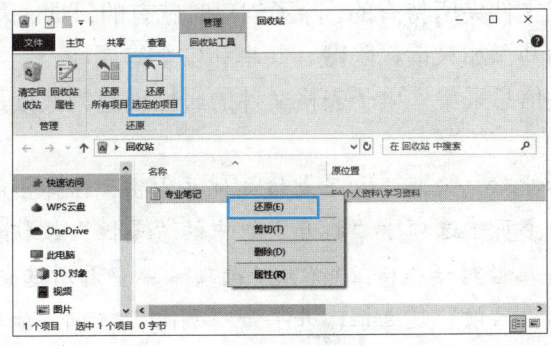

图1-44 还原文件

　　回收站中的文件仍然会占用磁盘空间。因此,应定期检查回收站,如果确认没有需要保留的内容,应及时清空。为此,可在"回收站"窗口中单击"管理 回收站工具"选项卡"管理"组中的"清空回收站"按钮。

4. 查找文件和文件夹

当文件或文件夹较多时,常会出现找不到某个文件或文件夹的情况,此时可借助Windows 10操作系统的搜索功能进行查找。

此处通过查找"专业笔记"文本文件,介绍查找文件和文件夹的方法。

步骤1 打开"此电脑"窗口,在窗口右上角的搜索框中输入要查找文件的名称"专业笔记"。

31

步骤 2 此时系统自动开始搜索，等待一段时间即可显示搜索结果，如图 1-45 所示。

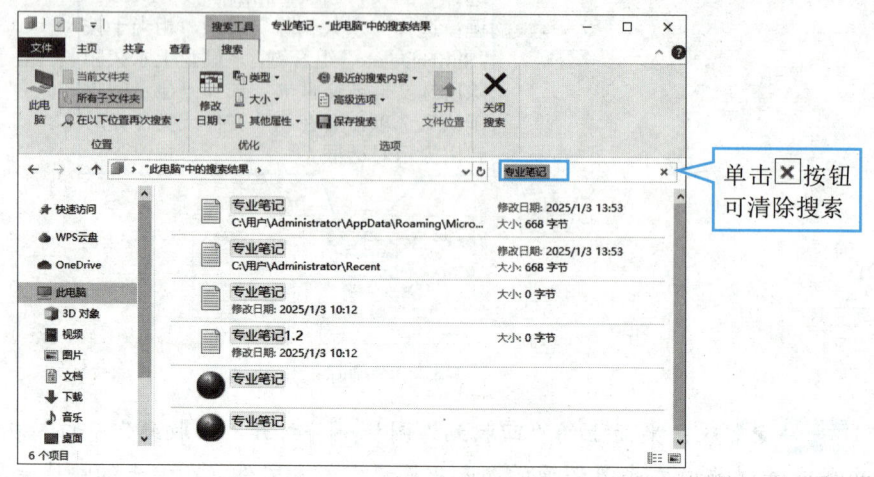

单击 ✕ 按钮可清除搜索

图 1-45 搜索文件

5. 查看、设置文件和文件夹的属性

属性是每个文件或文件夹所特有的。除了创建时就有的日期、大小、所有者等属性外，用户也可以根据需要为其添加只读、隐藏、共享和安全等属性。

此处通过将"学生信息采集"电子表格文件的属性设置为只读，介绍查看、设置文件和文件夹属性的方法。

步骤 1 选中"学生信息采集"电子表格文件并右击，在弹出的快捷菜单中选择"属性"选项，或者单击"主页"选项卡"打开"组中的"属性"按钮。

步骤 2 打开文件属性对话框，在"常规"选项卡中查看所选文件的文件类型、大小、创建时间等属性，勾选"只读"复选框，并单击"确定"按钮，如图 1-46 所示。

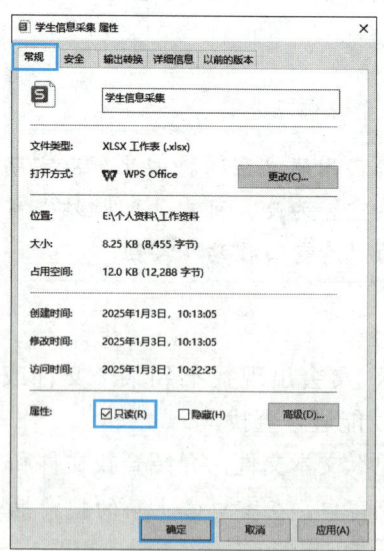

图 1-46 设置文件的只读属性

项目一 平台基石——Windows 10 操作系统

项目实训

1. 实训目的
（1）练习 Windows 10 操作系统的基本操作。
（2）练习启动和关闭应用程序的操作。
（3）练习管理文件和文件夹的操作。

2. 实训内容
（1）根据个人喜好，在"设置"窗口中设置系统的主题、颜色、背景等。
（2）启动并使用"画图"应用程序。

Windows 10 操作系统自带的"画图"应用程序主要用于绘制简单的图形，或对计算机中的图片进行编辑，还可用于转换图片格式。

① 利用"开始"菜单启动"画图"应用程序，在"主页"选项卡"形状"组中的"形状"下拉列表中选择合适的形状绘制如图 1-47 所示的图形。

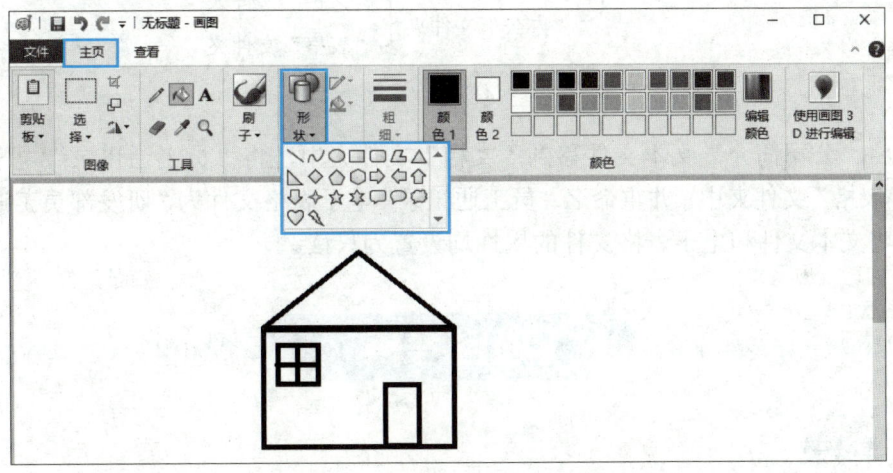

图 1-47　绘制的图形

② 单击"主页"选项卡"工具"组中的"用颜色填充"按钮，保持"颜色"组中"颜色 1"选项的选中状态，然后选择"灰色-50%"选项，最后单击三角形内部，将其填充颜色设置为灰色，如图 1-48 所示。

③ 单击"快速访问工具栏"中的"保存"按钮，保存该文件，最后"关闭"画图应用程序。

（3）管理文件及文件夹。

① 在"此电脑"的 D 磁盘中新建"公司简介"文本文件、"员工通讯录"电子表格文件、"办公"文件夹，并在"办公"文件夹中新建"文档"和"表格"文件夹，最终的文件和文件夹结构如图 1-49 所示。

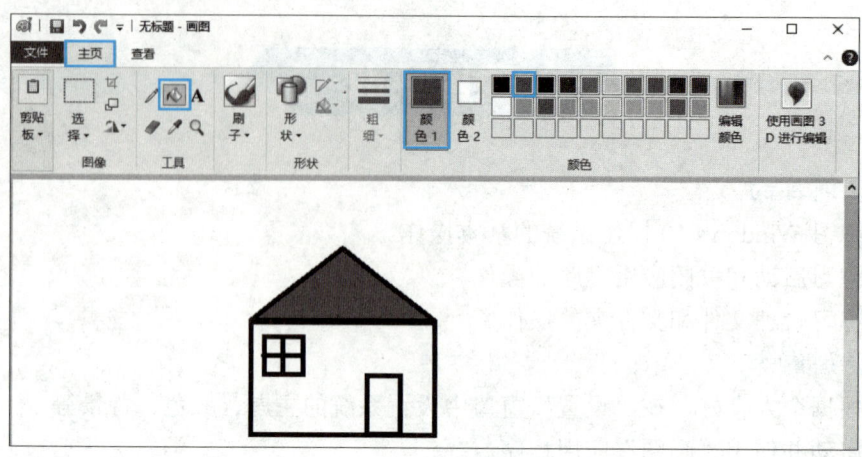

图 1-48　填充图形颜色

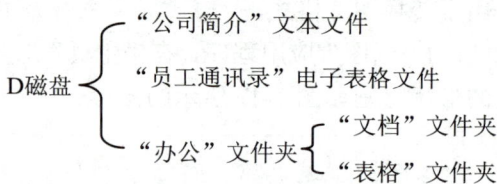

图 1-49　文件和文件夹结构图

② 将"公司简介"文本文件移到"文档"文件夹中，将"员工通讯录"电子表格文件移到"表格"文件夹中，并重命名"员工通讯录"电子表格文件为"研发部员工通讯录"。

③ 将文本文件和电子表格文件的属性均设置为只读。

项目考核

1．选择题

（1）下列关于操作系统的说法，错误的是（　　）。

　　A．进程管理包括进程组织、进程控制、进程调度、进程通信等
　　B．设备管理是指管理和控制各类外部设备的接入、驱动及调用等
　　C．存储管理主要是针对外存的管理
　　D．作业管理是指管理计算机系统中用户提交的请求

（2）（　　）操作系统是我国第一款智能终端操作系统。

　　A．鸿蒙　　　　　　　　　　　　B．iOS
　　C．Linux　　　　　　　　　　　 D．安卓

（3）在 Windows 10 操作系统中，任务栏中不显示（　　）。

　　A．正在运行的程序　　　　　　　B．桌面图标
　　C．日期和时间　　　　　　　　　D．应用程序的启动图标

（4）在 Windows 10 操作系统中，窗口中的（　　）用于显示用户常用的命令按钮。

　　A．标题栏

　　B．窗口控制按钮

　　C．窗口工作区

　　D．快速访问工具栏

（5）在 Windows 10 操作系统中，关闭对话框的正确方法是（　　）。

　　A．单击 — 按钮　　　　　　　　　B．单击口按钮

　　C．单击×按钮　　　　　　　　　　D．单击口按钮

（6）在 Windows 10 操作系统中，用户可在（　　）中完成操作系统和计算机绝大部分参数的设置和管理操作。

　　A．"设置"窗口

　　B．任务管理器

　　C．此电脑

　　D．磁盘管理工具

（7）下列关于应用程序安装的说法，错误的是（　　）。

　　A．大多数应用程序可在其官方网站下载安装包进行安装

　　B．只有 Windows 操作系统有应用商店

　　C．通过应用商店安装应用程序时，用户往往只需单击"安装"按钮

　　D．如果安装程序没有自动运行，则需要双击 Setup.exe 或 Install.exe 等文件，进行安装

（8）在 Windows 10 操作系统中，无法删除的是（　　）。

　　A．"开始"菜单

　　B．"音乐"文件夹中的文件

　　C．D 磁盘中的文件夹

　　D．安装的应用程序

（9）在 Windows 10 操作系统中，主文件名和文件夹名中不可以包含的字符是（　　）。

　　A．汉字　　　　　　　　　　　　　B．英文字母

　　C．+　　　　　　　　　　　　　　D．*

2．判断题

（1）按与用户对话界面的不同，可将操作系统分为单用户操作系统和多用户操作系统。

（　　）

（2）Windows 10 操作系统的单选钮选项组中可以选中多个选项。　　　　（　　）

（3）Windows 10 操作系统的系统图标不可以删除也不可以隐藏。　　　　（　　）

（4）五笔字型输入法是根据汉字结构进行编码的中文输入法。　　　　　（　　）

（5）按"Ctrl+Alt"组合键可以进行输入法之间的逐一切换。　　　　　　（　　）

（6）文件路径指文件的存储位置，分为绝对路径和相对路径。　　　　　（　　）

信息技术与人工智能

项目评价

请学生结合本项目的学习情况，对学习成果进行自评和互评（组内成员相互评分），请指导教师进行师评和总评，并将评价结果填入表 1-4 中。

表 1-4 学习成果评价表

评价项目	评价内容	分值	评价分数		
			自评	互评	师评
知识（30%）	操作系统的概念、功能、分类，以及主流的操作系统	7 分			
	Windows 10 操作系统的桌面、窗口、对话框、快捷菜单和"设置"窗口	7 分			
	应用程序的安装与卸载方法	8 分			
	文件、文件夹和文件资源管理器的相关内容	8 分			
技能（40%）	利用 Windows 10 操作系统的视窗元素（窗口、对话框、快捷菜单等）与计算机进行交互	10 分			
	完成 Windows 10 操作系统的个性化设置	10 分			
	安装与卸载应用程序	10 分			
	使用文件资源管理器有效管理 Windows 10 操作系统中的文件和文件夹	10 分			
素养（30%）	具有自主学习意识，做好课前准备	10 分			
	善于思考，积极参与，勇于提出问题	10 分			
	具有团队合作精神，出色完成小组任务	10 分			
合计		100 分			
总评	综合得分：_____	指导教师签字：_____			
	综合等级：_____				

注：综合得分可按照"自评（25%）+互评（25%）+师评（50%）"进行计算；综合等级可以"优"（综合得分≥90 分）、"良"（80 分≤综合得分<90 分）、"中"（60 分≤综合得分<80 分）、"差"（综合得分<60 分）为标准进行评价。

项目二

文字管家——WPS 文档处理

随着信息技术与人工智能的飞速发展，人们对信息的依赖程度越来越高，信息处理能力也成了职场生存必备能力。在日常生活和实际工作中，最常见的信息处理就是文档处理。熟练掌握常用文档处理软件，可以帮助人们快速、高效地完成文、图、表等的编辑排版，使文档更加专业、美观。

本项目主要介绍 WPS 文字的使用方法，包括 WPS 文字的基本操作、图文混排、表格制作、长文档编排，以及协同编辑文档。

知识目标

熟悉 WPS 文字的工作界面；熟悉 WPS 文字的各项功能及其操作方法，如新建、保存、编辑文档，设置字符格式、段落格式和页面格式，修订和批注文档，预览和打印文档，图文混排，创建、编辑和美化表格，编排长文档，以及协同编辑文档等。

能力目标

能够熟练使用 WPS 文字制作和编辑各种文档；初步具备运用 WPS 文字设计信息化解决方案的能力。

素质目标

自觉树立自主学习、协作学习、探究学习意识；勤思考、多动脑，提高在实际工作中快速处理日常事务的能力。

信息技术与人工智能

任务一　制作员工培训通知

任务描述

为了进一步加强企业文化建设，提升员工凝聚力，增强公司的竞争力，××科技有限公司决定开展一次员工培训活动。公司领导要求人力资源部制作一份员工培训通知，让每位员工都能获知此次培训的详细情况。员工培训通知效果如图 2-1 所示。

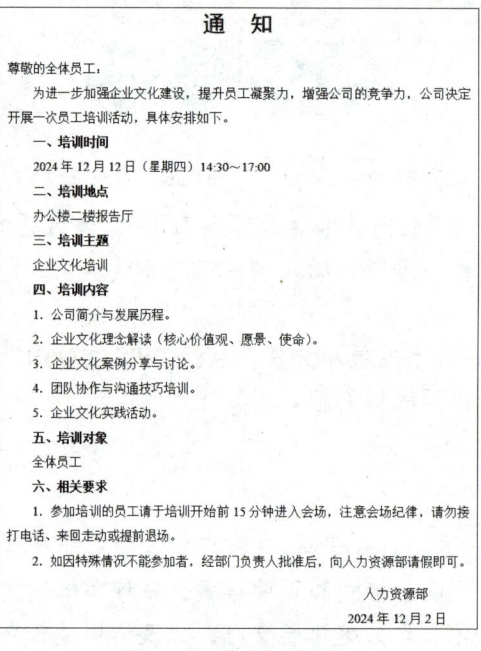

图 2-1　员工培训通知

为了完成制作员工培训通知这个任务，我们先来学习一下 WPS 文字的工作界面、文档的基本操作，以及设置文档格式、审阅文档、转换文档、预览和打印文档的方法。

任务准备

全班学生以 4 人为一组进行分组，组长组织组员扫码观看"文档处理概述"视频，讨论并回答下列问题。

问题 1：什么是文档处理？文档处理具体包括哪些操作？

问题 2：你知道哪些文档处理软件？它们的优缺点各是什么？

文档处理概述

项目二 文字管家——WPS文档处理

任务理论

一、WPS 文字的工作界面

启动 WPS Office 并新建空白文档后，显示在用户面前的就是 WPS 文字的工作界面，其中包括标题栏、"文件"按钮、快速访问工具栏、功能区、标尺、文档编辑区和状态栏等组成元素，如图 2-2 所示。

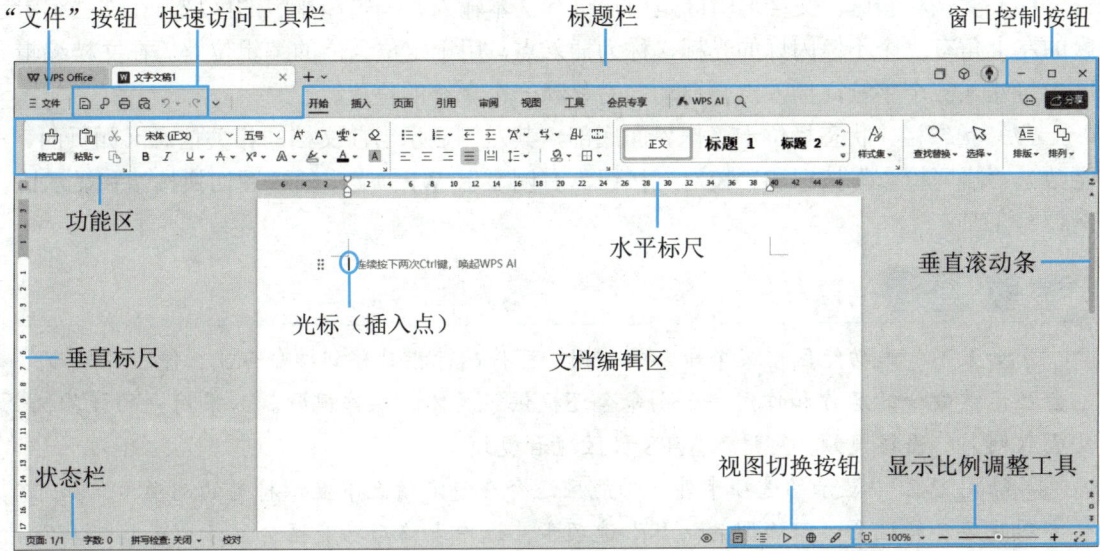

图 2-2　WPS 文字的工作界面

> **小提示**
>
> 本书使用的 WPS Office 版本为 WPS 365。WPS 365 不仅保留了 WPS Office 系列软件的经典功能，还提供了强大的在线协作功能。同时，WPS 365 支持多人实时编辑文档，可以极大地便利团队协作。

（1）**标题栏**。标题栏位于工作界面的最上方，其中显示了打开文档的名称、用户头像和窗口控制按钮等。单击右侧的窗口控制按钮，可分别将窗口最小化、最大化（还原）、关闭。

（2）**"文件"按钮**。单击该按钮，在展开的列表中选择相应选项，可对文档执行新建、打开、保存、输出、打印、分享、加密、备份与恢复等操作。

（3）**快速访问工具栏**。快速访问工具栏用于放置使用频率较高的命令。默认情况下，该工具栏包含"保存"按钮、"输出为 PDF"按钮、"打印"按钮、"打印预览"按钮、"撤销"按钮和"恢复"按钮。如果要向其中添加其他命令，可单击快速访问工具栏右侧的"自定义快速访问工具栏"下拉按钮▽，在展开的下拉列表中选择"自定义命令"选项，然后在展开的子列表中选择需要添加的命令，使其左侧显示☑标记。

（4）**功能区**。功能区以选项卡的方式分类放置编排文档时所需的命令。单击功能区上方的选项卡标签可切换到不同的选项卡，从而使功能区显示不同的命令。在每个选项卡中，命令又被分类放置在不同的组（以竖线分隔）中。一些组的右下角有一个对话框启动器按钮▽，单击该按钮可打开相关对话框。

（5）**标尺**。标尺分为水平标尺和垂直标尺，用于确定文档内容在页面上的位置和设置段落缩进等。要显示标尺，可勾选"视图"选项卡中的"标尺"复选框。

（6）**文档编辑区**。文档编辑区是用户进行文本输入、编辑和排版的区域。在文档编辑区的左上角有一个不停闪烁的光标，称为插入点，用于定位当前的编辑位置。在文档编辑区中每输入一个字符，插入点会自动向右移动一个字符的位置。

（7）**状态栏**。状态栏位于工作界面底部，其左侧显示当前文档的相关信息（如页面、字数）、"拼写检查"按钮和"校对"按钮，右侧显示 WPS 文字的视图切换按钮和显示比例调整工具。

> 💡 **小提示**
>
> 　　如果不知道功能区中某个命令的作用，可将鼠标指针移到该命令上，停留片刻后，会显示该命令的名称和作用，个别命令还提供了具体的操作视频。如果用户的计算机已联网，单击该视频，可进入 WPS 社区观看视频。
>
> 　　除图 2-2 中显示的选项卡外，功能区还会在特定情况下显示特定的选项卡，如选中图片后功能区会显示"图片工具"选项卡，选中表格后功能区会显示"表格工具"和"表格样式"选项卡。

二、文档的基本操作

1. 新建文档

启动 WPS Office 后，在打开的"WPS Office"界面中单击"新建"按钮或"WPS Office"右侧的✚按钮，打开"新建"界面，然后选择"文字"选项，接着在打开的"新建文档"界面中选择"空白文档"选项，系统会自动创建一个名为"文字文稿 1"的空白文档，并进入其工作界面。如果要继续创建其他空白文档，可直接按"Ctrl+N"组合键，或者单击文档名称右侧的✚按钮。

2. 保存文档

要保存文档，可单击快速访问工具栏中的"保存"按钮🖫，或者按"Ctrl+S"组合键，或者单击"文件"按钮，在展开的列表中选择"保存"选项。第一次保存文档时，会打开"另存为"对话框，在其中输入文件名称并选择保存类型和保存位置，然后单击"保存"按钮即可。

对于已经保存过的文档，应在编辑文档的过程中不定期地进行保存操作，以防止因出现意外导致编辑的内容丢失，此时进行保存操作将不再打开"另存为"对话框。

如果要将修改后的文档以不同的名称、格式或在不同的位置保存，可单击"文件"按钮，在展开的列表中选择"另存为"选项，打开"另存为"对话框，然后参考保存新文档的操作进行保存。

3．打开文档

要打开文档，可采用以下两种方法。

（1）找到并双击要打开的文档，此时系统将自动启动 WPS Office 并打开该文档。

（2）启动 WPS Office 后，在打开的"WPS Office"界面中单击"打开"按钮，或者按"Ctrl+O"组合键，打开"打开文件"对话框，然后在对话框中选择要打开的文档并单击"打开"按钮（见图 2-3），即可打开该文档。

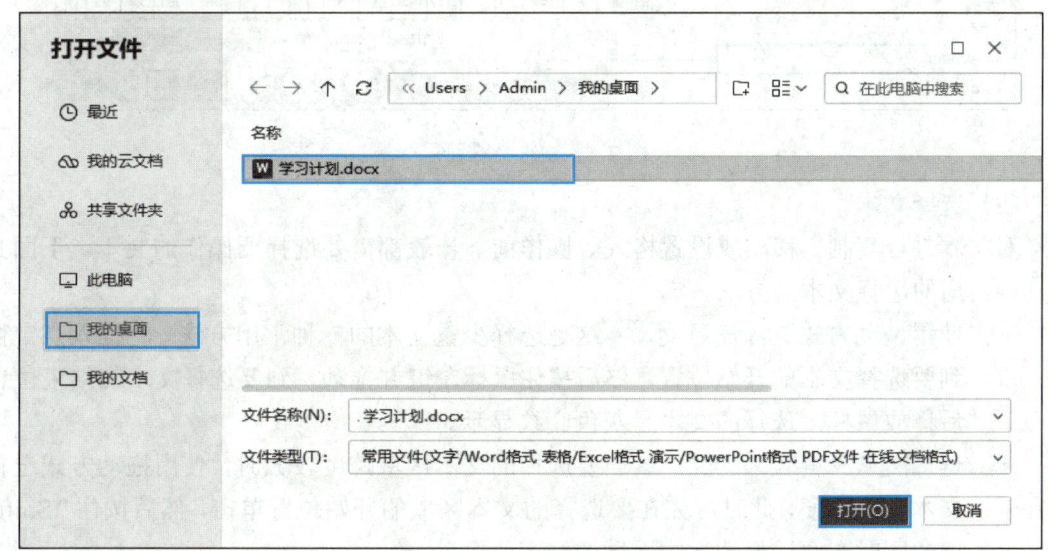

图 2-3　打开文档

4．编辑文档

WPS 文字提供了强大的文档编辑功能，可对文档内容进行输入、复制、移动、删除、查找、替换、撤销和恢复等操作。

（1）输入文本。

要在文档中输入普通文本，首先要定位插入点，然后选择一种输入法，最后在插入点处输入文本。

如果要在文档中输入箭头、方块、几何图形、希腊字母和单位符号等键盘上没有的特殊符号，可先定位插入点，然后单击"插入"选项卡中的"符号"下拉按钮，在展开的下拉列表中选择需要的符号。如果"符号"下拉列表中没有所需符号，可在该下拉列表中选择"其他符号"选项，在打开的"符号"对话框中选择需要的符号并插入，如图 2-4 所示。

信息技术与人工智能

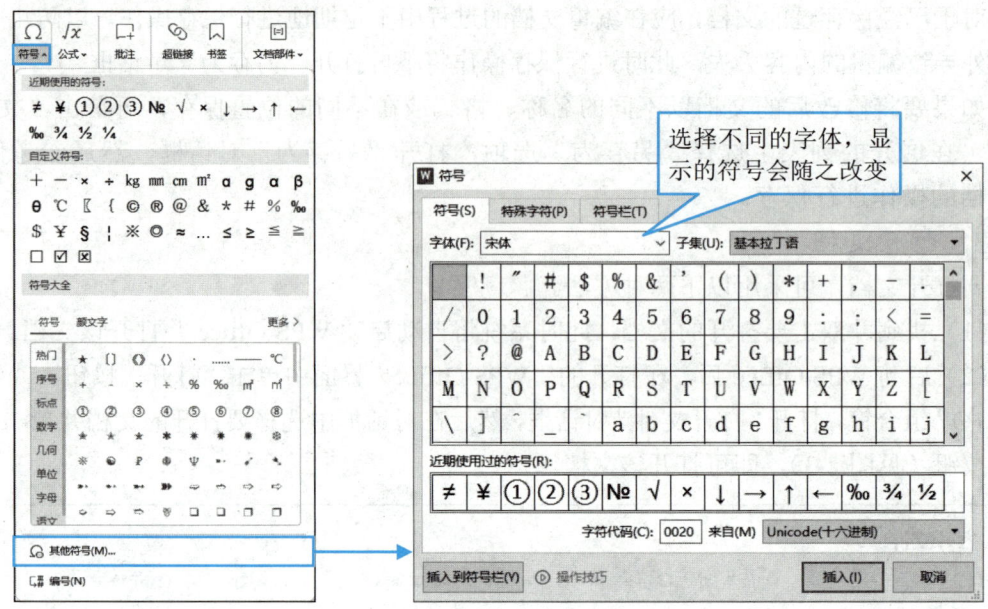

图 2-4　输入特殊符号

(2) 选择文本。

对文本进行复制、移动或设置格式等操作前，一般都需要选择要操作的文本。下面介绍几种常用的选择文本的方法。

> **使用拖动方式选择任意文本**：这是选择少量文本的一种常用方法。将插入点定位到要选择文本的开始位置，然后按住鼠标左键并拖动，到要选择文本的结束位置后释放鼠标，选择的文本呈灰色底纹显示。

> **选择区域跨度较大的文本**：当要选择的文本区域跨度较大时，使用拖动方式选择文本十分不便，此时可先在要选择的文本区域的开始位置单击，然后按住"Shift"键的同时在要选择的文本区域的结束位置单击。

> **选择不连续的多处文本**：选择一处文本后，按住"Ctrl"键的同时选择其他文本。

> **利用选定栏选择文本**：将鼠标指针移到选定栏（页面左边界到文档内容左边界之间的空白区域），鼠标指针变成⤢形状。此时，如果单击，可选择鼠标指针指向的行；如果按住鼠标左键并上下拖动，可选择连续的多行；如果双击，可选择鼠标指针指向行所在的段落；如果连续单击 3 次，可选择整篇文档。

> **选择整篇文档**：按"Ctrl+A"组合键，或者按住"Ctrl"键的同时在选定栏单击。

如果要取消文本的选择，只需在文档的任意位置单击即可。

(3) 复制和移动文本。

复制和移动文本是编辑文档的常用操作，可有效提高编辑文档的效率。

• 项目二 文字管家——WPS文档处理

复制文本的方法有以下两种。

➢ **使用鼠标拖动复制文本**：该方法适用于短距离内复制文本。首先选择要复制的文本，然后将鼠标指针移到所选文本上方，此时鼠标指针变成形状，接着在按住"Ctrl"键的同时按住鼠标左键并拖动，此时鼠标指针变成形状，且在其附近出现一条竖虚线（表示所选文本的新位置），将竖虚线移到目标位置，最后依次释放鼠标和"Ctrl"键，即可将所选文本复制到目标位置。

➢ **使用命令复制文本**：该方法适用于将文本复制到当前文档的其他页面或另一文档中。首先选择要复制的文本，然后单击"开始"选项卡中的"复制"按钮，或者按"Ctrl+C"组合键，将选择的内容复制到剪贴板，接着将插入点定位到目标位置，最后单击"开始"选项卡中的"粘贴"按钮，或者按"Ctrl+V"组合键，即可将所选文本复制到目标位置。

移动文本的方法有以下两种。

➢ **使用鼠标拖动移动文本**：该方法适用于短距离内移动文本。首先选择要移动的文本，然后将鼠标指针移到所选文本上方，此时鼠标指针变成形状，接着按住鼠标左键并拖动，此时鼠标指针变成形状，且在其附近出现一条竖虚线，将竖虚线移到目标位置，最后释放鼠标，即可将所选文本移到目标位置。

➢ **使用命令移动文本**：该方法适用于将文本移到当前文档的其他页面或另一文档中。首先选择要移动的文本，然后单击"开始"选项卡中的"剪切"按钮，或者按"Ctrl+X"组合键，将选择的内容剪切到剪贴板，接着将插入点定位到目标位置，最后单击"开始"选项卡中的"粘贴"按钮，或者按"Ctrl+V"组合键，即可将所选文本移到目标位置。

（4）**删除文本**。

如果要删除文档中的内容，可先确定插入点位置，然后按"Delete"键删除插入点右侧的字符，或者按"Backspace"键删除插入点左侧的字符。如果要删除的内容较多，可选择要删除的内容后再执行删除操作。

（5）**查找和替换文本**。

利用WPS文字提供的查找功能，可以在文档中快速查找指定内容。

要查找文本，首先将插入点定位到要开始查找的位置，然后单击"开始"选项卡中的"查找替换"按钮，或者按"Ctrl+F"组合键，打开"查找和替换"对话框，在"查找"选项卡的"查找内容"编辑框中输入要查找的内容（见图2-5），最后单击"查找上一处"或"查找下一处"按钮，系统会自动查找符合条件的内容，并以灰色底纹突出显示，继续单击"查找下一处"按钮，可查找下一处符合条件的内容。

利用WPS文字提供的替换功能，可以将查找到的内容替换为其他内容，从而使文档修改工作变得更高效。

要替换文本，可单击"开始"选项卡中的"查找替换"下拉按钮，在展开的下拉列表中选择"替换"选项，或者按"Ctrl+H"组合键，打开"查找和替换"对话框，在"替换"

选项卡的"查找内容"编辑框中输入需要替换的内容，在"替换为"编辑框中输入替换后的内容，最后单击"替换"按钮，替换当前查找到的内容，如图 2-6 所示。

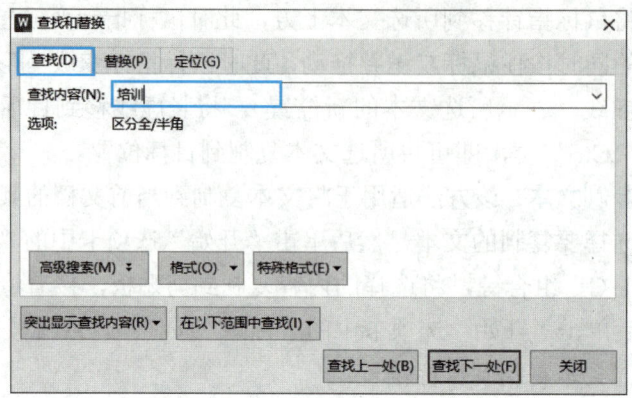

图 2-5　查找文本

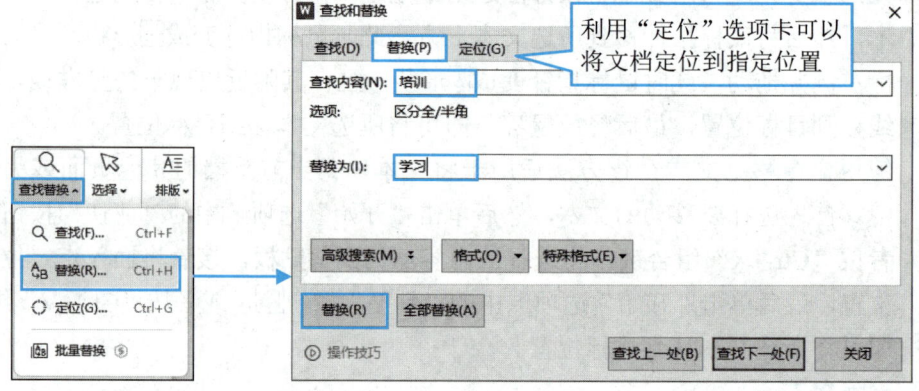

图 2-6　替换文本

　　如果不需要替换当前查找到的内容，可单击"查找下一处"按钮跳过该内容并继续查找。此外，单击"全部替换"按钮可一次性替换文档中所有符合查找条件的内容。
　　如果要进行高级查找和替换操作，如在查找或替换文本时区分英文大小写，区分全角和半角符号，使用通配符，以及查找或替换特殊格式等，可在"查找和替换"对话框中单击"高级搜索"按钮，然后在展开的设置区中进行设置。

（6）撤销和恢复操作。

在编辑文档的过程中，WPS 文字会自动记录用户执行的操作。因此，对于已经执行的操作，可通过单击快速访问工具栏中的"撤销"按钮，或者按"Ctrl+Z"组合键进行撤销。此外，单击"撤销"下拉按钮，在展开的历史操作列表中选择要撤销的操作，则该操作及其后的所有操作都将被撤销。

项目二　文字管家——WPS文档处理

如果执行了错误的撤销操作,可以利用恢复功能将其恢复。为此,可单击快速访问工具栏中的"恢复"按钮,或者按"Ctrl+Y"组合键恢复上一步撤销的操作。

5．保护文档

为保证文档的安全,可以对文档进行保护,防止他人未经授权查阅或修改文档。方法是,单击"文件"按钮,在展开的列表中选择"文档加密"选项,再在其右侧选择相应选项,如文档加密(仅指定人可查看或编辑文档)、密码加密、移入私密文件夹,如图2-7所示。

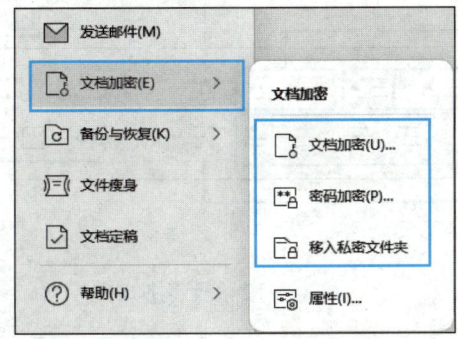

图2-7　文档加密

在WPS文字中,也可以为文档添加水印,以防止文档被盗用。方法是,单击"页面"选项卡中的"水印"按钮,在展开的下拉列表中选择系统预设的水印样式,或者选择"插入水印"选项,在打开的"水印"对话框中为文档添加文字或图片水印。

三、文档格式的设置

1．设置字符格式

字符格式主要包括文本的字体、字号、字形、下画线和字体颜色等。为使文档版面更加美观,增加文档的可读性,突出标题和重点等,通常需要为文档的指定文本设置字符格式。在WPS文字中,可以利用"开始"选项卡中的相应命令(或"字体"对话框)设置字符格式,如图2-8所示。设置时,一般直接单击相应命令按钮即可,但有些设置需要单击命令的下拉按钮,在展开的下拉列表中选择需要的选项。

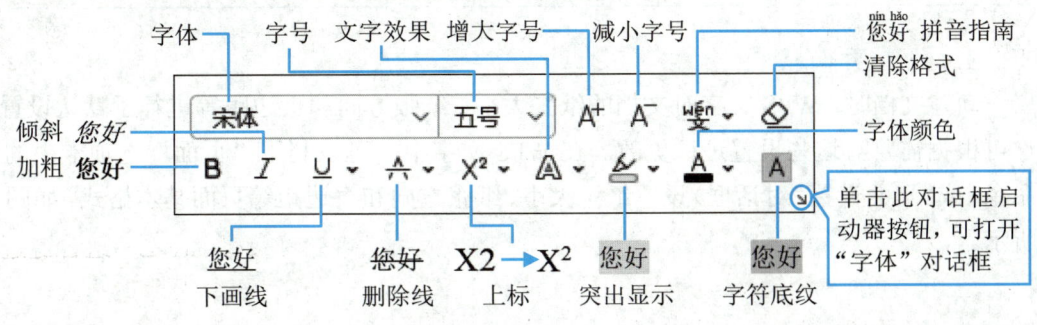

图2-8　设置字符格式

2. 设置段落格式

段落是以回车符"↵"为结束标记的内容。段落格式主要包括段落的对齐方式、缩进、间距和行距等。如果要同时设置多个段落的格式，可同时选中这些段落，然后利用"开始"选项卡中的相应命令（或"段落"对话框）设置段落格式，如图2-9所示。如果要设置单个段落的格式，设置格式前只需将插入点定位到该段落中即可。

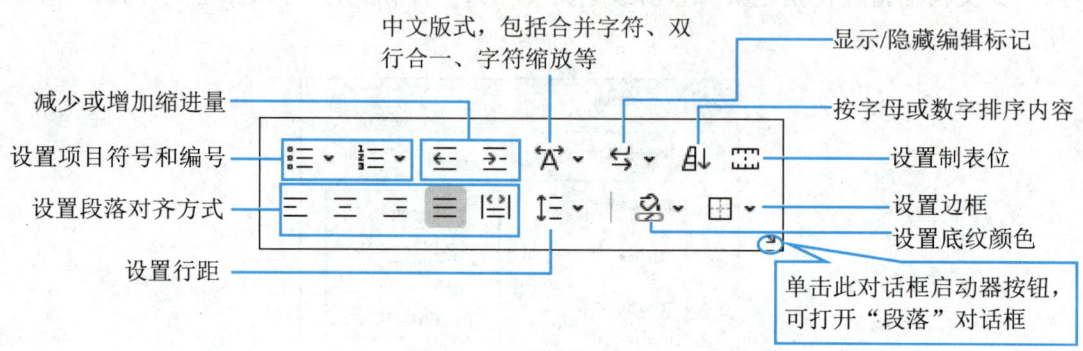

图 2-9　设置段落格式

知识库

在 WPS 文字中，可以使用格式刷工具复制所选内容的格式，并应用到不同的内容上。

① 首先选中要复制格式的源内容，然后单击"开始"选项卡中的"格式刷"按钮，此时光标变成形状，最后选中要应用格式的目标内容，即可为目标内容应用源内容的字符格式和段落格式。如果选中的目标内容不包括段落标记，则只为目标内容应用源内容的字符格式。

② 首先将插入点定位到要复制格式的源内容所在的段落中，然后单击"开始"选项卡中的"格式刷"按钮，最后在要应用格式的目标内容所在的段落中单击，即可为目标内容应用源内容的段落格式（不包括字符格式）。

如果要为多处目标内容应用源内容的格式，可在选择要复制格式的源内容后，双击"格式刷"按钮，然后依次为目标内容应用源内容的格式。再次单击"格式刷"按钮或按"Esc"键可取消格式刷的选中状态。

3. 设置页面格式

新建文档时，WPS 文字对文档的纸张大小、纸张方向和页边距等进行了默认设置，用户可根据需要对这些设置进行更改。在 WPS 文字中，可以利用"页面"选项卡中的相应命令（或"页面设置"对话框）设置纸张大小、纸张方向和页边距等页面基本格式，如图2-10所示。

项目二 文字管家——WPS文档处理

图 2-10 设置页面基本格式

四、文档的审阅

在对文档进行阅读或检查时，可以利用 WPS 文字提供的修订和批注功能对文档内容进行修订或加以辅助说明。

1. 修订文档

要修订文档，可单击"审阅"选项卡中的"修订"按钮，进入文档修订状态。此时，用户对文档进行修订操作，系统会根据修订操作类型的不同显示不同的修订标记，如图 2-11 所示。

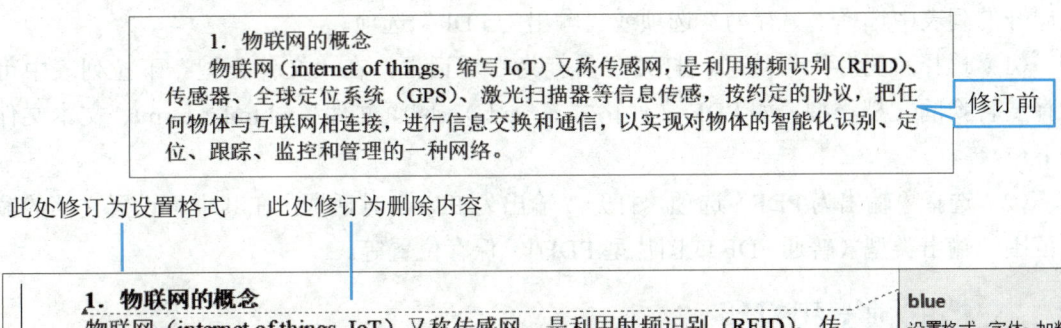

图 2-11 修订文档

作者可对修订标记进行逐一查看。如果同意修订，则单击"审阅"选项卡中的"接受"按钮，接受该处修订；如果不同意修订，则单击"拒绝"按钮，拒绝该处修订。在"接受"或"拒绝"下拉列表中，可以执行接受或拒绝所有的格式修订、对文档所做的所有修订等操作。

2. 批注文档

批注是作者或审阅者为文档添加的注释说明。要为文档添加批注，可先选择要添加批注的内容，然后单击"审阅"选项卡中的"插入批注"按钮，此时页面的右侧会出现批注框，在其中输入批注的内容，如图 2-12 所示。

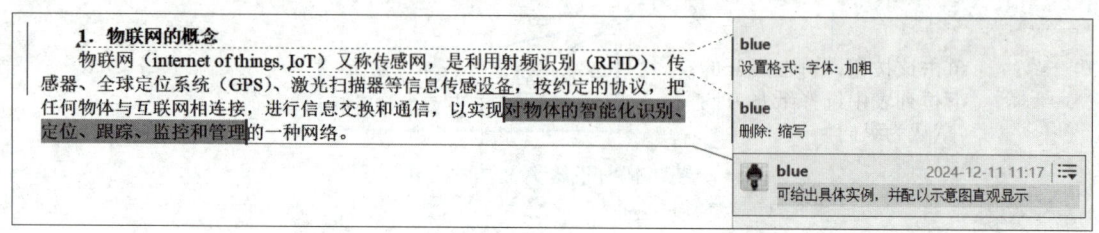

图 2-12　批注文档

在批注原文或批注说明内容上单击，然后单击"审阅"选项卡中的"删除批注"按钮，即可删除当前批注。

五、文档的转换

在实际应用中，经常需要对文档类型进行转换。例如，为避免文档被改动，就需要将 WPS 文字文档转换为 PDF 文档。在 WPS 文字中，要转换文档类型，可单击"文件"按钮，在展开的列表中选择"另存为"选项或"输出为 PDF"选项。

（1）选择"另存为"选项，打开"另存为"对话框，在"文件类型"下拉列表中可选择要转换的文档类型，如 PDF 文件格式（*.pdf）、网页文件（*.html *.htm）、文本文件（*.txt）等。

（2）选择"输出为 PDF"选项，打开"输出为 PDF"对话框，在其中可设置文档的输出范围、输出类型（普通 PDF 或图片型 PDF）、保存位置等。

六、文档的预览和打印

制作好文档后，可以将其打印出来使用。为防止出错，在打印文档前应进行打印预览，以便检查文档版式等是否符合要求，避免直接打印而造成纸张浪费。

单击快速访问工具栏中的"打印预览"按钮，或者单击"文件"按钮，在展开的列表中选择"打印"/"打印预览"选项，进入"打印预览"界面，从中可预览文档的打印效果。

在"打印预览"界面右侧的"打印设置"窗格（见图 2-13）中可选择要使用的打印机，设置打印份数，设置纸张大小、纸张方向和页边距，以及设置打印方式、打印范围等。设置完成后单击"打印（Enter）"按钮，即可按照设置打印文档。单击"打印预览"界面右上方的"退出预览"按钮可退出"打印预览"界面。

项目二 文字管家——WPS文档处理

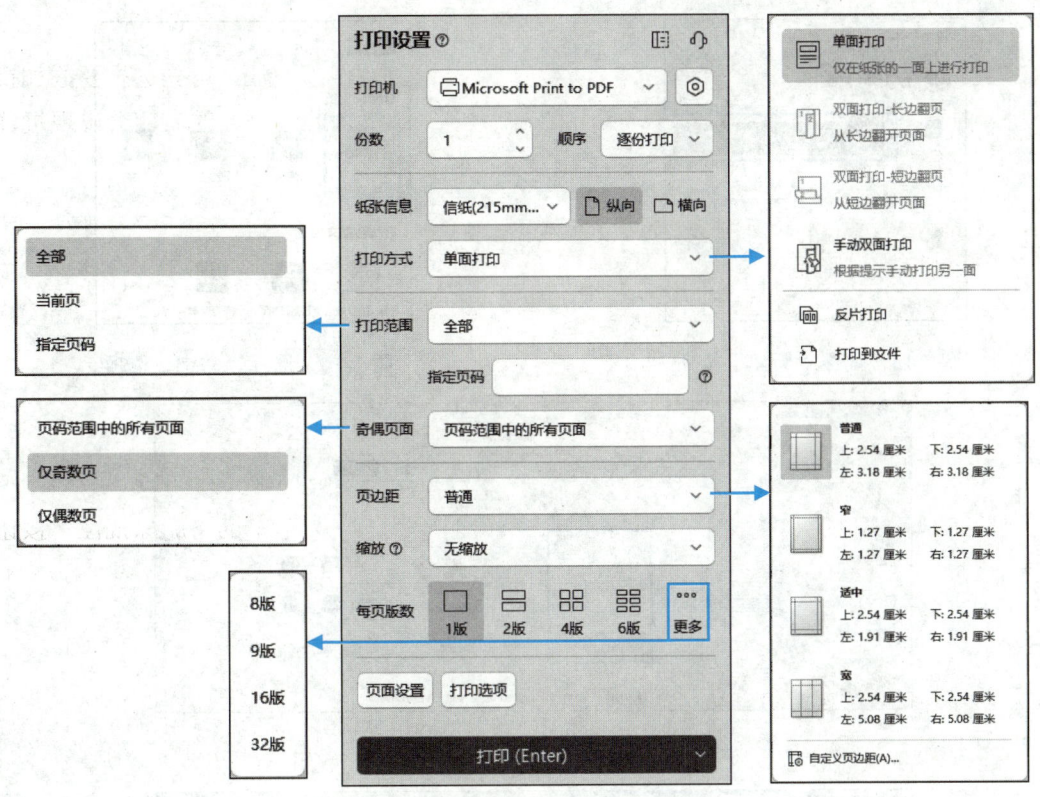

图 2-13 "打印设置"窗格

任务实施

1. 新建文档

步骤 1 在计算机中安装好 WPS 365，然后双击桌面上的"WPS Office"图标（见图 2-14），启动 WPS Office。

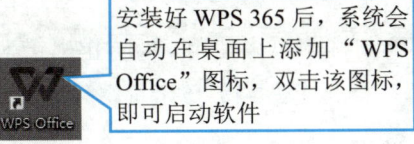

图 2-14 "WPS Office"图标

制作员工培训通知

步骤 2 登录金山办公在线服务账号后，单击"新建"按钮（见图 2-15），在打开的"新建"界面中选择"文字"选项，如图 2-16 所示。

步骤 3 打开"新建文档"界面，选择"空白文档"选项（见图 2-17），WPS Office 自动创建一个空白文档，其默认名称为"文字文稿 1"，如图 2-18 所示。

49

图 2-15 单击"新建"按钮

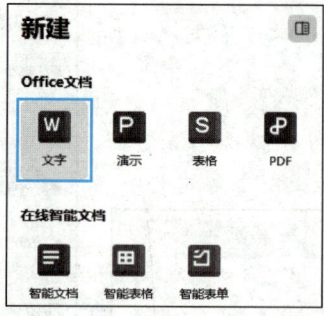

图 2-16 选择"文字"选项

图 2-17 选择"空白文档"选项

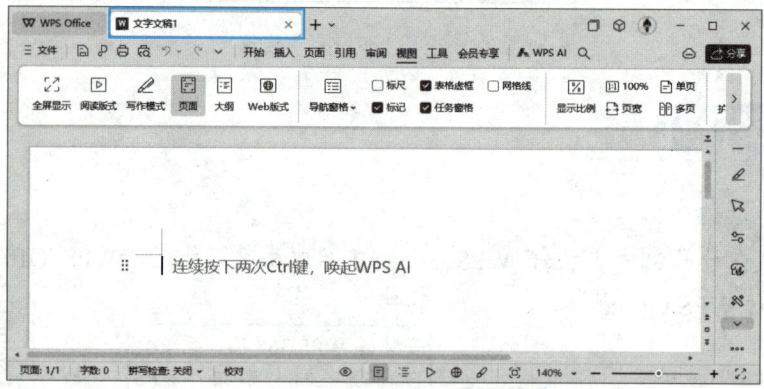

图 2-18 创建的空白文档

2. 编辑文档

步骤 1 ▶ 选择某种拼音输入法,参照图 2-19 在创建的空白文档中输入部分内容。

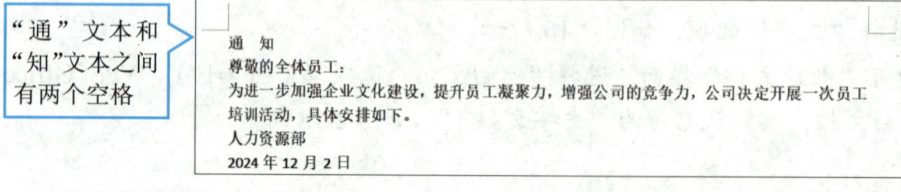

"通"文本和"知"文本之间有两个空格

图 2-19 部分文档内容

项目二　文字管家——WPS文档处理

> **小提示**
>
> 　　如果要开始一个新的段落，需要按"Enter"键，此时段落末尾会产生一个段落标记↵。默认情况下，该标记不显示，如果要显示该标记可单击"开始"选项卡中的"显示/隐藏编辑标记"按钮，在展开的下拉列表中选择"显示/隐藏段落标记"选项。
>
> 　　如果要将文本在某个位置强制换行而不开始新段落，可先在该位置单击，然后按"Shift+Enter"组合键，此时该位置会产生一个手动换行符↓。

步骤2 打开本书配套素材"素材与实例"/"项目二"/"任务一"/"培训通知.txt"文本文件，按"Ctrl+A"组合键全选文本，然后按"Ctrl+C"组合键复制选中的文本。

步骤3 返回正在编辑的文档，将插入点定位到"具体安排如下。"文本右侧，然后按"Enter"键开始一个新的段落，再按"Ctrl+V"组合键粘贴刚刚复制的文本，如图2-20所示。

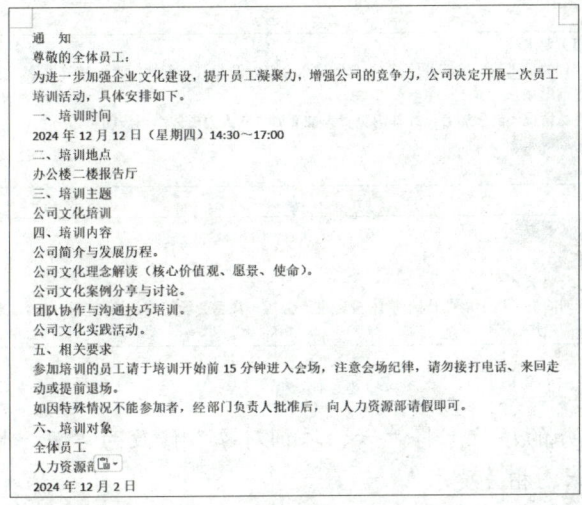

图2-20　粘贴复制的文本

步骤4 在文档的开始位置单击，然后单击"开始"选项卡中的"查找替换"下拉按钮，在展开的下拉列表中选择"替换"选项，如图2-21所示。

步骤5 打开"查找和替换"对话框，在"替换"选项卡的"查找内容"编辑框中输入文本"公司文化"，在"替换为"编辑框中输入文本"企业文化"，然后单击"全部替换"按钮，如图2-22所示。

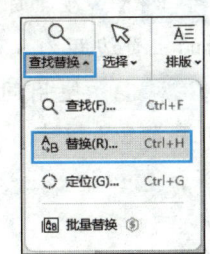

图2-21　选择"替换"选项

步骤6 替换完毕，弹出提示对话框，单击"确定"按钮，如图2-23所示。此时，可以看到文档中的所有"公司文化"文本已被替换为"企业文化"文本，最后单击"查找和替换"对话框中的"关闭"按钮关闭对话框。

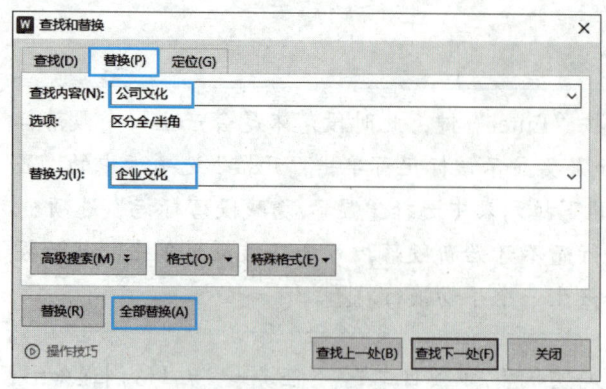
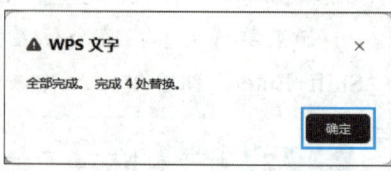

图 2-22　替换文本　　　　　　　图 2-23　提示对话框

步骤 7 选中要移动的段落文本，本案例为"六、培训对象"的全部内容（包括段落标记），然后按住鼠标左键将其拖到"五、相关要求"文本左侧，释放鼠标，即可将选中的内容移到"五、相关要求"之前，如图 2-24 所示。

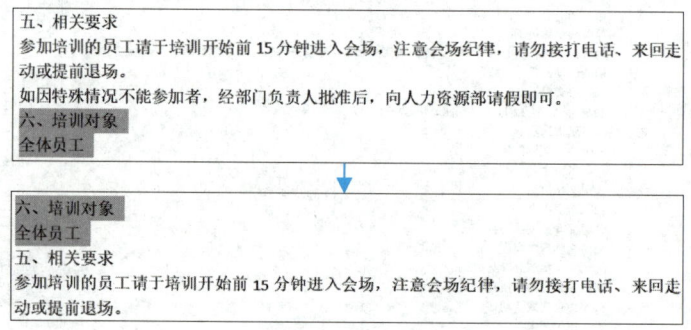

图 2-24　移动文本

步骤 8 修改通知的序号，将"六、培训对象"修改为"五、培训对象"，将"五、相关要求"修改为"六、相关要求"。

3. 设置页面格式

步骤 1 在"页面"选项卡的上页边距编辑框中输入 3.7，按"Enter"键确认，设置页面的上页边距为 3.7 厘米。

步骤 2 使用同样的方法，设置下页边距为 3.5 厘米、左页边距为 2.8 厘米、右页边距为 2.8 厘米，如图 2-25 所示。

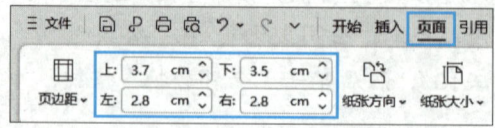

图 2-25　设置页边距

4. 设置字符格式

步骤 1 选中"通　知"文本，单击"开始"选项卡中的"字体"下拉按钮，在展开

项目二 文字管家——WPS文档处理

的下拉列表中选择"黑体"选项;单击"开始"选项卡中的"字号"下拉按钮,在展开的下拉列表中选择"二号"选项,如图2-26所示。

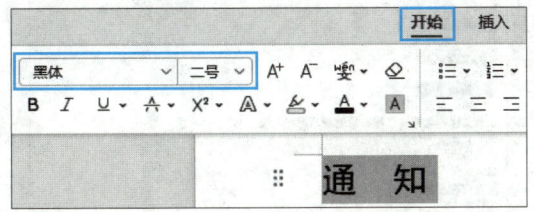

图2-26 设置"通 知"文本的字体和字号

知识库

在WPS Office中,字号的表示方法有两种,一种以"号"为单位,如初号、一号、二号……数值越大,字号越小;另一种以"磅"为单位,如5、5.5、6.5……数值越大,字号也越大。

步骤2 选中除"通 知"文本外的其他文档内容,单击"开始"选项卡中的"字体"对话框启动器按钮,打开"字体"对话框,在"中文字体"下拉列表中选择"宋体"选项,在"西文字体"下拉列表中选择"Times New Roman"选项,在"字号"列表框中选择"小四"选项,单击"确定"按钮,如图2-27所示。

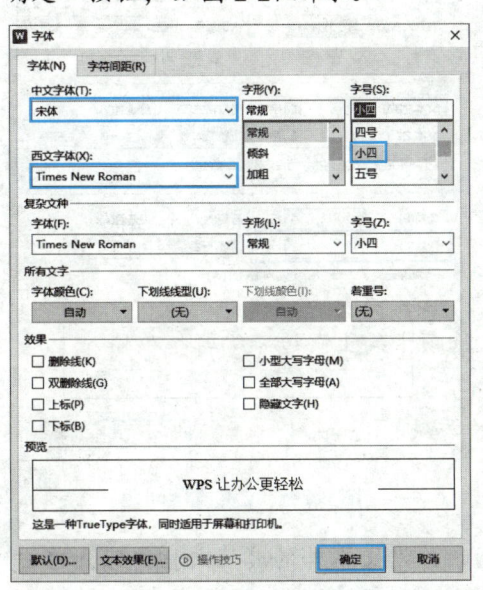

图2-27 设置文档内容的字体和字号

步骤3 配合"Ctrl"键选中"一、培训时间""二、培训地点""三、培训主题""四、培训内容""五、培训对象""六、相关要求"文本,单击"开始"选项卡中的"加粗"按钮,如图2-28所示。

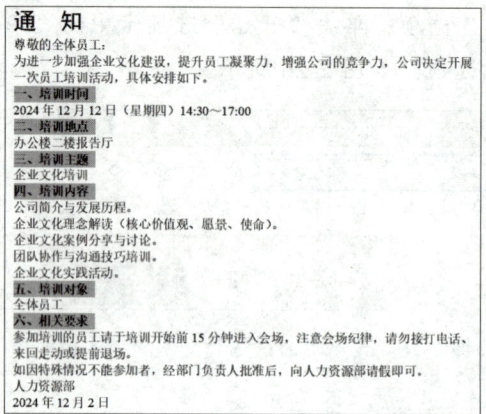

图 2-28　设置文本的字形

5. 设置段落格式

步骤 1 将插入点定位到"通　知"文本所在的段落中，单击"开始"选项卡中的"居中对齐"按钮，然后单击"段落"对话框启动器按钮，打开"段落"对话框，在"缩进和间距"选项卡的"间距"设置区中设置段后间距为 1 行，最后单击"确定"按钮，如图 2-29 所示。

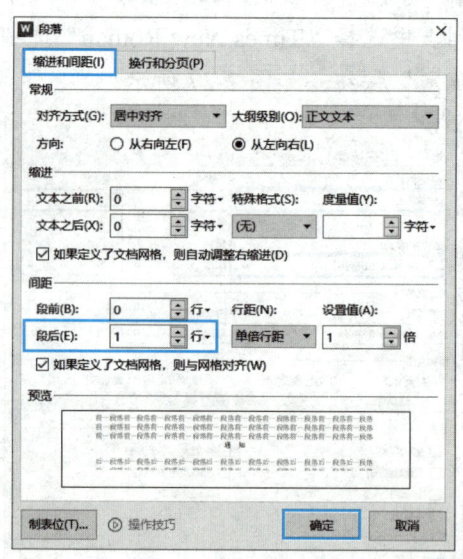

图 2-29　设置段落间距

步骤 2 选中除"通　知"文本外的其他文档内容，单击"开始"选项卡中的"行距"按钮，在展开的下拉列表中选择"1.5"选项。

步骤 3 选中文档的第 3 段至倒数第 3 段（"为进一步加强企业文化建设"文本所在段落至"如因特殊情况不能参加者"文本所在段落），打开"段落"对话框，在"缩进和间距"选项卡的"特殊格式"下拉列表中选择"首行缩进"选项，保持"度量值"为 2 字符，单击"确定"按钮，如图 2-30 所示。

项目二　文字管家——WPS文档处理

步骤 ④ 选中"四、培训内容"文本下方的 5 个段落和"六、相关要求"文本下方的两个段落，单击"开始"选项卡中的"编号"下拉按钮，在展开的下拉列表中选择第 2 行的第 4 个选项，如图 2-31 所示。

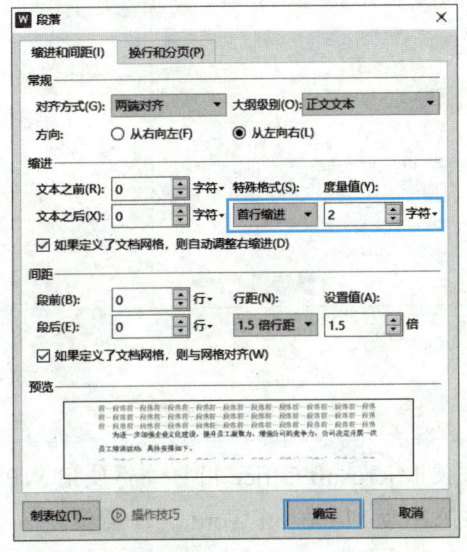

图 2-30　设置首行缩进 2 字符

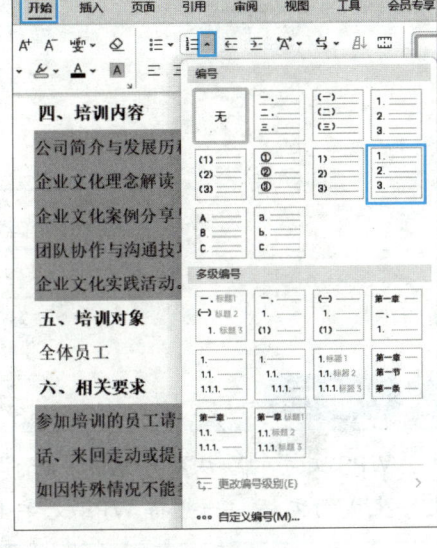

图 2-31　选择编号

步骤 ⑤ 单击编号"6."，在弹出的快捷菜单中选择"重新开始编号"选项，如图 2-32 所示。

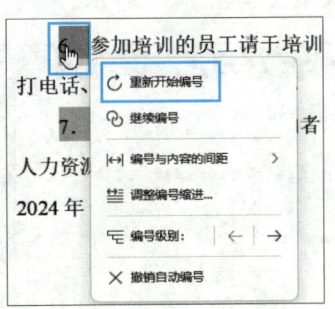

图 2-32　重新开始编号

步骤 ⑥ 将插入点定位到倒数第 2 个段落中，单击"开始"选项卡中的"右对齐"按钮，设置段落右对齐；在"段落"对话框"缩进和间距"选项卡"缩进"设置区的"文本之后"编辑框中输入 3.7，在"间距"设置区的"段前"编辑框中输入 0.5，最后单击"确定"按钮，设置文本之后缩进 3.7 字符、段前间距为 0.5 行。

步骤 ⑦ 使用同样的方法，设置最后 1 个段落右对齐、文本之后缩进 2 字符。

6. 保存文档

单击快速访问工具栏中的"保存"按钮，打开"另存为"对话框，选择文档的保存位置，在"文件名称"编辑框中输入文档名称"员工培训通知"，在"文件类型"下拉列

表中选择文档类型，此处保持默认的"Microsoft Word 文件（*.docx）"选项，最后单击"保存"按钮，如图 2-33 所示。

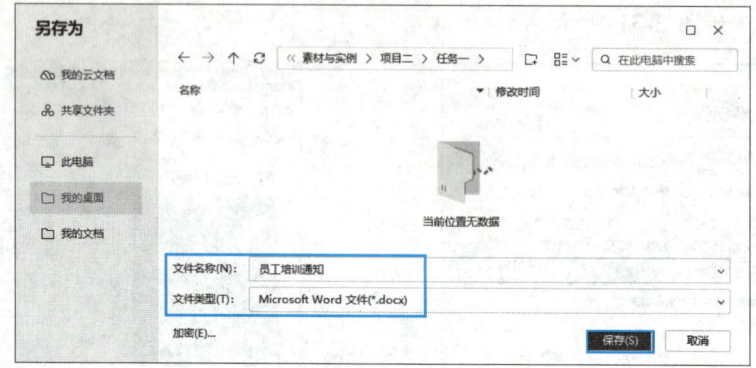

图 2-33　保存文档

WPS 文字的默认扩展名为"wps"，但为了方便 Microsoft Office 用户编辑使用 WPS 文字生成的文档，一般将 WPS 文字生成的文档保存为 Microsoft Word 文件类型。

7. 预览并打印文档

步骤❶ 单击快速访问工具栏中的"打印预览"按钮，进入文档的"打印预览"界面，从中可以看到文档的打印效果，如图 2-34 所示。

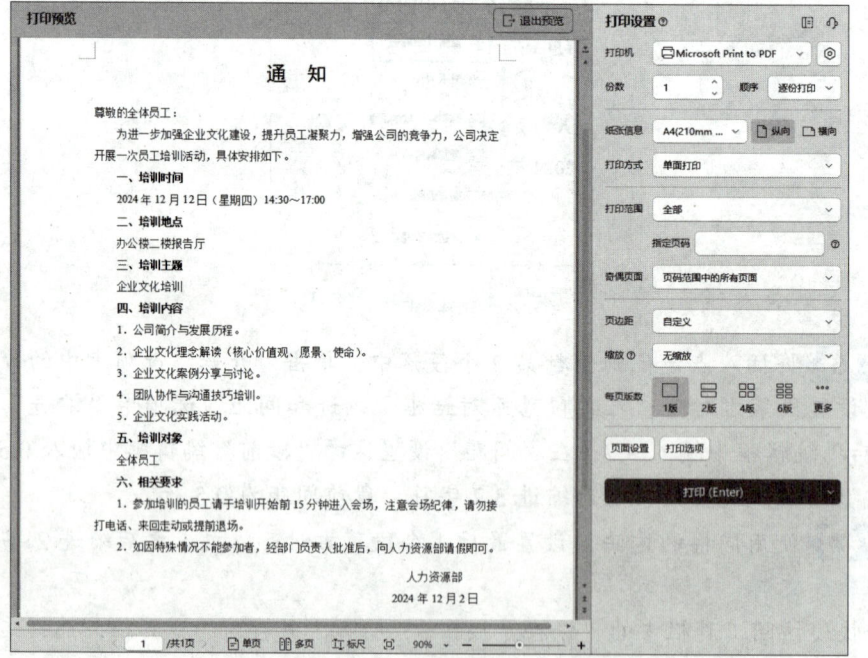

图 2-34　预览员工培训通知的打印效果

项目二 文字管家——WPS文档处理

步骤❷ 预览确认无误后，在"打印设置"窗格的"打印机"下拉列表中选择要使用的打印机，在"份数"编辑框中输入要打印的文档份数，最后单击"打印（Enter）"按钮打印文档。

任务二 制作招聘海报

任务描述

毕业季快要到了，××科技有限公司决定举办一场校园招聘活动，以吸引即将毕业的优秀学子加入。为了更好地宣传此次招聘活动，公司领导要求人力资源部制作一份富有创意和吸引力的招聘海报。招聘海报效果如图2-35所示。

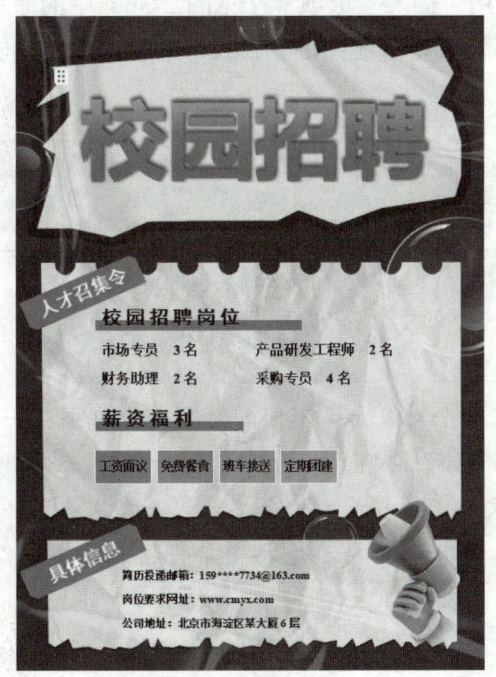

图2-35 招聘海报

为了完成制作招聘海报这个任务，我们先来学习一下插入、编辑和美化各种对象（图片、形状、文本框、艺术字、图表、智能图形等）的方法。

任务准备

全班学生以4人为一组进行分组，组长组织组员扫码观看"图文混排概述"视频，讨论并回答下列问题。

信息技术与人工智能

问题1：在WPS文字中，可丰富版面、增强文档表现力的非文字对象有哪些？

问题2：图文混排有哪些基本规范？

图文混排概述

任务理论

一、对象的插入

在WPS文字中，利用"插入"选项卡（见图2-36）中的命令可在文档中插入图片、形状、文本框、艺术字、图表、智能图形、公式等对象，以丰富文档内容和美化版面，使文档更具表现力。

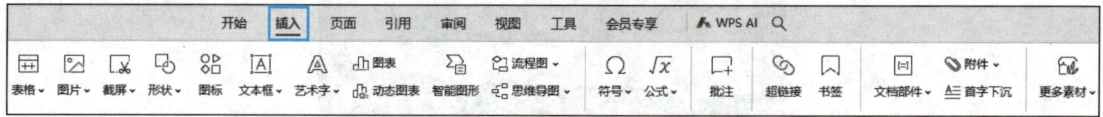

图2-36 "插入"选项卡

> **小提示**
>
> 当在文档中插入了多个对象后，不同的对象可能重叠在一起，为方便快速选中指定的对象，可先单击"开始"选项卡中的"选择"按钮，在展开的下拉列表中选择"选择窗格"选项，WPS文字工作界面右侧会显示"选择窗格"任务窗格（其中列出了文档中所有对象的名称），然后在该任务窗格中单击指定对象的名称。

二、对象的编辑和美化

在文档中插入图片、形状、文本框、艺术字等对象后，WPS文字的功能区会自动出现"××工具"选项卡，利用它们可以对插入的对象进行各种编辑与美化操作。

例如，选中插入的图片，功能区会出现"图片工具"选项卡（见图2-37），利用它可以对图片进行形状调整、大小设置、样式设置、排列、效果设置等。

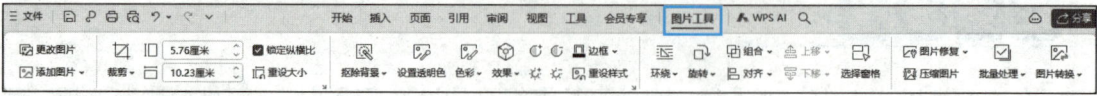

图2-37 "图片工具"选项卡

项目二 文字管家——WPS文档处理

任务实施

1. 插入并编辑图片

步骤 1 新建一个名为"招聘海报.docx"的空白文档,单击"插入"选项卡中的"图片"按钮,在展开的下拉列表中选择"本地图片"选项,打开"插入图片"对话框,选择本书配套素材"素材与实例"/"项目二"/"任务二"/"背景.png"图片,最后单击"打开"按钮,如图2-38所示。

扫码学习
制作招聘海报

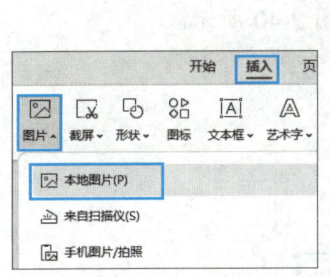
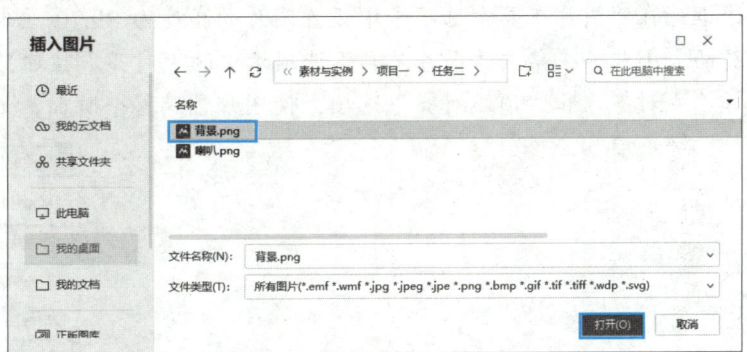

图 2-38 插入图片

步骤 2 保持图片的选中状态,单击"图片工具"选项卡中的"环绕"按钮,在展开的下拉列表中选择"衬于文字下方"选项;单击"图片工具"选项卡中的"下移"下拉按钮,在展开的下拉列表中选择"置于底层"选项,如图2-39所示。

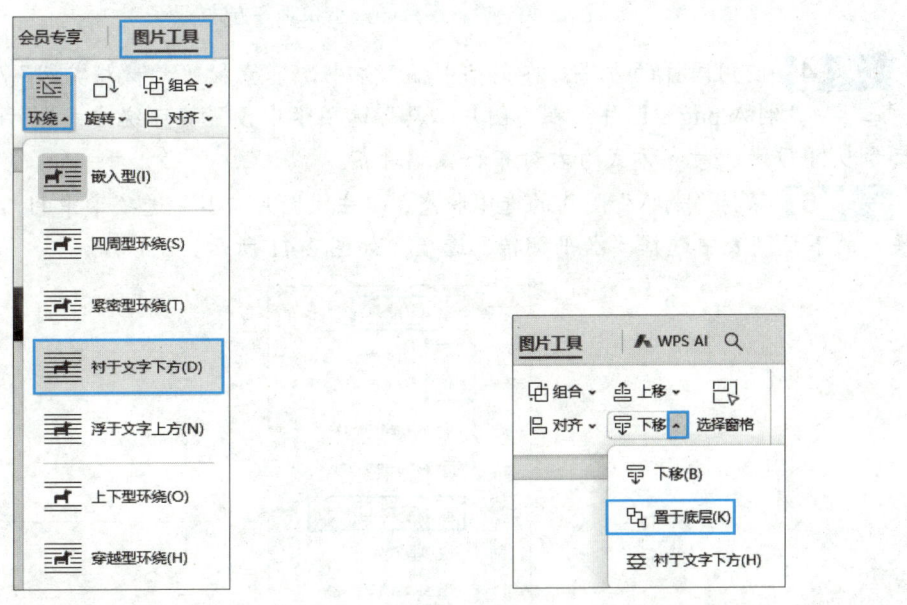

图 2-39 设置图片的环绕方式和显示层次

59

知识库

插入文档中的对象的默认环绕方式不同,其中图片的默认环绕方式是"嵌入型",艺术字、形状和文本框的默认环绕方式是"浮于文字上方"。

选中图片后,其右侧会出现快捷图标,单击相应的图标,可快速设置图片的环绕方式、裁剪图片、预览图片、旋转图片等。

步骤3 保持图片的选中状态,取消勾选"图片工具"选项卡中的"锁定纵横比"复选框;在"图片工具"选项卡中设置图片的高度为29.70厘米、宽度为21.00厘米,即与页面大小相等;单击"图片工具"选项卡中的"对齐"按钮,在展开的下拉列表中依次选择"左对齐"和"顶端对齐"选项,使图片铺满整个页面,如图2-40所示。

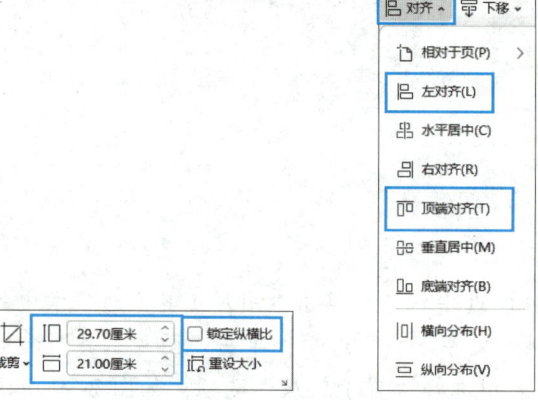

图2-40 设置图片的大小和对齐方式

步骤4 使用同样的方法,在文档中插入本书配套素材"素材与实例"/"项目二"/"任务二"/"喇叭.png"图片,在"图片工具"选项卡中设置其环绕方式为衬于文字下方、高度为9.11厘米、对齐方式为右对齐和底端对齐。

步骤5 保持"喇叭"图片的选中状态,单击"图片工具"选项卡中的"旋转"按钮,在展开的下拉列表中选择"水平翻转"选项,如图2-41所示。

图2-41 水平翻转图片

项目二　文字管家——WPS文档处理

2. 插入并编辑艺术字

步骤 1 单击"插入"选项卡中的"艺术字"按钮，在展开的下拉列表中选择"填充-钢蓝，着色1，阴影"选项，如图2-42所示。

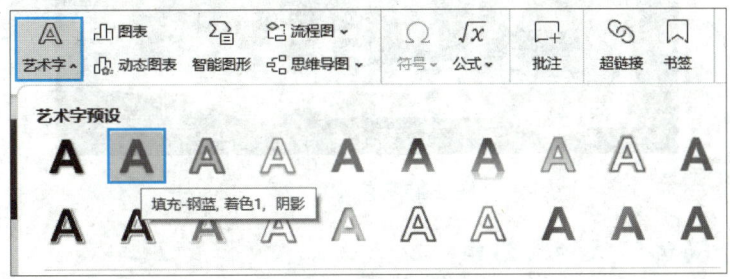

图2-42　插入艺术字

步骤 2 将"请在此放置您的文字"文本修改为"校园招聘"；将鼠标指针移到艺术字占位符的边框上，待鼠标指针变成⊕形状时单击选中艺术字占位符，在"文本工具"选项卡中设置艺术字的字体为微软雅黑、字号为110磅。

步骤 3 保持艺术字占位符的选中状态，单击"文本工具"选项卡中的"文本填充"下拉按钮，在展开的下拉列表中选择"渐变填充"类别中的第3个选项，如图2-43所示。

步骤 4 保持艺术字占位符的选中状态，单击"文本工具"选项卡中的"文字效果"按钮，在展开的下拉列表中的"阴影"子列表中选择"向上偏移"选项；单击"文本工具"选项卡中的"形状效果"按钮，在展开的下拉列表中的"阴影"子列表中选择"向右偏移"选项，如图2-44所示。

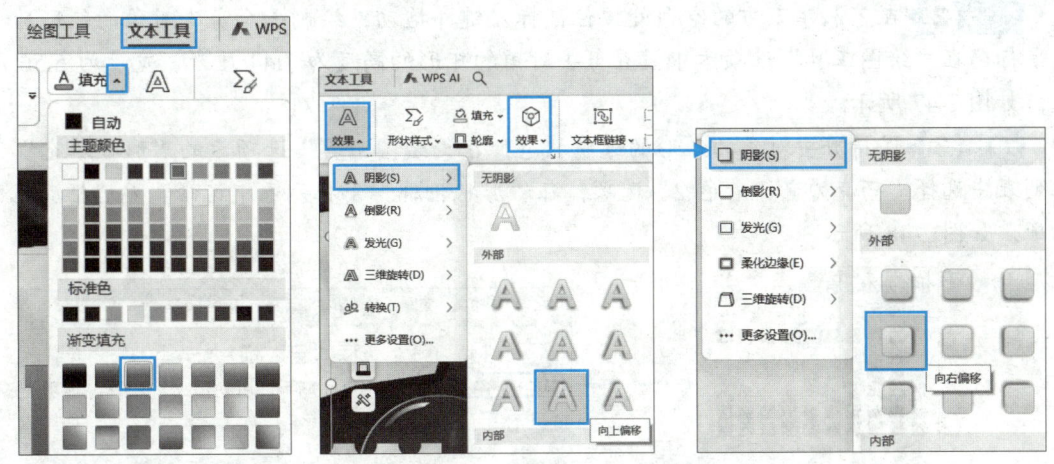

图2-43　设置文本的填充颜色　　　　图2-44　设置文本和形状的效果

步骤 5 保持艺术字占位符的选中状态，拖动边框右侧的圆形控制点，使"校园招聘"文本显示在一行；将鼠标指针移到艺术字占位符的边框上，待鼠标指针变成⊕形状时，按住鼠标左键并拖动艺术字到文档顶部的合适位置后释放鼠标，如图2-45所示。

信息技术与人工智能

图 2-45　艺术字效果

3. 插入并编辑形状和文本框

步骤❶▶单击"插入"选项卡中的"形状"按钮，在展开的下拉列表中选择"剪去对角的矩形"选项，如图 2-46 所示。

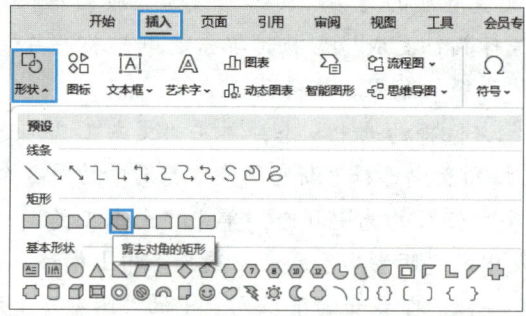

图 2-46　插入形状

步骤❷▶在艺术字下方的空白处按住鼠标左键并拖动，绘制一个剪去对角的矩形后释放鼠标，在"绘图工具"选项卡中设置剪去对角的矩形的高度为 1.44 厘米、宽度为 5.56 厘米，如图 2-47 所示。

步骤❸▶保持剪去对角的矩形的选中状态，在"绘图工具"选项卡的"形状填充"下拉列表中选择"巧克力黄，着色 2"选项，在"形状轮廓"下拉列表中选择"无边框颜色"选项，如图 2-48 所示。

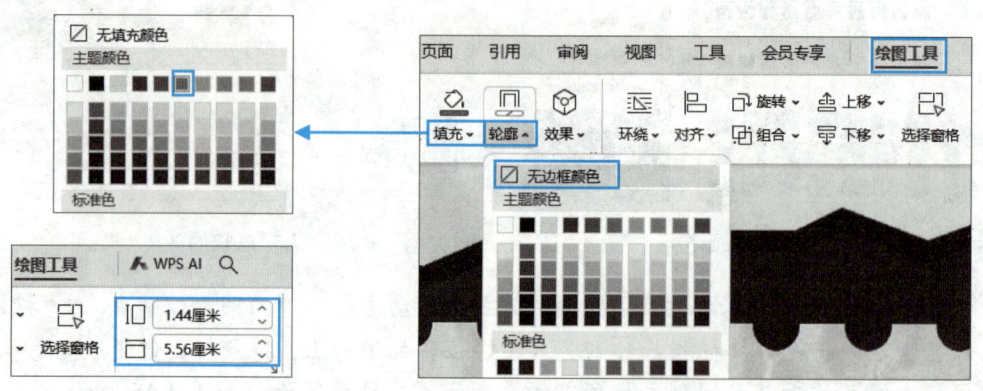

图 2-47　设置剪去对角的矩形的高度和宽度　　图 2-48　设置剪去对角的矩形的填充颜色和轮廓

项目二 文字管家——WPS文档处理

步骤 4 右击剪去对角的矩形，在弹出的快捷菜单中选择"编辑文字"选项（见图2-49），在剪去对角的矩形中输入文本"人才召集令"；选中剪去对角的矩形，在"文本工具"选项卡中设置文本的字体为黑体、字号为24磅、字形为加粗。

步骤 5 保持剪去对角的矩形的选中状态，单击界面右侧的"属性"按钮，打开"属性"任务窗格，切换到"文本选项"选项卡的"文本框"子选项卡，在"文本框"设置区的"文字边距"下拉列表中选择"无边框"选项，如图2-50所示。

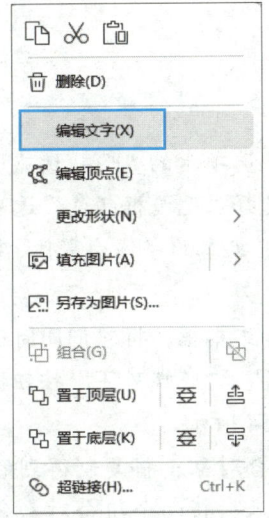

图2-49 选择"编辑文字"选项

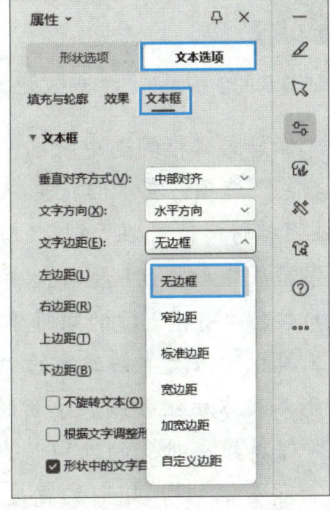

图2-50 设置文字边距

步骤 6 保持剪去对角的矩形的选中状态，将鼠标指针移到剪去对角的矩形上方的旋转控制点上，待鼠标指针变为形状时按住鼠标左键并向左拖动，到合适角度后释放鼠标，旋转剪去对角的矩形，最后将剪去对角的矩形移到文档中部合适的位置，如图2-51所示。

图2-51 旋转并移动剪去对角的矩形

步骤 7 复制一个剪去对角的矩形，将复制得到的剪去对角的矩形中的文本修改为"具体信息"，并将该剪去对角的矩形移到文档底部合适的位置，如图2-52所示。

步骤 8 在文档中部插入一个矩形，在"绘图工具"选项卡中设置矩形的高度为0.46厘米、宽度为9.19厘米、填充颜色为"巧克力黄，着色2"、无轮廓。

步骤 9 单击"插入"选项卡中的"文本框"下拉按钮，在展开的下拉列表中选择"横向"选项（见图2-53），按住鼠标左键并拖动，绘制一个横向文本框后释放鼠标，在"绘图工具"选项卡中设置文本框的高度为1.27厘米、宽度为7.00厘米。

图2-52　复制得到的剪去对角的矩形效果

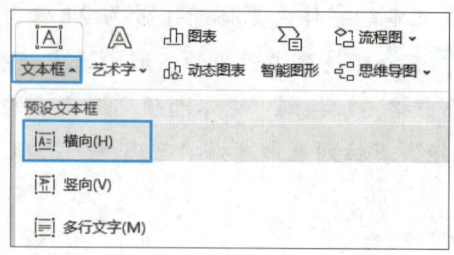

图2-53　选择"横向"选项

步骤10 保持文本框的选中状态，在"绘图工具"选项卡的"形状填充"下拉列表中选择"无填充颜色"选项，在"形状轮廓"下拉列表中选择"无边框颜色"选项；在文本框中输入文本"校园招聘岗位"，在"文本工具"选项卡中设置文本的字体为黑体、字号为24磅、字形为加粗、字符间距加宽0.1厘米。

步骤11 按住"Shift"键的同时单击插入的矩形和文本框，将它们同时选中，此时会弹出一个快速工具栏，依次单击其中的"左对齐"按钮、"底端对齐"按钮和"组合"按钮，将矩形和文本框组合成一个新的对象，如图2-54所示。

步骤12 保持组合对象的选中状态，复制一个组合对象；将复制得到的组合对象中的文本修改为"薪资福利"，矩形的宽度修改为6.60厘米；将两个组合对象分别移到文档中部合适位置，如图2-55所示。

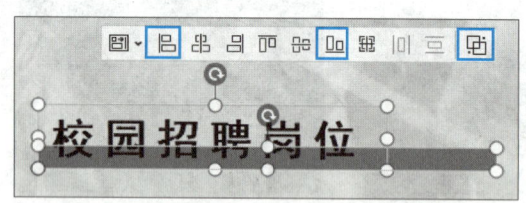

图2-54　组合矩形和文本框

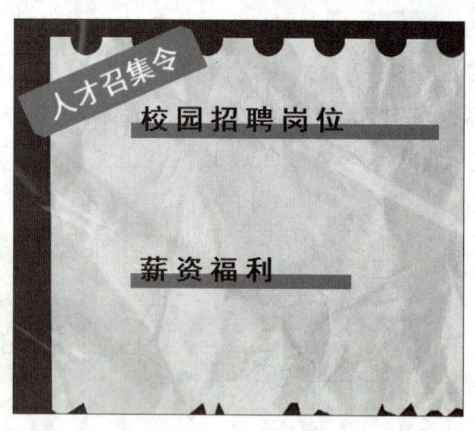

图2-55　两个组合对象效果

步骤13 在"校园招聘岗位"文本所在组合对象下方插入一个横向文本框，在"绘图工具"选项卡中设置文本框的高度为1.36厘米、宽度为5.25厘米、无填充颜色、无轮廓；在文本框中输入文本"市场专员　3名"，在"文本工具"选项卡中设置文本的中文字体为宋体、西文字体为Times New Roman、字号为18磅、字形为加粗。

步骤14 复制3个"市场专员　3名"文本所在的文本框，将4个文本框按两行两列排列；依次修改复制得到的文本框中的文本；调整第 2 个文本框的宽度，使文本框中的内容显示在一行，如图 2-56 所示。

步骤 15 在文档底部空白处插入一个横向文本框；在"绘图工具"选项卡中设置文本框的高度为 3.74 厘米、宽度为 9.80 厘米、无填充颜色、无轮廓；参考图 2-57 输入文本内容，在"文本工具"选项卡中设置文本的中文字体为宋体、西文字体为 Times New Roman、字号为四号、字形为加粗。

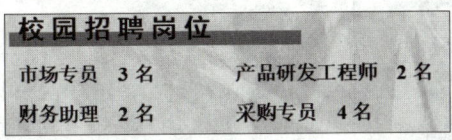

图 2-56　文本框排列效果

图 2-57　底部文本框效果

4．插入并编辑智能图形

步骤 1 将插入点定位到文档空白处，单击"插入"选项卡中的"智能图形"按钮，打开"智能图形"对话框，切换到"SmartArt"选项卡，选择"列表"类别中的"基本列表"选项，如图 2-58 所示。

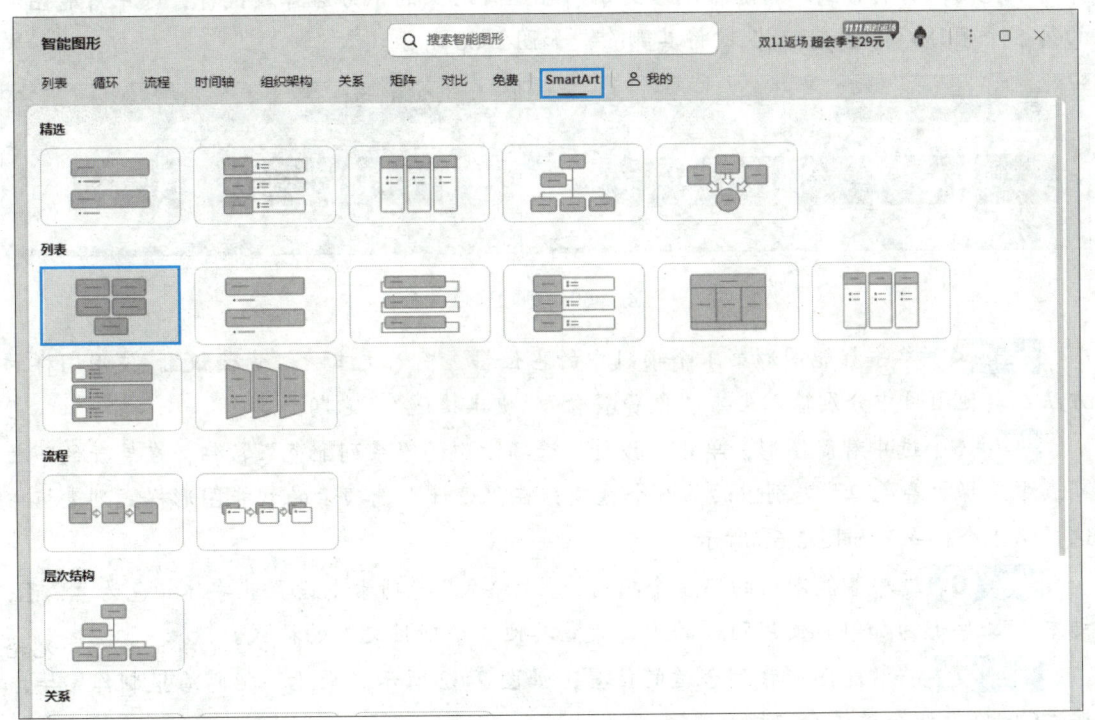

图 2-58　插入智能图形

步骤 ❷ 保持智能图形的选中状态,单击"设计"选项卡中的"环绕"按钮,在展开的下拉列表中选择"浮于文字上方"选项;在"设计"选项卡中设置该智能图形的高度为 1.50 厘米,如图 2-59 所示。

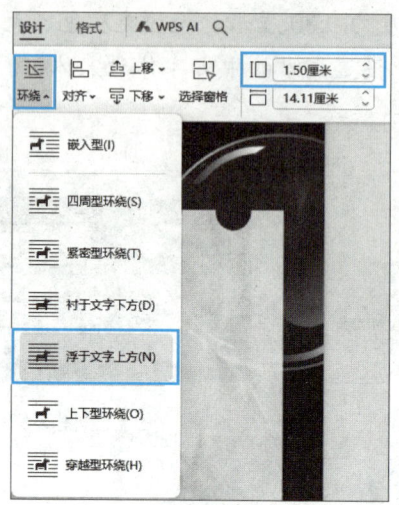

图 2-59　设置智能图形的环绕方式和高度

步骤 ❸ 将鼠标指针移到智能图形的边框上,待鼠标指针变成 形状时按住鼠标左键并向下拖动,将其移到"薪资福利"文本所在组合对象的下方后释放鼠标;选中智能图形的第 5 个项目,按"Delete"键将其删除,如图 2-60 所示。

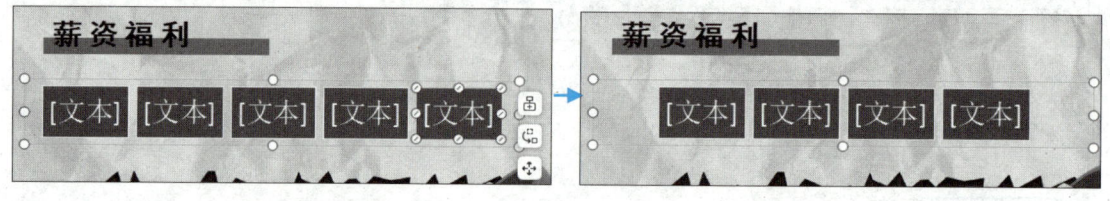

图 2-60　删除项目

步骤 ❹ 单击智能图形第 1 个项目中的占位符,输入文本"工资面议"。使用同样的方法在其他项目中分别输入文本"免费餐食""班车接送""定期团建"。

步骤 ❺ 选中智能图形,单击"设计"选项卡中的"系列配色"按钮,在展开的下拉列表中选择"着色 2"类别中的第 5 个选项;在"设计"选项卡的智能图形样式列表框中选择第 1 个样式,如图 2-61 所示。

步骤 ❻ 选中智能图形的第 1 个项目,在"格式"选项卡中设置其字体颜色为"黑色,文本 1"、字形为加粗。使用同样的方法设置其他 3 个项目文本的格式。

步骤 ❼ 将智能图形移到合适的位置,如图 2-62 所示。至此,招聘海报制作完毕,按"Ctrl+S"组合键保存文档。

项目二 文字管家——WPS文档处理

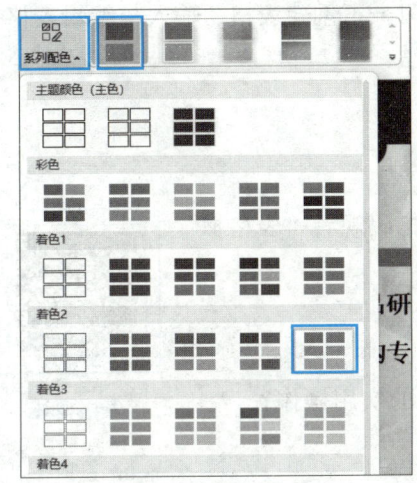

图 2-61 设置智能图形的配色和样式

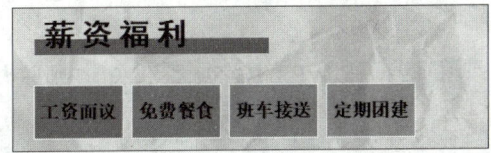

图 2-62 智能图形效果

任务三 制作产品订购单

任务描述

为了明确交易细节、保障客户和公司利益，××科技有限公司要求物流部重新制作一份更加规范的产品订购单，并规定产品订购单中需要包括客户信息、订购产品详情、付款方式、送货方式等。产品订购单效果如图 2-63 所示。

图 2-63 产品订购单

信息技术与人工智能

为了完成制作产品订购单这个任务，我们先来学习一下创建表格、输入与编辑表格内容、编辑表格、美化表格、文本与表格相互转换的方法。

任务准备

全班学生以 4 人为一组进行分组，组长组织组员扫码观看"表格概述"视频，讨论并回答下列问题。

问题 1：在 WPS 文字中，如何创建表格？

问题 2：在 WPS 文字中，你知道哪些与表格相关的实用操作？

表格概述

任务理论

一、表格的创建

表格是由水平的行和垂直的列组成的，行与列交叉形成的矩形称为单元格，用户可以在单元格中输入文本、插入图片等。表格在文档处理中占有十分重要的地位，在日常办公中经常需要制作各式各样的表格，如简历、日程表、课程表和报名表等。

要在文档中创建表格，首先应将插入点定位到要创建表格的位置，然后单击"插入"选项卡中的"表格"按钮，在展开的下拉列表中选择"插入表格"选项，打开"插入表格"对话框，接着在"列数"和"行数"编辑框中分别输入表格的列数和行数，在"列宽选择"设置区中选择一种定义列宽的方式，最后单击"确定"按钮，如图 2-64 所示。

> **小技巧**
>
> 在"表格"下拉列表的网格中移动鼠标指针，鼠标指针划过的区域以巧克力色高亮显示，到合适的行数和列数后单击，也可在文档中创建相应表格。

二、表格内容的输入与编辑

1. 在表格中移动插入点

要在表格中输入内容，需要利用鼠标、键盘中的方向键或"Tab"键，在表格中移动插入点以确定位置。

2. 在表格中输入与编辑内容

（1）**输入内容**。将插入点定位到相应的单元格中，然后输入内容即可。在单元格中输入内容时，单元格默认会自动随输入内容的多少进行调整。

（2）**设置单元格内容的字符格式与对齐方式**。设置单元格内容字符格式的方法与设置

项目二 文字管家——WPS文档处理

正文文本相同。如果要设置单元格内容的对齐方式，可先选中要设置的单元格、行、列或整个表格，然后单击"表格工具"选项卡中相应的对齐方式按钮，如图2-65所示。

（3）**更改文字方向**。表格中文本的默认排列方向是水平方向，如果要更改文本的排列方向，可先选中要更改文本排列方向的单元格、行、列或整个表格，然后单击"表格工具"选项卡中的"文字方向"按钮，在展开的下拉列表（见图2-66）中选择相应的选项。

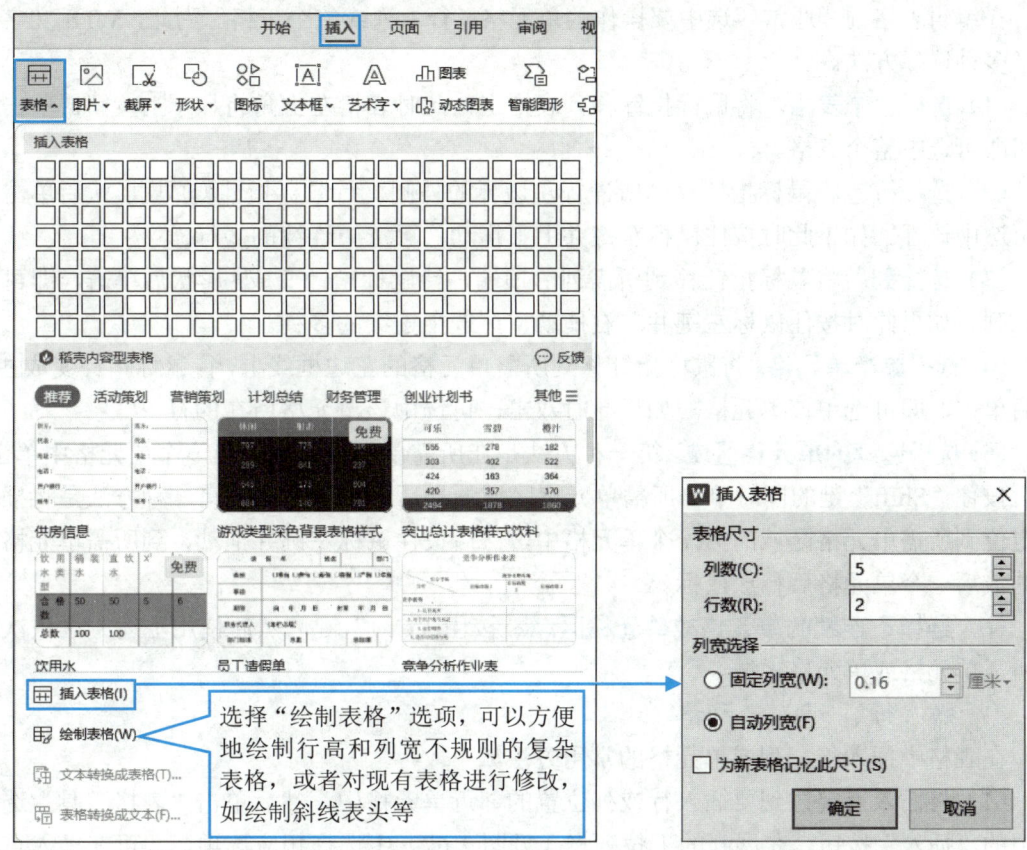

图 2-64　创建表格

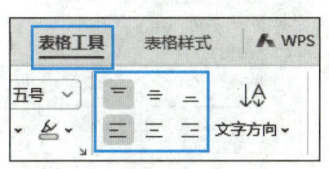

图 2-65　对齐方式按钮

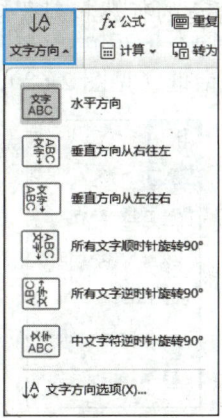

图 2-66　"文字方向"下拉列表

三、表格的编辑

创建表格后，还可以对表格进行各种编辑操作，如插入和删除行、列或单元格，调整行高或列宽，合并与拆分单元格等。

1. 选择表格或单元格

在编辑表格前，通常应选中要操作的单元格、行、列或整个表格。为此，WPS 文字提供了多种选择方法。

（1）**选择整个表格**。将鼠标指针移到表格上，此时表格左上角将显示 ⊞ 按钮，单击该按钮即可选中整个表格。

（2）**选择行**。将鼠标指针移到所需行左边界的外侧，待鼠标指针变成 ➘ 形状后单击，即可选中该行。如果此时按住鼠标左键并上下拖动，可选中连续的多行。

（3）**选择列**。将鼠标指针移到所需列的顶端，待鼠标指针变成 ↓ 形状后单击，即可选中该列。如果此时按住鼠标左键并左右拖动，可选中连续的多列。

（4）**选择单个单元格**。将鼠标指针移到所需单元格的左边框线上，待鼠标指针变成 ➘ 形状后单击，即可选中该单元格。如果此时双击，可选中该单元格所在的行。

（5）**选择连续的单元格区域**。第一种方法是在所需单元格区域的第一个单元格中单击，然后按住"Shift"键的同时单击所需单元格区域的最后一个单元格；第二种方法是将插入点定位到所需单元格区域的第一个单元格中，然后按住鼠标左键并拖动，到所需单元格区域的最后一个单元格后释放鼠标。

（6）**选择不连续的单元格或单元格区域**。按住"Ctrl"键，然后使用上述方法依次选择所需单元格或单元格区域。

2. 插入行、列或单元格

在表格中插入行、列或单元格的常用方法如下。

（1）将插入点定位到要插入行或列位置的邻近单元格中，然后单击"表格工具"选项卡中的"插入"按钮，在展开的下拉列表（见图2-67）中选择相应选项，即可在插入点所在行的上方或下方插入空白行，或者在插入点所在列的左侧或右侧插入空白列。

如果要插入单元格，可在"插入"下拉列表中选择"插入单元格"选项，打开"插入单元格"对话框（见图2-68），在其中选择一种插入方式并单击"确定"按钮。

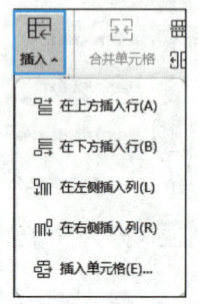

图 2-67　"插入"下拉列表

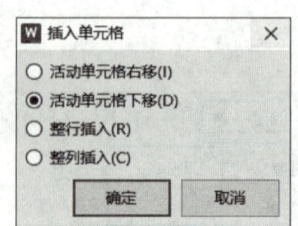

图 2-68　"插入单元格"对话框

（2）将插入点定位到表格最后一列外侧的段落标记处，然后按"Enter"键，即可在插入点所在行的下方插入空白行。

（3）将鼠标指针移到表格左侧任意两行间或表格顶端任意两列间，待出现⊕按钮时单击该按钮，即可在两行或两列间插入空白行或空白列。

3. 删除行、列或单元格

将插入点定位到要删除行或列的任意单元格中，然后单击"表格工具"选项卡中的"删除"按钮，在展开的下拉列表（见图2-69）中选择相应选项，即可删除插入点所在的行或列，或者删除整个表格。

如果要删除单元格，可在"删除"下拉列表中选择"单元格"选项，打开"删除单元格"对话框（见图2-70），在其中选择一种删除方式并单击"确定"按钮。

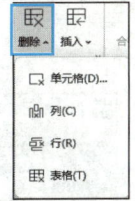
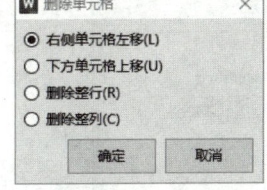

图2-69 "删除"下拉列表　　　　　　　　图2-70 "删除单元格"对话框

4. 调整行高或列宽

调整表格行高或列宽的常用方法有以下3种。

（1）**利用鼠标拖动法粗略调整**。将鼠标指针移到要调整的行的下边框线或列的右边框线上，待鼠标指针变成⇕或⇔形状时按住鼠标左键并上下或左右拖动，到合适高度或宽度后释放鼠标。

（2）**利用功能区精确调整**。选择要调整的行或列，然后在"表格工具"选项卡的"表格行高"或"表格列宽"编辑框（见图2-71）中输入具体数值并按"Enter"键确认。

此外，单击"自动调整"按钮，在展开的下拉列表（见图2-72）中选择"平均分布各行"或"平均分布各列"选项，可将所选的多行或多列设置为相同的高度或宽度；选择"适应窗口大小"或"根据内容调整表格"选项，可根据窗口或内容自动调整行高或列宽。

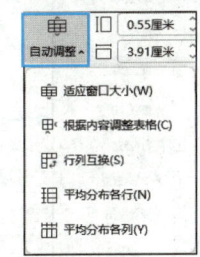

图2-71 "表格行高"和"表格列宽"编辑框　　　图2-72 "自动调整"下拉列表

（3）**利用"表格属性"对话框调整**。选择要调整的行或列，然后单击"表格工具"选项卡中的"表格属性"按钮，打开"表格属性"对话框，在"行"或"列"选项卡（以"行"

选项卡为例，见图2-73）中设置行高或列宽。

5. 合并与拆分单元格

合并单元格的方法是，选择要合并的两个或多个单元格，然后单击"表格工具"选项卡中的"合并单元格"按钮（见图2-74），或者在其右键快捷菜单中选择"合并单元格"选项。

拆分单元格的方法是，选择要拆分的一个或多个单元格，或者将插入点定位到要拆分的单元格中，然后单击"表格工具"选项卡中的"拆分单元格"按钮，在打开的"拆分单元格"对话框（见图2-75）中设置要拆分的列数和行数，最后单击"确定"按钮。

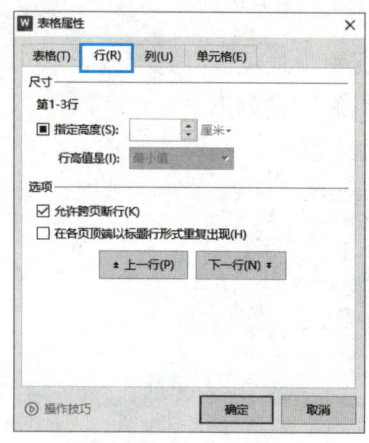
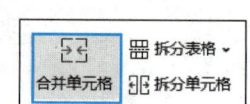
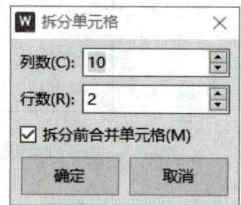

图2-73　"行"选项卡　　　图2-74　"合并单元格"按钮　　图2-75　"拆分单元格"对话框

四、表格的美化

1. 设置边框和底纹

设置边框的方法是，选择要设置边框的单元格或表格，然后在"表格样式"选项卡中设置边框的线型、粗细、颜色，最后单击"边框"下拉按钮，在展开的下拉列表中选择要应用的框线选项，如图2-76所示。

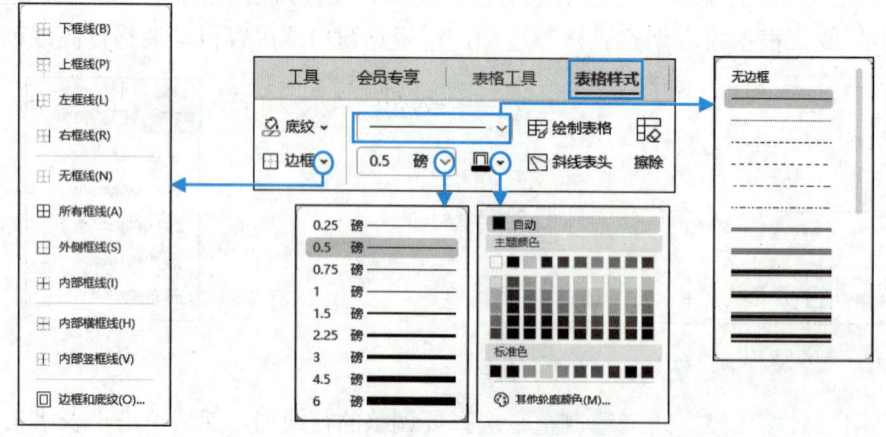

图2-76　设置边框

设置底纹的方法是，选择要设置底纹的单元格或表格，然后单击"表格样式"选项卡中的"底纹"下拉按钮，在展开的下拉列表中选择相应选项，如图 2-77 所示。

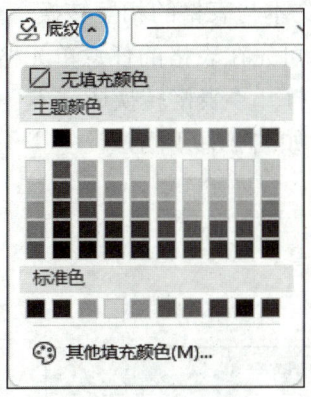

图 2-77 设置底纹

2. 套用表格样式

除了可以自行设置表格的边框、底纹等样式，还可以为表格套用 WPS 文字提供的表格样式。表格样式包含边框、底纹等，用户可以选择合适的表格样式，从而快速完成表格的美化。为此，可将插入点定位到表格的任意单元格中，然后单击"表格样式"选项卡样式列表框右侧的下拉按钮，在展开的下拉列表（见图 2-78）中选择一种样式。

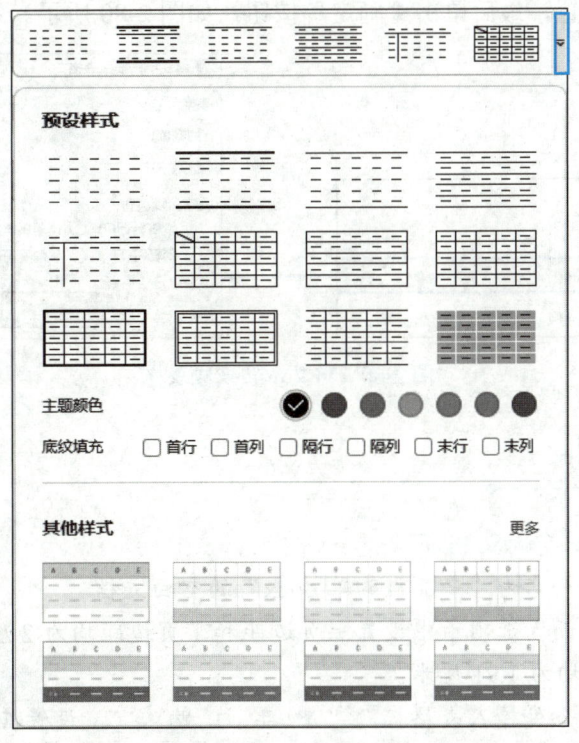

图 2-78 样式下拉列表

五、文本与表格的相互转换

在 WPS 文字中，可以实现文本与表格的相互转换。

（1）要将表格转换成文本，可先在表格的任意单元格中单击，然后单击"表格工具"选项卡中的"转为文本"按钮，打开"表格转换成文本"对话框，在其中选择一种文字分隔符，最后单击"确定"按钮，如图 2-79 所示。

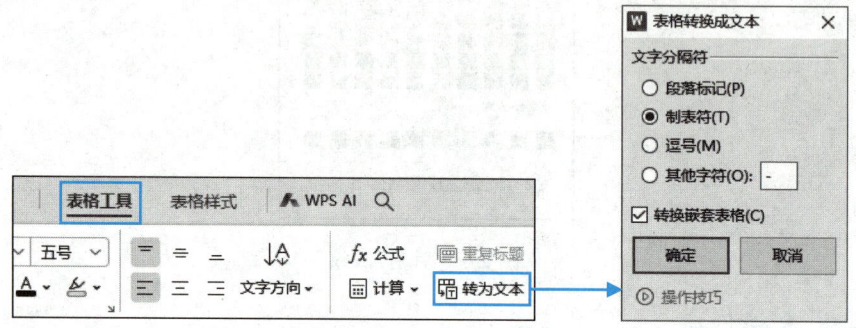

图 2-79　将表格转换成文本

（2）要将用段落标记、制表符、逗号或其他特定字符隔开的文本转换成表格，可先选中要转换成表格的文本，然后单击"插入"选项卡中的"表格"按钮，在展开的下拉列表中选择"文本转换成表格"选项，打开"将文字转换成表格"对话框，在其中设置列数并选择一种文字分隔位置，最后单击"确定"按钮，如图 2-80 所示。

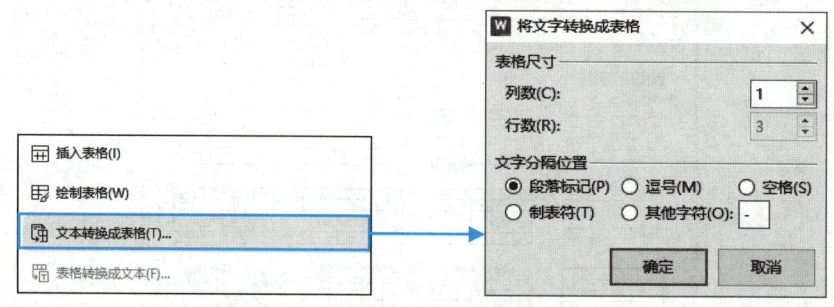

图 2-80　将文本转换成表格

任务实施

1. 设置页面格式和表格标题

步骤 1 新建一个名为"产品订购单.docx"的空白文档。

步骤 2 在"页面"选项卡中设置上页边距和下页边距均为 2 厘米、左页边距和右页边距均为 1.91 厘米。

步骤 3 在插入点处输入表格标题"产 品 订 购 单"，设置其字体为黑体、字号为小一、对齐方式为居中对齐、段前和段后间距均为 1 行，如图 2-81 所示。

制作产品订购单

项目二 文字管家——WPS文档处理

产 品 订 购 单

图 2-81　表格标题效果

2. 创建表格

步骤 1 在标题文本右侧单击并按"Enter"键插入一个新段落,此时新段落自动应用表格标题的格式,选中新段落中的段落标记,单击"开始"选项卡中的"清除格式"按钮,清除新段落的格式。

步骤 2 单击"插入"选项卡中的"表格"按钮,在展开的下拉列表中选择"插入表格"选项。

步骤 3 打开"插入表格"对话框,在其中的"列数"和"行数"编辑框中分别输入6和15,单击"确定"按钮,系统自动在文档中插入一个6列15行的表格,如图2-82所示。

图 2-82　插入表格

3. 调整表格结构

步骤 1 选中表格第1行中的所有单元格,单击"表格工具"选项卡中的"合并单元格"按钮,将第1行中的所有单元格合并为一个单元格,如图2-83所示。

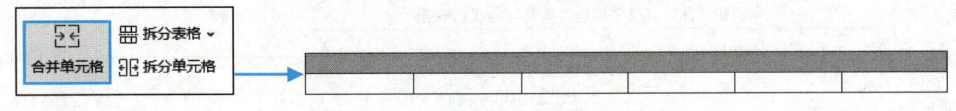

图 2-83　合并单元格

步骤 2 使用同样的方法合并表格中的其他相关单元格,如图2-84所示。

步骤 3 选中表格第2行第2～6列的单元格,单击"表格工具"选项卡中的"拆分单元格"按钮,打开"拆分单元格"对话框,在"列数"编辑框中输入数字"4",单击"确定"按钮,如图2-85所示。

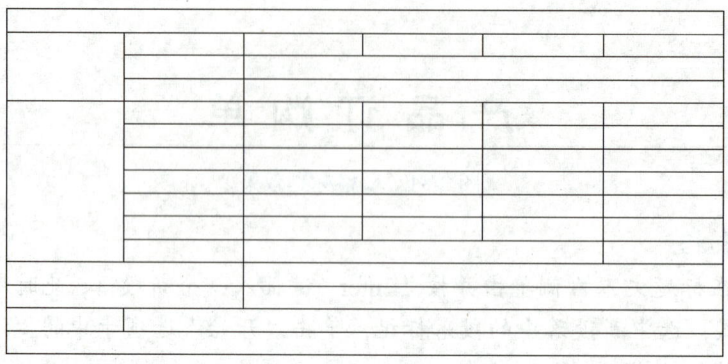

图 2-84　合并单元格后的效果

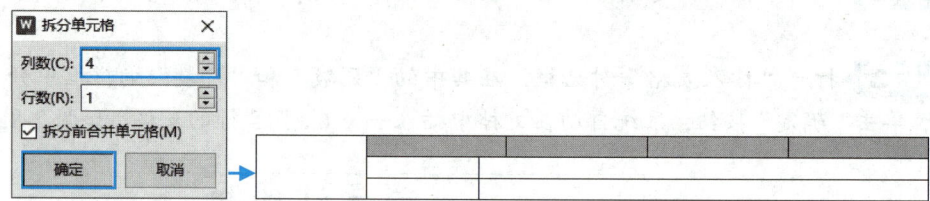

图 2-85　拆分单元格

4．输入表格内容并设置其格式

步骤 1 参照图 2-86，在表格的相应位置输入内容。

订购日期：			订购编号：		
客户信息	姓　名		联系电话		
	收货地址				
	备　注				
订购产品详情	产品型号	产品名称	单价（元）	数量（个）	金额（元）
	合计金额	（大写）　拾　万　仟　佰　拾　元　角　分			
付款方式		现金　银行汇款　微信　支付宝　其他＿＿＿			
送货方式		送货上门	第三方物流		
注意事项	请仔细填写每项内容 所购产品如有质量问题，请及时与我们联系				
客户签名：					

图 2-86　表格内容

步骤 2 将插入点定位到“合计金额”所在行的最后一个单元格，单击“插入”选项卡中的“符号”下拉按钮，在展开的下拉列表中选择“其他符号”选项，打开“符号”对话框（默认显示“符号”选项卡），在“字体”下拉列表中选择“宋体”选项，在“子集”下拉列表中选择“拉丁语-1”选项，在符号列表框中选择“¥”符号，单击“插入”按钮，在文档中插入所选符号，最后单击“关闭”按钮，如图 2-87 所示。

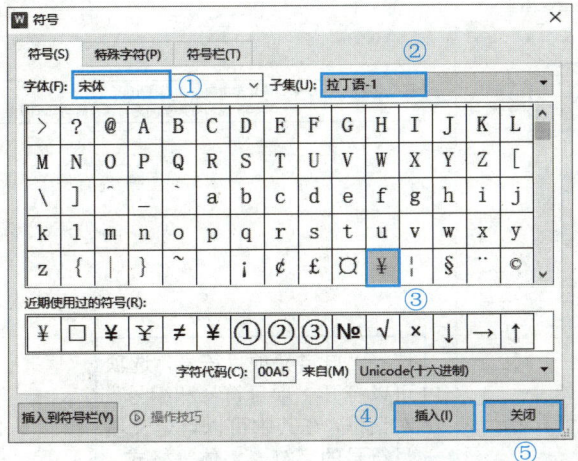

图 2-87 插入"¥"符号

步骤 3 将插入点定位到"现金"文本左侧,打开"符号"对话框并切换到"符号栏"选项卡,在"自定义符号"列表框中选择"□"符号,单击"插入"按钮,在文档中插入所选符号,最后单击"关闭"按钮,如图 2-88 所示。

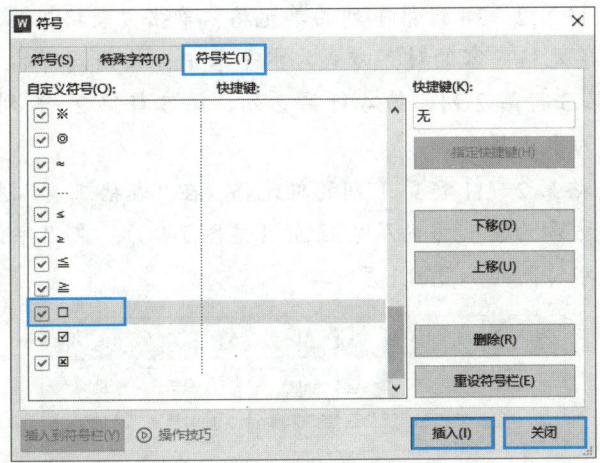

图 2-88 插入"□"符号

步骤 4 复制刚刚插入的"□"符号,将其分别粘贴到"银行汇款""微信""支付宝""其他""送货上门""第三方物流"文本左侧。

步骤 5 选中"请仔细填写每项内容""所购产品如有质量问题,请及时与我们联系"文本所在段落,单击"开始"选项卡中的"项目符号"下拉按钮,在展开的下拉列表中选择"带填充效果的钻石菱形形项目符号"选项,如图 2-89 所示。

步骤 6 单击表格左上角的 ⊞ 按钮选中整个表格,在"开始"选项卡中设置表格中文本的字号为小四;选中"订购日期""注意事项""请仔细填写每项内容""客户签名"文本所在单元格,在"表格工具"选项卡中设置单元格内容的字形为加粗。

信息技术与人工智能

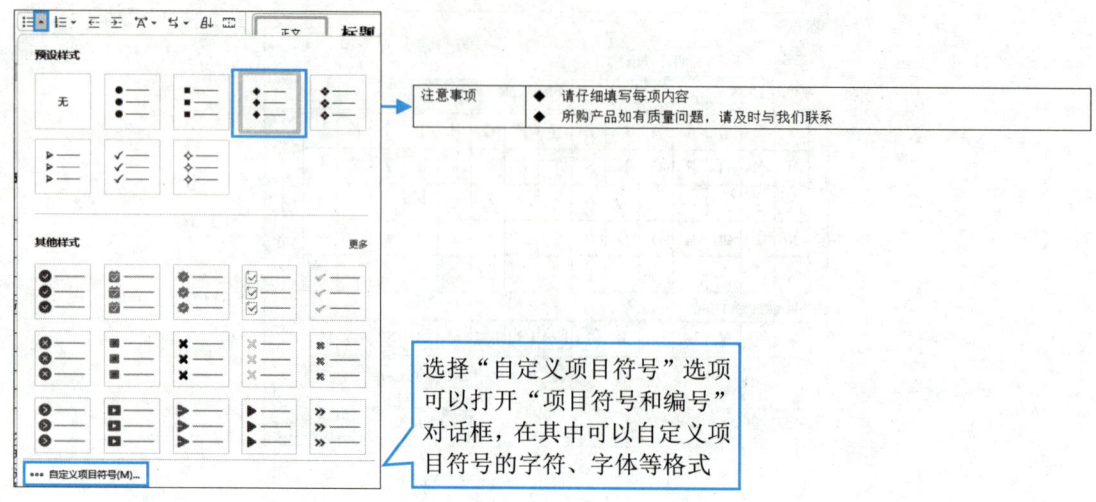

图 2-89　添加项目符号

步骤 7 选中整个表格，单击"表格工具"选项卡中的"垂直居中"按钮，设置单元格内容的对齐方式为垂直居中。

步骤 8 选中表格第 2~14 行第 1 列的单元格，单击"表格工具"选项卡中的"水平居中"按钮，设置单元格内容的对齐方式为水平居中；使用同样的方法，分别设置表格第 2 行第 2~5 列、第 3 行第 2 列、第 4 行第 2 列、第 5 行第 2~6 列、第 11 行第 2 列单元格内容的对齐方式为水平居中。

步骤 9 选中表格第 2~11 行第 1 列的单元格，在"表格工具"选项卡的"文字方向"下拉列表中设置文字方向为垂直方向从右往左（见图 2-90），在"字体"对话框的"字符间距"选项卡中设置字符间距加宽 0.1 厘米。

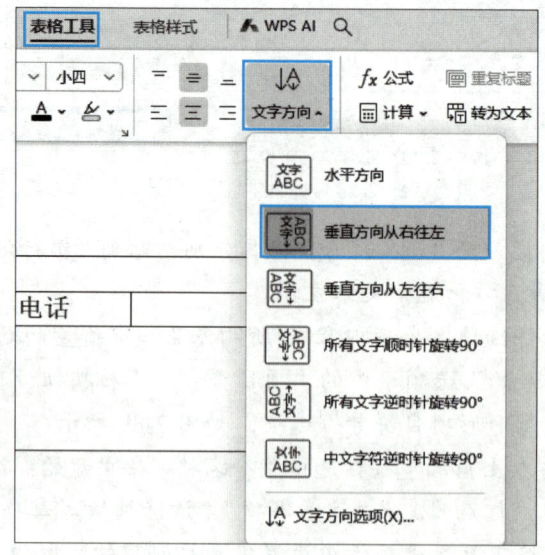

图 2-90　设置文字方向

5. 调整行高和列宽

步骤1 选中表格第 1 行，在“表格工具”选项卡中设置其高度为 1.20 厘米，如图 2-91 所示。

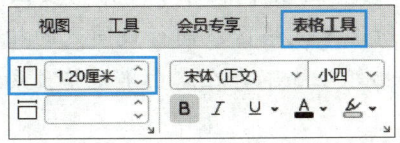

图 2-91 调整第 1 行行高

步骤2 使用同样的方法设置表格第 2～13 行的高度为 1.40 厘米、第 14～15 行的高度为 2.30 厘米。

步骤3 将鼠标指针移到“客户信息”文本所在列的右边框线上，当鼠标指针变为⟛形状时按住鼠标左键向左移动，调整列宽；使用同样的方法，调整“收货地址”所在列的列宽，如图 2-92 所示。

步骤4 选中表格第 2 行第 2～5 列的单元格，单击“表格工具”选项卡中的“自动调整”按钮，在展开的下拉列表中选择“平均分布各列”选项。

订购日期：			**订购编号：**		
客户信息	姓 名		联系电话		
	收货地址				
	备 注				
订购产品详情	产品型号	产品名称	单价（元）	数量（个）	金额（元）
	合计金额	（大写） 拾 万 仟 佰 拾 元 角 分			¥
付款方式	□现金 □银行汇款 □微信 □支付宝 □其他______				
送货方式	□送货上门 □第三方物流				
注意事项	**◆ 请仔细填写每项内容 ◆ 所购产品如有质量问题，请及时与我们联系**				
客户签名：					

可适当增加或减少文本中间的空格个数，调整文本的均匀分布和对齐

图 2-92 调整列宽效果

知识库

在 WPS 文字中，可以对表格中的数据进行计算。方法是，首先选择要计算的单元格区域，然后单击"表格工具"选项卡中的"计算"按钮，在展开的下拉列表中选择计算类型，结果会显示在与所选单元格区域同行或同列的相邻空白单元格中，如果与所选单元格区域同行或同列的相邻位置不存在空白单元格，系统将自动创建一行或一列用于显示计算结果。

此外，在 WPS 文字中，也可以使用公式计算表格数据。方法是，首先选择要插入公式的单元格，然后单击"表格工具"选项卡中的"公式"按钮，接着在打开的"公式"对话框的"辅助"设置区中分别选择数字格式、函数和表格范围，"公式"编辑框中会自动生成公式，最后单击"确定"按钮。

6. 美化表格

步骤 1 选中整个表格，单击"表格样式"选项卡中的"线型"下拉按钮，在展开的下拉列表中选择第 7 个线型（见图 2-93），然后单击"边框"下拉按钮，在展开的下拉列表中选择"外侧框线"选项。

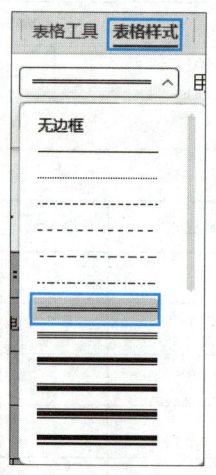

图 2-93 设置表格外边框样式

步骤 2 选中表格第 15 行，在"表格样式"选项卡的"边框"下拉列表中选择"边框和底纹"选项，打开"边框和底纹"对话框（默认显示"边框"选项卡），在"设置"设置区中选择"自定义"选项，在"线型"设置区中选择第 7 个线型，在"预览"设置区中单击上边框按钮应用该线型，并取消选中其他按钮，在"应用于"下拉列表中选择"单元格"选项，单击"确定"按钮，如图 2-94 所示。

步骤 3 参照图 2-95 并配合"Ctrl"键选中相关单元格，单击"表格样式"选项卡中的"底纹"下拉按钮，在展开的下拉列表中选择"钢蓝，着色 1，浅色 80%"选项。

步骤 4 至此，产品订购单制作完毕，按"Ctrl+S"组合键保存文档。

• 项目二　文字管家——WPS文档处理

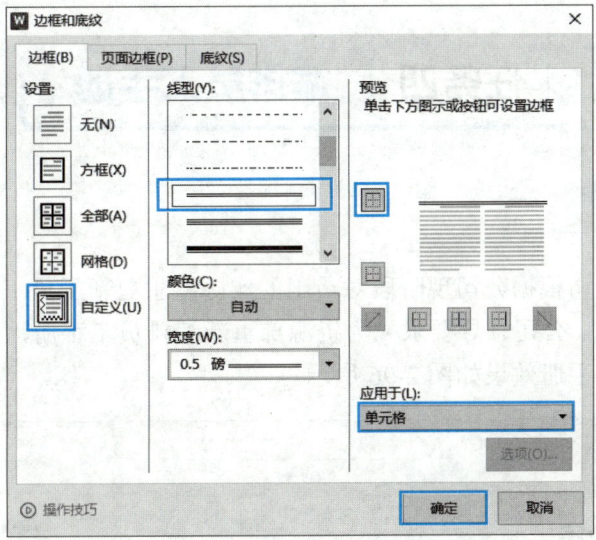

图 2-94　设置单元格的边框

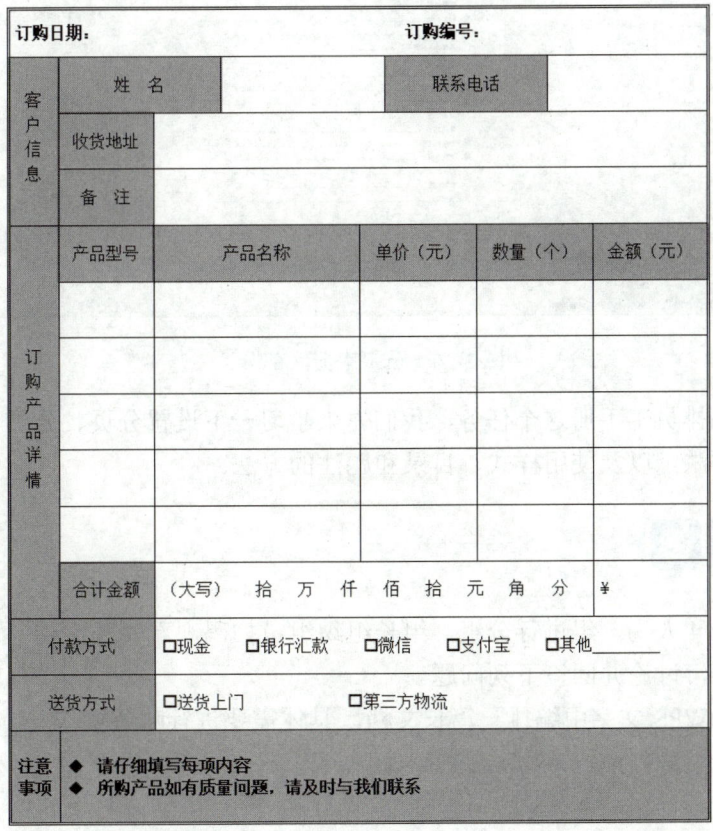

图 2-95　选中部分单元格

信息技术与人工智能

任务四　编排员工手册

任务描述

××科技有限公司根据公司现阶段对员工的实际要求更新了员工手册的内容，更新后的员工手册排版较乱，公司领导要求人力资源部重新编排员工手册，以提高员工手册的可读性。编排好的员工手册效果如图 2-96 所示。

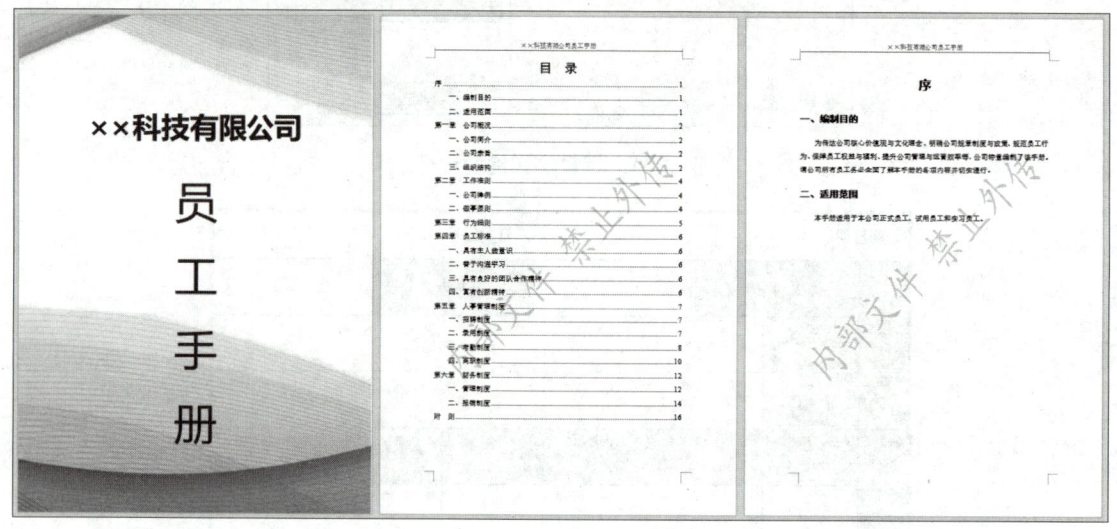

图 2-96　员工手册（部分）

为了完成编排员工手册这个任务，我们先来学习一下设置分页、分节、分栏、页眉、页脚和页码的方法，以及使用样式、目录和题注的方法。

任务准备

全班学生以 4 人为一组进行分组，组长组织组员扫码观看"长文档编排概述"视频，讨论并回答下列问题。

问题 1：在 WPS 文字中编排一篇长文档，具体需要进行哪些操作？

问题 2：如何快速修改长文档中同一级别的文本或段落的格式？如何为长文档分节？

长文档编排概述

任务理论

一、分页、分节和分栏的设置

1. 设置分页和分节

通常情况下,当文档内容满一页后,系统会自动将其他内容转到下一页中。如果要对文档进行强制分页,可通过插入分页符实现。要插入分页符,可先将插入点定位到需要分页的位置,然后单击"页面"选项卡中的"分隔符"按钮,在展开的下拉列表中选择"分页符"选项,如图 2-97 所示。

通过为文档插入分节符,可将文档分为多节。节是文档格式化的最大单位,只有在不同的节中,才可以对同一文档中的不同部分进行不同的页面设置,如设置不同的页眉、页脚、页边距等。要插入分节符,可先将插入点定位到需要分节的位置,然后在"分隔符"下拉列表中选择相应的分节符选项。

2. 设置分栏

默认情况下,文档只有一栏。为使文档更加美观,可对文档进行分栏排版。例如,报纸、杂志的内页通常采用分栏排版。要分栏排版,可先选中要分栏的文本,然后单击"页面"选项卡中的"分栏"按钮,在展开的下拉列表中选择相应的分栏选项,如图 2-98 所示。

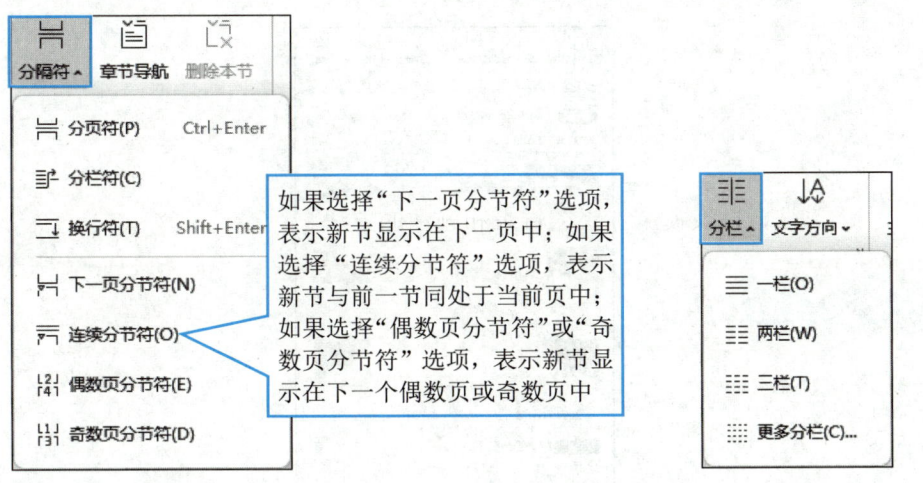

图 2-97 "分隔符"下拉列表　　　　图 2-98 "分栏"下拉列表

> **知识库**
>
> 如果在"分栏"下拉列表中选择"更多分栏"选项,会打开"分栏"对话框(见图 2-99),在其中可对分栏进行更多设置,如设置栏数、栏宽、栏间距、分隔线等。

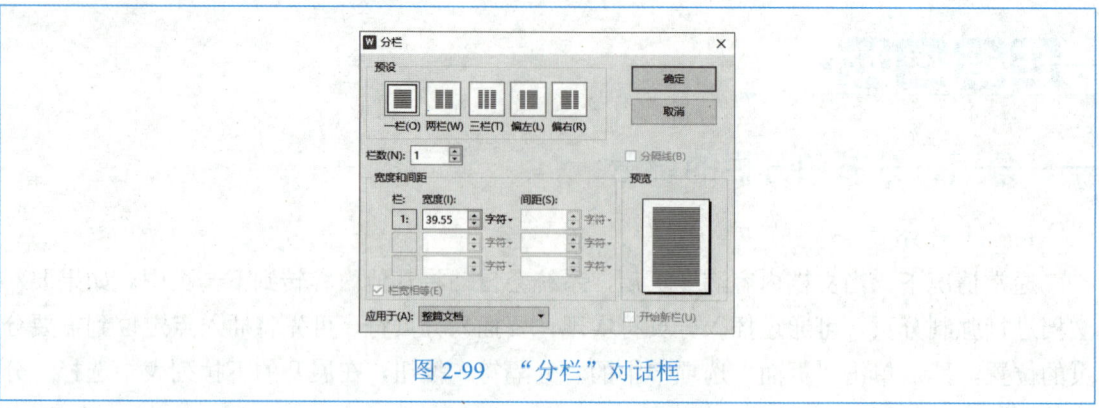

图 2-99 "分栏"对话框

二、页眉、页脚和页码的设置

1. 设置页眉和页脚

页眉和页脚一般位于页面的顶部和底部,常用来插入文档名称、公司徽标、页码、作者姓名等内容。在 WPS 文字中,用户可以统一为文档设置相同的页眉和页脚,也可以分别为首页、偶数页、奇数页或不同的节设置不同的页眉和页脚。

要设置页眉或页脚,可先单击"插入"选项卡中的"页眉页脚"按钮,进入页眉和页脚的编辑状态,然后单击新出现的"页眉页脚"选项卡中的"页眉"或"页脚"按钮,在展开的下拉列表(以页眉为例,见图 2-100)中选择一种页眉或页脚样式,最后在页眉或页脚编辑区直接输入或修改插入的页眉或页脚。

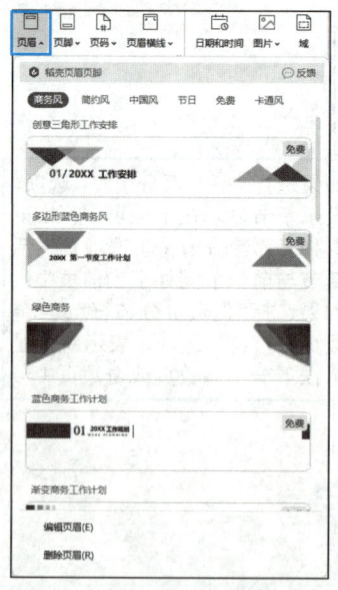

图 2-100 "页眉"下拉列表

页眉和页脚设置完毕后,单击"页眉页脚"选项卡中的"关闭"按钮,可退出页眉和页脚的编辑状态,返回正文的编辑状态。

项目二 文字管家——WPS文档处理

设置页眉时，如果要修改页眉的横线样式，可单击"页眉页脚"选项卡中的"页眉横线"按钮，在展开的下拉列表中选择一种横线线型。在"页眉横线"下拉列表中选择"页眉横线颜色"选项，可以设置页眉横线的颜色。

2. 设置页码

进入页眉和页脚的编辑状态，在"页脚"下拉列表中选择系统提供的页脚或"编辑页脚"选项后，页脚编辑区会显示"插入页码"按钮，单击该按钮，在展开的下拉列表（见图 2-101）中选择页码的样式、位置和应用范围并单击"确定"按钮，即可在所选范围的页面中插入相应的页码。

如果要设置页码的起始编号，可单击页脚编辑区的"重新编号"按钮，在展开的下拉列表（见图 2-102）的"页码编号设为："编辑框中直接输入数值或单击微调按钮进行微调。

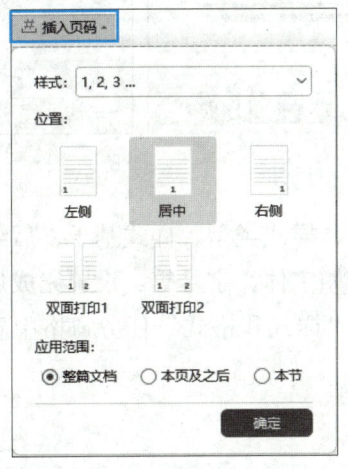

图 2-101 "插入页码"下拉列表　　　图 2-102 "重新编号"下拉列表

三、样式的使用

1. 应用样式

样式是一系列格式的集合，使用它可以快速统一或更新文档的格式。例如，当修改了某个样式时，所有应用该样式的内容的格式均会自动更新。WPS 文字中使用较多的样式有以下两类。

（1）**字符样式**。字符样式只包含字符格式，如字体、字号、字形等，用来控制字符的外观。

（2）**段落样式**。段落样式既包含字符格式，又包含段落格式，用来控制段落的外观。

要应用系统提供的样式，可先选择要应用样式的文本或段落，然后在"开始"选项卡样式列表框中选择需要应用的样式。

2. 创建样式

单击"开始"选项卡样式列表框右侧的下拉按钮，在展开的下拉列表中选择"新建样式"选项，或者在"样式和格式"任务窗格中单击"新样式"按钮，均可打开"新建样式"对话框，如图2-103所示。

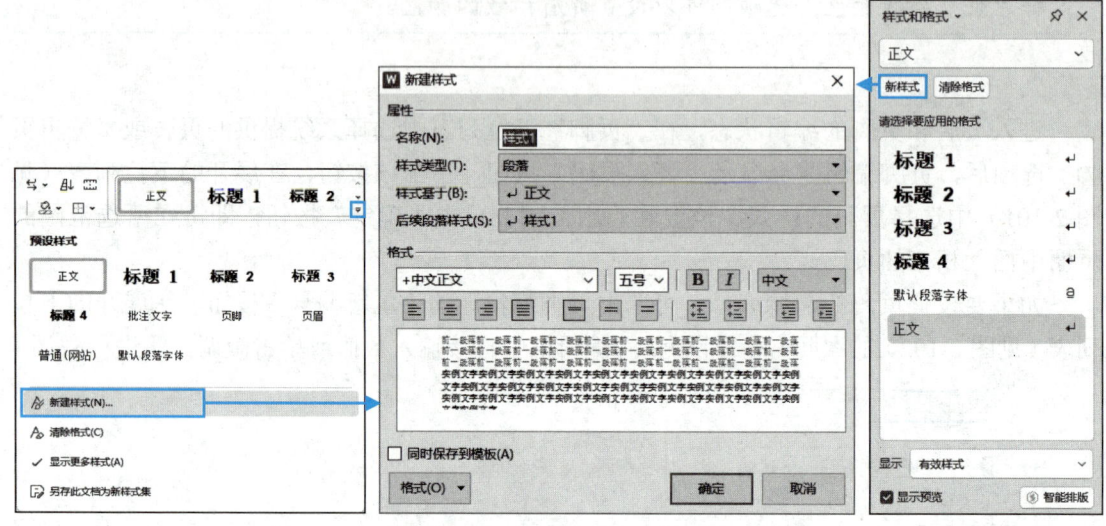

图2-103　打开"新建样式"对话框

在"新建样式"对话框中可以设置新样式的名称、样式类型、样式基于、后续段落样式等，还可以在"格式"设置区中为样式设置格式，如字体、字号等。设置完成后，单击"确定"按钮，即可在"开始"选项卡样式列表框及"样式和格式"任务窗格中看到新创建的样式。

> **小提示**
>
> 如果将某样式设置为其他样式的"样式基于"，则当修改该样式后，基于该样式创建的样式都将同步修改。例如，许多标题样式都是基于"正文"样式设置的，当修改"正文"样式后，这些标题样式的相关格式都将同步修改。

3. 修改样式

右击"开始"选项卡样式列表框中的样式名称，在弹出的快捷菜单中选择"修改样式"选项，或者右击"样式和格式"任务窗格中的样式名称，在弹出的快捷菜单中选择"修改"选项，均可打开"修改样式"对话框（见图2-104），在其中对样式进行修改，然后单击"确定"按钮，此时应用该样式的所有文本或段落的格式均会自动更新。

项目二 文字管家——WPS文档处理

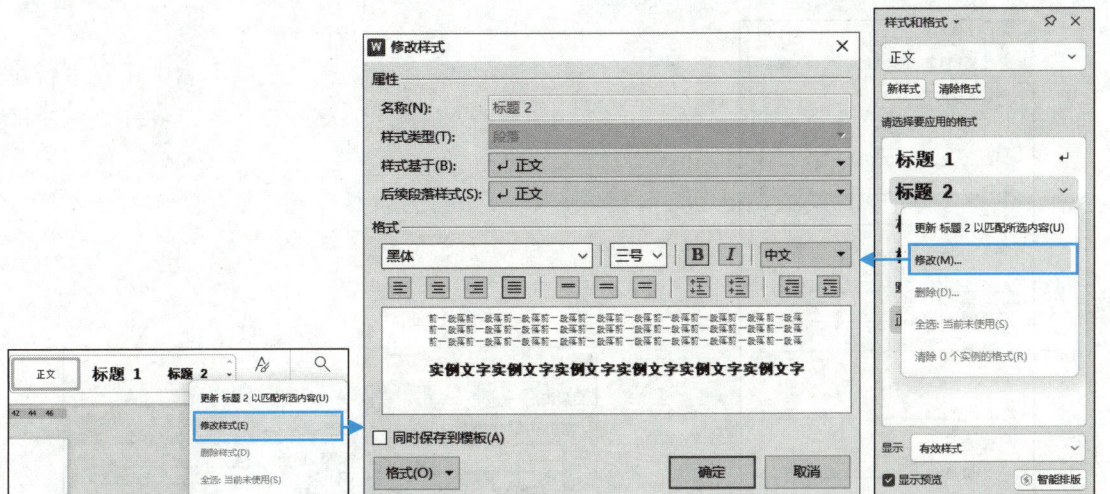

图2-104 打开"修改样式"对话框

四、目录和题注的使用

1. 使用目录

目录的作用是列出文档中的各级标题及其所在的页码，方便读者查阅文档内容。WPS文字不仅可以根据标题样式创建目录，还可以根据文档中的编号等内容智能识别目录。一般来说，在创建目录前，需要为要提取目录的标题设置标题级别，并为文档添加页码。

要创建目录，可先将插入点定位到要插入目录的位置，然后单击"引用"选项卡中的"目录"按钮，在展开的下拉列表（见图2-105）中选择一种目录样式，WPS文字将搜索整个文档中符合该目录样式要求的标题及其所在的页码，并把它们创建为目录。

如果内置的目录样式不能满足需要，可以在"目录"下拉列表中选择"自定义目录"选项，打开"目录"对话框（见图2-106），在其中可以对目录进行更多的格式设置，如设置标题与页码之间的制表符前导符、标题的显示级别、显示页码、页码右对齐等。

目录创建后，如果文档的内容或标题发生了变化，需要及时更新目录，以保证目录与文档的内容一致。要更新目录，可先单击目录的任意位置，然后单击"引用"选项卡中的"更新目录"按钮，或者在目录的右键快捷菜单中选择"更新域"选项，打开"更新目录"对话框（见图2-107），选择要执行的操作，最后单击"确定"按钮。

2. 使用题注

题注是对插入文档中的图片、形状、公式、表格及其他对象的说明，方便读者理解文档内容，其格式一般为"标签+题注自动编号+题注说明"。

要插入题注，可先选中要插入题注的对象，然后单击"引用"选项卡中的"题注"按钮，打开"题注"对话框，接着在其中对题注的说明、标签、位置，以及编号格式等参数进行设置，最后单击"确定"按钮，如图2-108所示。

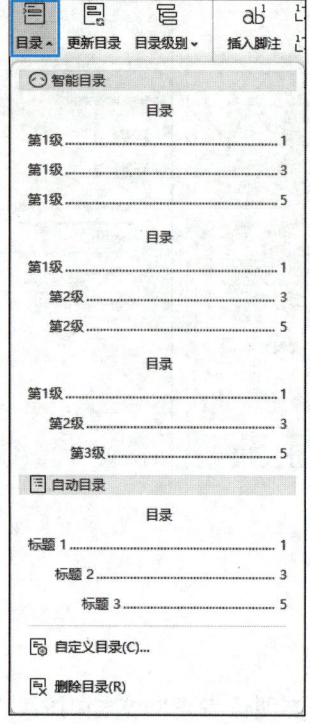

图 2-105 "目录"下拉列表

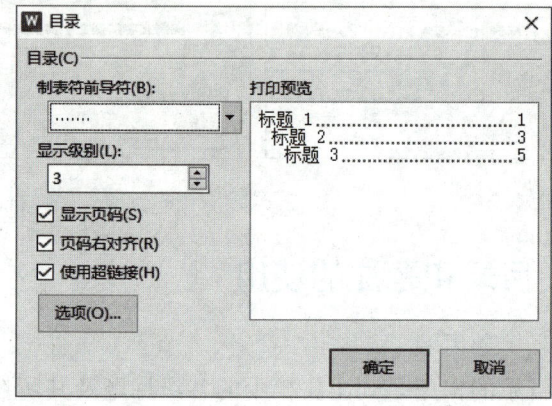

图 2-106 "目录"对话框

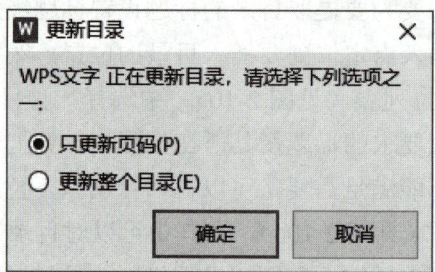

图 2-107 "更新目录"对话框

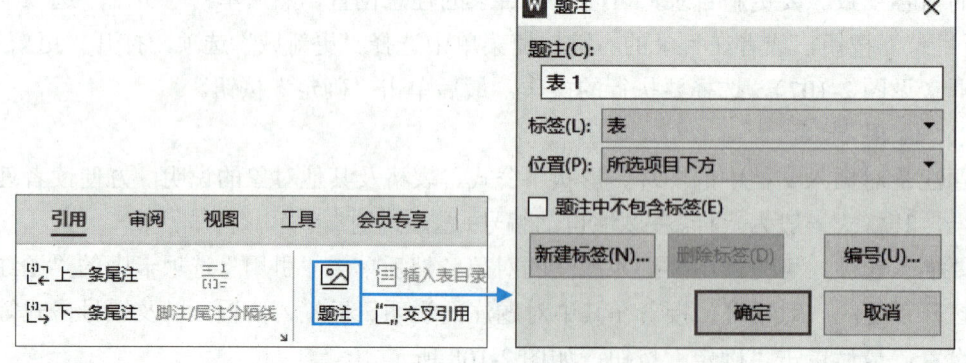

图 2-108 插入题注

项目二　文字管家——WPS文档处理

任务实施

编排员工手册

1. 设置分页和分节

步骤1 打开本书配套素材"素材与实例"/"项目二"/"任务四"/"员工手册.docx"文档。

步骤2 将插入点定位到"序"文本的左侧，单击"页面"选项卡中的"分隔符"按钮，在展开的下拉列表中选择"下一页分节符"选项，此时文档被分为两节，并且在"序"文本前插入一个空白页，该空白页用于设置封面，如图2-109所示。

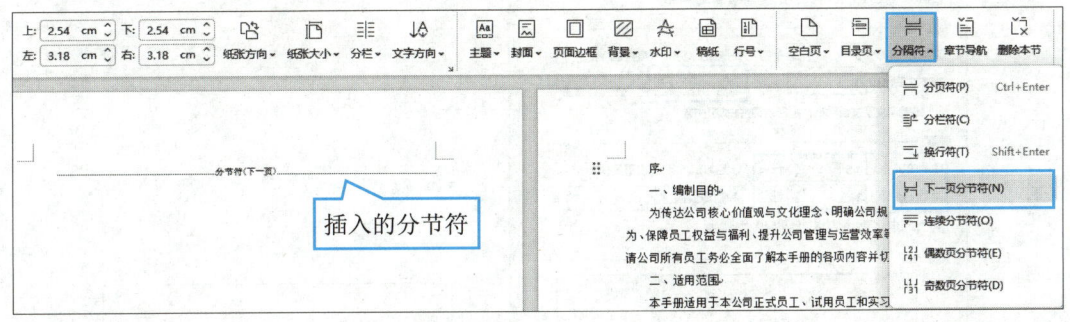

图2-109　插入分节符

步骤3 使用同样的方法，再次在"序"文本前插入一个"下一页分节符"，此时文档被分为3节，其中第2节的空白页用于插入目录。

步骤4 将插入点定位到"第一章　公司概况"文本的左侧，在"页面"选项卡的"分隔符"下拉列表中选择"分页符"选项，使正文第一章内容从新的一页开始，如图2-110所示。

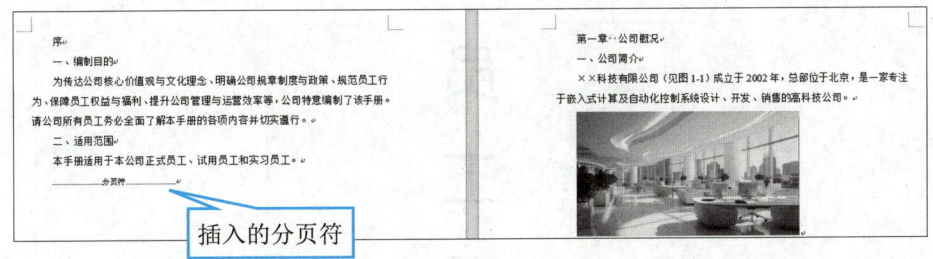

图2-110　插入分页符

步骤5 使用同样的方法，在其他章及附则前插入分页符，使其他章内容及附则内容均从新的一页开始。

2. 设置封面

步骤1 将插入点定位到文档第1节，依次输入文本"××科技有限公司""员""工""手""册"。

步骤 ❷ 选中文本"××科技有限公司"，在"开始"选项卡中设置其字体为微软雅黑、字号为 48 磅、字体颜色为"钢蓝，着色 1，深色 50%"、字形为加粗。

步骤 ❸ 保持"××科技有限公司"文本的选中状态，单击"段落"对话框启动器按钮，打开"段落"对话框（默认显示"缩进和间距"选项卡），在"对齐方式"下拉列表中选择"居中对齐"选项，在"特殊格式"下拉列表中选择"（无）"选项，在"间距"设置区中设置段前间距为 4.5 行、段后间距为 1 行，最后单击"确定"按钮，如图 2-111 所示。

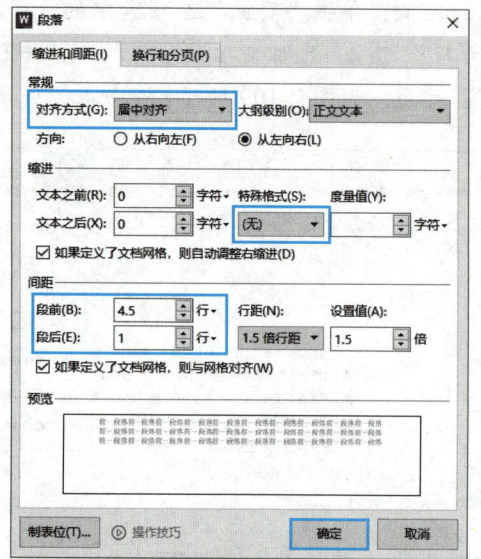

图 2-111　设置段落格式

步骤 ❹ 选中文本"员""工""手""册"，在"开始"选项卡中设置其字体为微软雅黑、字号为 72 磅、字体颜色为"钢蓝，着色 1，深色 50%"、对齐方式为居中对齐、特殊格式为无、行距为单倍行距，如图 2-112 所示。

图 2-112　设置文本格式后的效果

项目二 文字管家——WPS文档处理

步骤 5 单击页面空白处取消文本的选中状态,单击"插入"选项卡中的"图片"按钮,在展开的下拉列表中选择"本地图片"选项,在打开的"插入图片"对话框中选择本书配套素材"素材与实例"/"项目二"/"任务四"/"背景图片.jpg"图片,最后单击"打开"按钮,将图片插入文档中。

步骤 6 保持图片的选中状态,单击"图片工具"选项卡中的"环绕"按钮,在展开的下拉列表中选择"衬于文字下方"选项,然后分别拖动图片四条边上的圆形控制点,将图片的大小调整为与页面相同。至此,封面就制作完成了。

3. 设置页眉和页脚

步骤 1 将插入点定位到文档第 2 节,单击"插入"选项卡中的"页眉页脚"按钮,进入页眉和页脚的编辑状态。首先单击"页眉页脚"选项卡中的"同前节"按钮,取消该按钮的选中,然后单击"页眉横线"按钮,在展开的下拉列表中选择第 1 个横线线型,如图 2-113 所示。

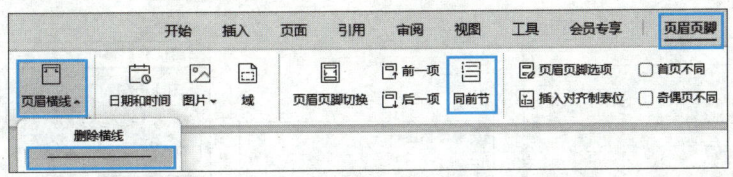

图 2-113 取消同前节并设置页眉横线

步骤 2 在页眉区输入文本"××科技有限公司员工手册",在"开始"选项卡中设置页眉文本的字号为五号、对齐方式为居中对齐、特殊格式为无,如图 2-114 所示。

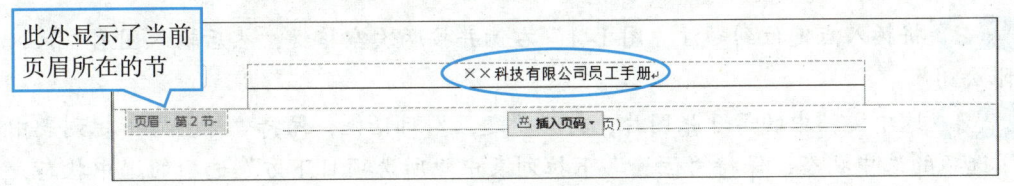

图 2-114 设置页眉

步骤 3 将插入点定位到文档第 3 节首页的页脚区,单击"页眉页脚"选项卡中的"页码"下拉按钮,在展开的下拉列表中选择"页码"选项,打开"页码"对话框,在其中设置应用范围为"本页及之后",其他选项保持默认设置,最后单击"确定"按钮,如图 2-115 所示。

步骤 4 选中页码,设置其特殊格式为无。

步骤 5 单击"页眉页脚"选项卡中的"关闭"按钮,退出页眉和页脚的编辑状态。

4. 插入题注

步骤 1 选中文档中的第 1 张图片,单击"引用"选项卡中的"题注"按钮,打开"题注"对话框,单击"新建标签"按钮,打开"新建标签"对话框,在"标签"编辑框中输入"图 1-",单击"确定"按钮,返回"题注"对话框,保持"位置"下拉列表中"所选项目下方"选项的选中状态,单击"确定"按钮,在图片下方插入题注,如图 2-116 所示。

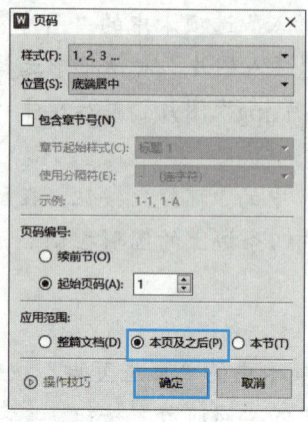

图 2-115　设置页码

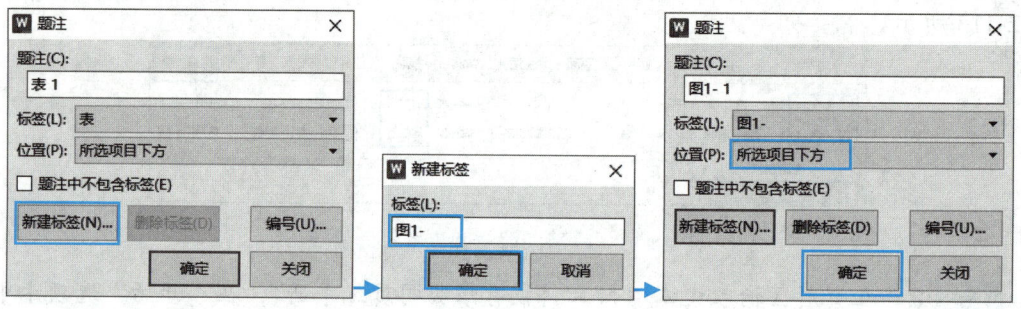

图 2-116　插入题注

步骤 2 将插入点定位到题注"图 1-1"右侧并按两次空格键，然后输入图名"××科技有限公司"。

步骤 3 选中文档中的第 2 张图片，打开"题注"对话框，保持"标签"下拉列表中"图 1-"选项的选中状态，保持"位置"下拉列表中"所选项目下方"选项的选中状态，单击"确定"按钮，为所选图片插入题注"图 1-2"，最后在该题注右侧输入图名"组织结构图"。

5. 使用样式

步骤 1 将插入点定位到"序"文本所在的段落中，然后在"开始"选项卡样式列表框中选择"标题 1"样式，为当前段落应用"标题 1"样式，如图 2-117 所示。

图 2-117　应用"标题 1"样式

步骤 2 使用与步骤 1 相同的方法，为文档中各章标题及"附　则"文本所在段落应用"标题 1"样式。

项目二　文字管家——WPS文档处理

步骤 3 右击"标题 1"样式，在弹出的快捷菜单中选择"修改样式"选项，打开"修改样式"对话框，先在"格式"设置区的"字体"下拉列表中选择"微软雅黑"选项，然后单击"格式"按钮，在展开的下拉列表中选择"段落"选项，如图 2-118 所示。

步骤 4 打开"段落"对话框，设置样式的对齐方式为居中对齐、特殊格式为无、段前和段后间距均为 18 磅，最后依次单击"确定"按钮关闭对话框（见图 2-119），此时可以看到应用"标题 1"样式的段落均自动更新为新样式了。

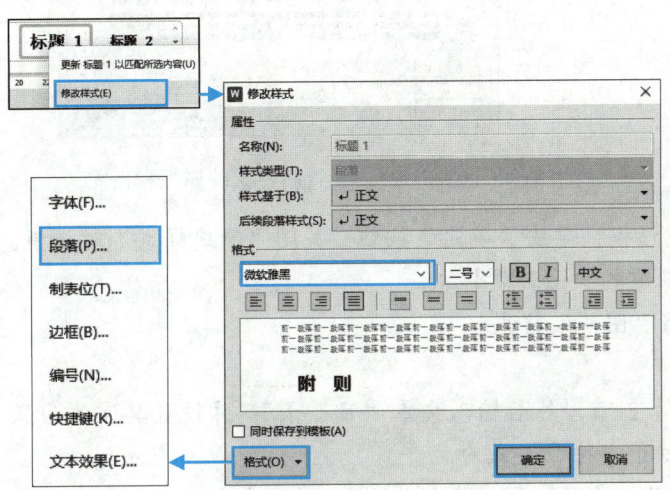
图 2-118　修改"标题 1"样式的字符格式

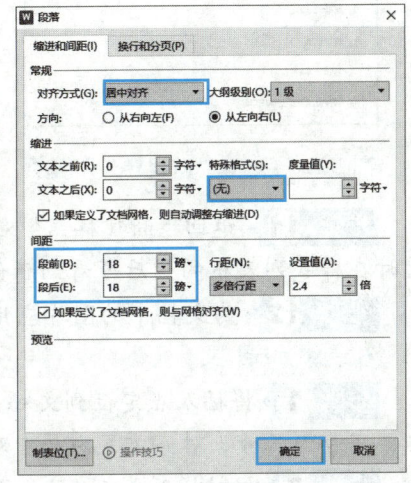
图 2-119　修改"标题 1"样式的段落格式

步骤 5 为文档中编号"一、"～"四、"所在段落应用"标题 2"样式，并修改"标题 2"样式的特殊格式为无。

步骤 6 为文档中编号"1."～"4."所在段落应用"标题 3"样式，并修改"标题 3"样式的字号为小四、段前和段后间距均为 0 磅、行距为单倍行距。

步骤 7 修改"题注"样式的样式基于为"（无样式）"、西文字体为 Times New Roman、字号为五号、对齐方式为居中对齐、段前和段后间距均为 0.5 行。

步骤 8 单击"开始"选项卡样式列表框右侧的下拉按钮，在展开的下拉列表中选择"新建样式"选项，如图 2-120 所示。

步骤 9 打开"新建样式"对话框，在"名称"编辑框中输入新样式的名称"图片"，在"样式类型"下拉列表中选择"段落"选项，在"样式基于"下拉列表中选择"（无样式）"选项，在"后续段落样式"下拉列表中选择"题注"选项，单击"居中"按钮，如图 2-121 所示。

步骤 10 单击"新建样式"对话框左下角的"格式"按钮，在展开的下拉列表中选择"段落"选项，打开"段落"对话框，在"常规"设置区中设置样式的大纲级别为正文文本，在"间距"设置区中设置样式的段前间距为 0.5 行、段后间距为 0 行、行距为单倍行距，最后单击"确定"按钮。

信息技术与人工智能

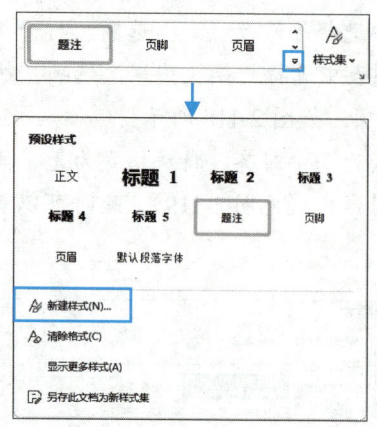

图 2-120　选择"新建样式"选项

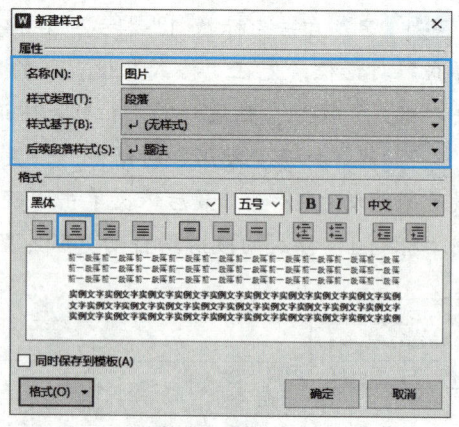

图 2-121　设置新样式的属性和格式

步骤 11 返回"新建样式"对话框，单击"确定"按钮，关闭"新建样式"对话框。此时在样式列表框的最后可看到新创建的"图片"样式。

步骤 12 为文档中的图片应用"图片"样式。

6．添加目录

步骤 1 将插入点定位到文档第 2 节，然后输入文本"目　录"，并设置其字体为黑体、字号为二号、对齐方式为居中对齐、特殊格式为无。

步骤 2 保持插入点在"目　录"文本的右侧，单击"引用"选项卡中的"目录"按钮，在展开的下拉列表中选择"自定义目录"选项，打开"目录"对话框，设置标题的显示级别为"2"，其他选项保持默认设置，最后单击"确定"按钮（见图 2-122），在文档中插入目录。

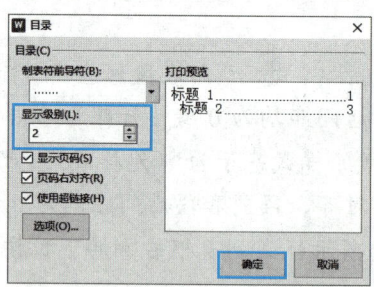

图 2-122　设置目录

步骤 3 选中目录内容，设置其特殊格式为无。

7．添加水印

步骤 1 单击"页面"选项卡中的"水印"按钮，在展开的下拉列表中选择"插入水印"选项，如图 2-123 所示。

步骤 2 打开"水印"对话框，勾选"文字水印"复选框，在"内容"编辑框中输入文本"内部文件 禁止外传"，在"字体"下拉列表中选择"楷体"选项，在"版式"下拉列表中选择"倾斜"选项，单击"确定"按钮（见图 2-124），在文档中插入水印。至此，员工手册编排完毕，按"Ctrl+S"组合键保存文档。

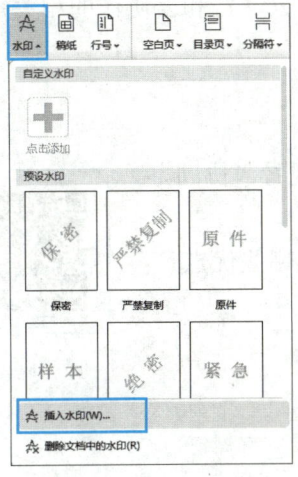

图 2-123 选择“插入水印”选项

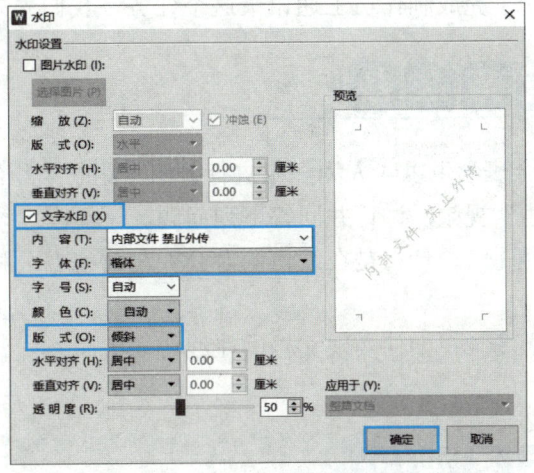

图 2-124 设置水印

任务五 协同编辑员工通讯录

任务描述

近期，××科技有限公司人员信息变动频繁，为了确保公司内部人员沟通协作顺畅，公司领导要求人力资源部制作一份最新的员工通讯录。员工通讯录效果如图 2-125 所示。

员工通讯录

部门	工号	姓名	性别	职级	联系电话	电子邮箱	备注
人力资源部	J001	王某霖	女	初级	138****5247	138****5247@163.com	
	J006	郭某凤	女	中级	186****1245	186****1245@163.com	
采购部	J002	崔某莎	女	初级	135****3205	135****3205@163.com	
	J005	王某平	男	中级	134****6587	134****6587@163.com	
生产部	J003	张某兰	女	中级	185****8870	185****8870@163.com	
	J015	陈某军	男	中级	136****2061	136****2061@163.com	
	J017	周某红	女	中级	188****3679	188****3679@163.com	
物流部	J004	李某年	男	初级	182****0548	182****0548@163.com	
	J007	刘某一	女	初级	156****6691	156****6691@163.com	
	J013	张某红	女	中级	152****2043	152****2043@163.com	
研发部	J008	刘某静	女	初级	157****9428	157****9428@163.com	
	J016	江某锐	男	高级	139****3194	139****3194@163.com	
	J018	孙某涛	男	初级	155****0237	155****0237@163.com	
	J020	赵某峰	男	初级	150****6304	150****6304@163.com	
市场部	J009	王某哲	男	初级	176****4961	176****4961@163.com	
	J011	肖某言	男	高级	177****1647	177****1647@163.com	
	J012	吴某佳	女	中级	173****1698	173****1698@163.com	
财务部	J010	李某梅	女	中级	185****9461	185****9461@163.com	
	J019	钱某阳	男	高级	131****6496	131****6496@163.com	
客服部	J014	王某甜	女	初级	173****5983	173****5983@163.com	

图 2-125 员工通讯录

信息技术与人工智能

为了完成制作员工通讯录这个任务，我们先来学习一下云文档和云协作的相关知识。

任务准备

全班学生以 4 人为一组进行分组，组长组织组员扫码观看"协同办公概述"视频，讨论并回答下列问题。

问题 1：什么是在线协同办公？与传统办公相比，它有哪些优点？

问题 2：如何实现文档的在线协同编辑？

协同办公概述

任务理论

一、云文档

WPS Office 的云文档功能允许用户将文档加密存储于云空间中，以便在不同设备上查阅保存在云空间中的文档。WPS Office 云文档还提供了历史版本功能，用户每次编辑文档时，WPS 文字都会自动存储时间、更新者、版本来源等改动记录，方便用户预览文档的所有版本或恢复误删内容。

二、云协作

利用 WPS Office 的云协作功能，可以实现多人、多平台在线协同办公。

此外，借助文档协同编辑工具，如腾讯文档、石墨文档等，同样可以实现多人同时在线编辑文档。其中，腾讯文档是一款可供多人实时在线编辑的文档编辑工具，支持在线文档、在线表格和在线幻灯片等类型的文档格式，文档权限可自由控制，并且可实现云端实时保存。石墨文档是一款可多人协作的国产云端办公软件，支持多人、多平台同时在线编辑和讨论同一个文档，其同步响应速度可达毫秒级。

任务实施

1. 新建文档并创建表格

步骤 1 新建一个名为"员工通讯录.docx"的空白文档。

步骤 2 在文档中输入表格标题"员工通讯录"，并设置标题的字体为黑体、字号为小一、对齐方式为居中对齐、段前和段后间距均为 1 行。

步骤 3 在标题文本右侧单击，按"Enter"键插入一个新段落，

协同编辑员工通讯录

项目二 文字管家——WPS文档处理

并清除新段落的格式；创建一个 8 列 21 行的表格，并参照图 2-126 调整表格结构、输入表格内容并设置其格式、调整表格行高和列宽。

> 中文字体为宋体、西文字体为 Times New Roman、字号为小四

> 字体为黑体、字号为小四

部门	工号	姓名	性别	职级	联系电话	电子邮箱	备注
人力资源部	J001	王某霖					
	J006	郭某凤					
采购部	J002	崔某莎					
	J005	王某平					
生产部	J003	张某兰					
	J015	陈某军					
	J017	周某红					
物流部	J004	李某年					
	J007	刘某一					
	J013	张某红					
研发部	J008	刘某静					
	J016	江某锐					
	J018	孙某涛					
	J020	赵某峰					
市场部	J009	王某哲					
	J011	肖某言					
	J012	吴某佳					
财务部	J010	李某梅					
	J019	钱某阳					
客服部	J014	王某甜					

图 2-126 创建的表格

步骤 4 按"Ctrl+S"组合键保存文档。

2. 开启协作功能并邀请协作人员

步骤 1 单击文档窗口右上方的"分享"按钮，在打开的"协作"界面中选择"和他人一起查看/编辑"选项，然后在打开的"上传至云空间"对话框中单击"立即上传"按钮，将文档保存到云空间，此时系统自动切换到协作模式，如图 2-127 所示。

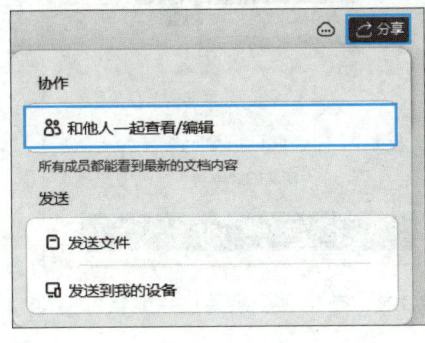
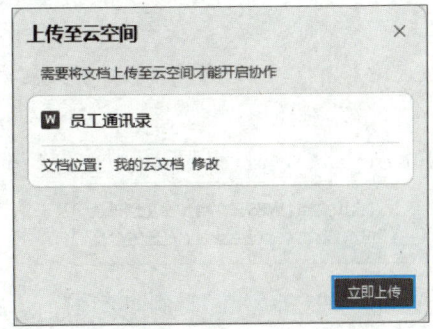

图 2-127 开启协作功能

步骤 2 再次单击"分享"按钮，在打开的"协作"界面中单击"复制链接"按钮，复制编辑文档的链接，如图 2-128 所示。

步骤 3 将复制的链接通过腾讯QQ、微信等发送给需要协同编辑的人员，本案例选择发送给QQ好友，如图 2-129 所示。

图 2-128　复制链接 　　　　图 2-129　通过腾讯 QQ 发送链接

3. 协同编辑文档

步骤❶ 被邀请者登录腾讯 QQ 后，即可收到协同编辑文档的链接，如图 2-130 所示。

步骤❷ 单击协同编辑文档的链接，在打开的协同编辑网页中单击"登录并加入编辑"按钮，如图 2-131 所示。

图 2-130　被邀请者收到的链接 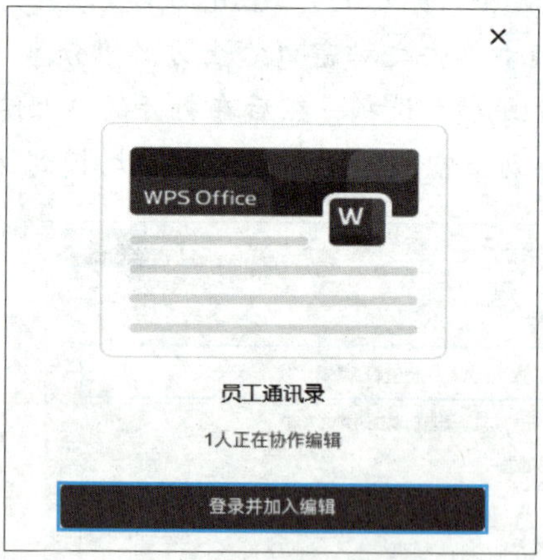　　　图 2-131　单击"登录并加入编辑"按钮

步骤❸ 打开登录界面，根据提示登录 WPS Office 账号，在打开的文档中进行编辑操作，如在表格中输入相应信息。同时，邀请者可同步看到被邀请者输入的信息。

4. 关闭协作功能并保存文档

步骤❶ 文档编辑完毕后，邀请者可以关闭协作模式。单击文档窗口右上方的"分享"按钮，在打开的"协作"界面中关闭"和他人一起查看/编辑"开关。

步骤❷ 按"Ctrl+S"组合键保存文档。

• 项目二　文字管家——WPS 文档处理

项目实训

1. 实训目的

本实训通过制作自荐书来进一步巩固 WPS 文字的相关知识和实用技能，如新建与保存文档，设置文档页面格式，输入与编辑文本，设置字符格式和段落格式，创建、编辑和美化表格，以及设置文档分页等。

2. 实训内容

学生在毕业求职时可以向用人单位提供自荐书，它包括自荐信和个人简历两部分。一份好的自荐书能将自己的经历、特长及潜力等呈现出来，成为打开成功之门的金钥匙。请制作一份自荐书，并对其进行编辑和美化操作，效果如图 2-132 所示。

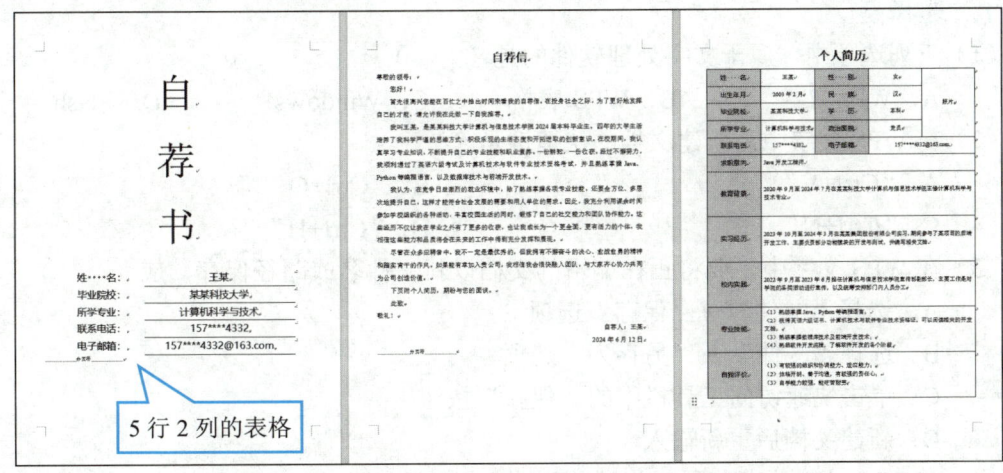

图 2-132　自荐书

（1）新建"自荐书.docx"空白文档，设置其页边距为适中。

（2）输入文本"自""荐""书"，并设置文本格式为宋体、72 磅、居中对齐、段前和段后间距均为 2 行、2 倍行距。

（3）创建一个 5 行 2 列的表格，参照效果图输入表格内容，并设置表格内容的格式为微软雅黑、小二、水平居中，然后调整表格列宽并设置表格样式（仅保留第 2 列单元格的下框线）。

（4）将本书配套素材"素材与实例"/"项目二"/"项目实训"/"自荐信.txt"文本文件中的内容复制到文档中。设置标题格式为宋体、二号、加粗、居中对齐、段后间距 0.5 行；设置除标题外文本格式为中文字体"宋体"、西文字体"Times New Roman"、小四、1.5 倍行距。

（5）参照效果图设置自荐信正文相关段落首行缩进 2 字符，自荐人及日期所在段落右对齐。

信息技术与人工智能

（6）输入表格标题后创建一个 11 行 5 列的表格，设置表格标题格式为宋体、二号、加粗、居中对齐、段后间距 0.5 行，参照效果图调整表格行高，然后合并相关单元格。

（7）输入表格内容，设置表格内容的字符格式为中文字体"宋体"、西文字体"Times New Roman"，并参照效果图设置表格内容的对齐方式。

（8）参照效果图设置"姓名"等单元格的底纹为"培安紫，文本 2，浅色 80%"，字符格式为微软雅黑、小四。

（9）插入分页符使自荐信及个人简历均从新的一页开始。

（10）保存文档。

项目考核

1. 选择题

（1）下列选项中，属于文字处理软件的是（　　）。
   A．WPS 文字　　　　B．WPS 表格　　　C．Windows　　　　D．Flash

（2）在 WPS 文字中，新建文档的快捷键是（　　）。
   A．"Ctrl+V"　　　　　　　　　　　B．"Ctrl+O"
   C．"Ctrl+N"　　　　　　　　　　　D．"Ctrl+H"

（3）在 WPS 文字中，要将正在编辑的文档以新文件名或路径保存，应（　　）。
   A．选择"文件"→"保存"选项
   B．选择"文件"→"另存为"选项
   C．单击快速访问工具栏中的"保存"按钮
   D．新建文档后重新输入

（4）在 WPS 文字中，将鼠标指针移到选定栏并双击将会（　　）。
   A．选择鼠标指针指向的行　　　　B．选择鼠标指针指向行所在的段落
   C．选择当前整个页面　　　　　　D．选择整篇文档

（5）在 WPS 文字中，要将文档中的某些内容替换成其他内容，可采用最方便的（　　）方式。
   A．重新输入　　B．复制　　　C．另存　　　　D．查找替换

（6）在 WPS 文字中，要将选中的文本设置为粗体，可单击"开始"选项卡中的（　　）按钮。
   A．**B**　　　　　B．*I*　　　　　C．U　　　　　　D．A

（7）在 WPS 文字中，每个段落都以（　　）为结束标记。
   A．空格符　　　B．回车符　　　C．制表符　　　D．分隔符

（8）在 WPS 文字中，调整文档行距的方法是（　　）。
   A．在两行之间插入空行　　　　　B．减小文本的字号
   C．在"段落"对话框中调整　　　　D．增大文本的字号

（9）在 WPS 文字中，可在（　　）选项卡中设置纸张方向。
　　　A."开始"　　　　B."插入"　　　　C."页面"　　　　D."视图"
（10）对于 WPS 文档中插入的图片，可以对其进行的操作是（　　）。
　　　A.放大或缩小　　B.裁剪　　　　　C.移动位置　　　　D.以上都可
（11）下列选项中，不属于 WPS 文字分隔符的是（　　）。
　　　A.分章符　　　　B.分栏符　　　　C.分节符　　　　　D.分页符
（12）下列关于 WPS 文字样式的说法，错误的是（　　）。
　　　A.利用样式可以简化设置文档格式的步骤
　　　B.选中文本后选择一种样式，可以把所选文本设置成该样式对应的格式
　　　C.如果系统内置样式的格式不符合要求，可以对其进行修改
　　　D.不可以创建新样式
（13）在 WPS 文字中，如果想为文档创建便于更新的目录，应先对各标题设置（　　）。
　　　A.字体　　　　　B.标题级别　　　C.字号　　　　　　D.居中
（14）下列关于 WPS 文字中表格的说法，正确的是（　　）。
　　　A.只有文字、数字可以作为表格内容
　　　B.表格边框可以为虚线
　　　C.不能在单元格中输入多行数据
　　　D.不能拆分单元格
（15）下列关于 WPS 文字中表格行高和列宽的说法，错误的是（　　）。
　　　A.可以同时调整多行的高度或多列的宽度
　　　B.在"表格属性"对话框中可以设置表格的行高和列宽
　　　C.不能平均分布各行的高度和各列的宽度
　　　D.可以通过拖动表格的边框线来调整表格的行高和列宽

2．判断题

（1）WPS 文字的工作界面主要由标题栏、快速访问工具栏、功能区、文档编辑区和状态栏等元素组成。　　　　　　　　　　　　　　　　　　　　　　　　　　（　　）
（2）在 WPS 文字中，要选择不连续的多处文本，可以按住"Shift"键的同时选择不同文本。　　　　　　　　　　　　　　　　　　　　　　　　　　　　　　（　　）
（3）在 WPS 文字中，可以利用"视图"选项卡对文档进行修订和批注。（　　）
（4）在 WPS 文字的"打印设置"窗格中，可以设置纸张大小、纸张方向、页边距、打印份数、打印方式、打印范围等。　　　　　　　　　　　　　　　　　　　（　　）
（5）在 WPS 文字中，可以利用"开始"选项卡中的相应命令设置字符格式和段落格式。　　　　　　　　　　　　　　　　　　　　　　　　　　　　　　　　（　　）
（6）在 WPS 文字中，节是文档格式化的最小单位。　　　　　　　　　　（　　）
（7）在 WPS 文字中，可以分别为首页、偶数页、奇数页或不同的节设置不同的页眉和页脚。　　　　　　　　　　　　　　　　　　　　　　　　　　　　　　（　　）

（8）在 WPS 文字中，只能使用系统内置的目录样式。（　　）
（9）在 WPS 文字中，可以将文本转换成表格，但不能将表格转换成文本。（　　）

项目评价

请学生结合本项目的学习情况，对学习成果进行自评和互评（组内成员相互评分），请指导教师进行师评和总评，并将评价结果填入表 2-1 中。

表 2-1　学习成果评价表

评价项目	评价内容	分值	评价分数		
			自评	互评	师评
知识（30%）	WPS 文字的工作界面	10 分			
	WPS 文字的各项功能及其操作方法	20 分			
技能（40%）	使用 WPS 文字制作和编辑各种文档	20 分			
	运用 WPS 文字设计信息化解决方案	20 分			
素养（30%）	具有自主学习意识，做好课前准备	10 分			
	善于思考，积极参与，勇于提出问题	10 分			
	具有团队合作精神，出色完成小组任务	10 分			
合计		100 分			
总评	综合得分：_____	指导教师签字：_____			
	综合等级：_____				

注：综合得分可按照"自评（25%）+互评（25%）+师评（50%）"进行计算；综合等级可以"优"（综合得分≥90 分）、"良"（80 分≤综合得分＜90 分）、"中"（60 分≤综合得分＜80 分）、"差"（综合得分＜60 分）为标准进行评价。

项目三

数据洞察——WPS 电子表格处理

随着数据处理方式与工具的变革，人们对数据的认识越来越深刻，对数据的使用也越来越广泛，数据体现出了前所未有的价值。熟练掌握常用电子表格处理软件，可以快速制作出各种美观、实用的数据表格，从而帮助人们有效提高数据处理能力，为做出更好的决策提供支持。

本项目主要介绍 WPS 表格的使用方法，包括 WPS 表格的基本操作、数据处理、图表制作、保护与打印。

知识目标

熟悉 WPS 表格的工作界面；熟悉 WPS 表格的各项功能及其操作方法，如工作簿、工作表和单元格的基本操作，输入与编辑数据，使用公式和函数、排序、筛选、分类汇总、图表、数据透视表和数据透视图等功能加工和分析数据，以及根据需要保护与打印工作表等。

能力目标

能够熟练使用 WPS 表格制作和处理各种电子表格；具备运用 WPS 表格界定问题、抽象特征、建立模型、组织数据，最终解决生活、学习和工作中实际问题的能力。

素质目标

培养利用信息技术工具解决问题的思维方式，并将其运用到相关问题的解决过程中；增强数据安全意识，自觉遵守相关法律法规和职业道德。

信息技术与人工智能

任务一　制作商品销售统计表

任务描述

商品销售统计是分析公司业务运营状况的关键环节，其表格数据涉及诸多重要信息，如商品名称、商品类别、商品单价、商品成本、商品折扣，以及销售数量、销售金额、销售利润等。××服装有限公司领导要求销售部门整理 12 月已有的商品销售数据，以便于查看和分析。商品销售统计表的效果如图 3-1 所示。

图 3-1　商品销售统计表

为了完成制作商品销售统计表这个任务，我们先来学习一下 WPS 表格的工作界面、工作簿、工作表和单元格的基本操作，以及输入与编辑数据、设置工作表格式的方法。

任务准备

全班学生以 4 人为一组进行分组，组长组织组员扫码观看"电子表格概述"视频，讨论并回答下列问题。

问题 1：什么是电子表格？在电子表格中具体可进行哪些操作？

问题 2：你知道哪些电子表格软件？它们的优缺点各是什么？

电子表格概述

项目三 数据洞察——WPS 电子表格处理

问题 3：要制作一份简单的电子表格，需要进行哪些操作？

一、WPS 表格的工作界面

启动 WPS Office 并新建空白工作簿后，显示在用户面前的就是 WPS 表格的工作界面，如图 3-2 所示。

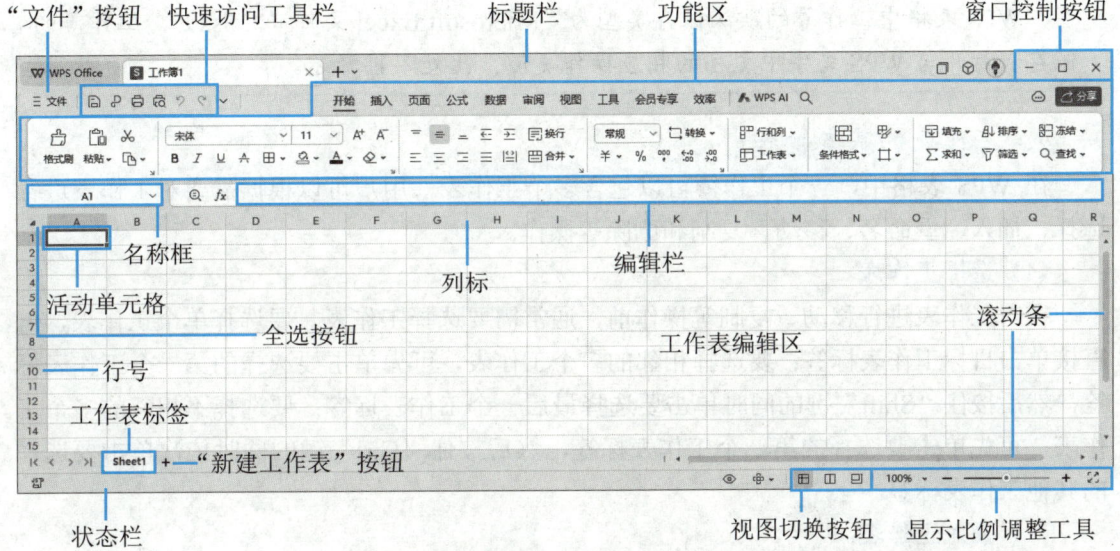

图 3-2　WPS 表格的工作界面

与 WPS 文字的工作界面类似，WPS 表格的工作界面同样包括标题栏、"文件"按钮、快速访问工具栏、功能区、状态栏等。下面重点介绍 WPS 表格特有的部分。

（1）**活动单元格**。单元格是工作表的最小单位，可存储各种数据。活动单元格是当前选中的单元格。

（2）**名称框**。名称框用于显示活动单元格的地址，也可用于选择单元格或单元格区域。

（3）**编辑栏**。编辑栏用于显示和编辑活动单元格中的数据。

（4）**工作表编辑区**。工作表编辑区是处理数据的主要区域，用于显示和编辑工作表中的内容。

（5）**列标和行号**。列标和行号用于确定单元格的地址。

（6）**全选按钮**。全选按钮位于工作表左上角列标和行号交叉处，用于选中当前工作表中的所有单元格。

（7）**工作表标签**。工作表标签用于显示和管理工作表，当工作簿中有多个工作表时，单击不同的工作表标签可切换到对应的工作表。

二、工作簿、工作表和单元格的基本操作

1. 工作簿的基本操作

启动 WPS Office 后，在打开的"WPS Office"界面中单击"新建"按钮或"WPS Office"右侧的 + 按钮，打开"新建"界面，然后选择"表格"选项，接着在打开的"新建表格"界面中选择"空白表格"选项，系统会自动创建一个名为"工作簿 1"的空白工作簿，并进入其工作界面。如果要继续创建其他空白工作簿，可直接按"Ctrl+N"组合键。

> **小提示**
>
> WPS 表格中工作簿的默认保存类型为"Microsoft Excel 文件（*.xlsx）"。工作簿的保存和打开与 WPS 文字中文档的相应操作类似，此处不再赘述。

2. 工作表的基本操作

在 WPS 表格中，一个工作簿可以包含多个工作表，用户可以根据需要对工作表进行选择、插入、重命名、移动、复制和删除等操作。

（1）选择工作表。

在对工作表进行移动、复制等操作前，通常需要选择工作表。要选择单个工作表，可直接单击目标工作表标签；要选择相邻的多个工作表，可先单击要选择的第一个工作表标签，然后按住"Shift"键的同时单击要选择最后一个工作表标签；要选择不相邻的多个工作表，可先单击要选择的第一个工作表标签，然后按住"Ctrl"键的同时依次单击要选择的其他工作表标签。

（2）插入工作表。

默认情况下，新工作簿只包含一个工作表。如果现有的工作表不能满足需要，可单击工作表标签右侧的"新建工作表"按钮 + ，在所有工作表的右侧插入一个新工作表。

此外，单击某个工作表标签，然后单击"开始"选项卡中的"工作表"按钮，在展开的下拉列表中选择"插入工作表"选项（见图 3-3），打开"插入工作表"对话框（见图 3-4），在其中进行设置，即可在当前工作表之后或之前插入一个或多个新工作表。

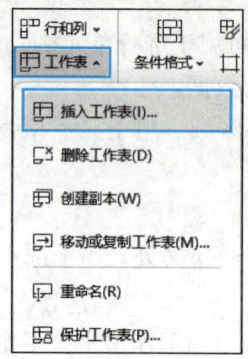

图 3-3 选择"插入工作表"选项

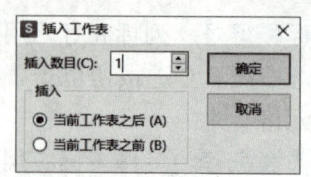

图 3-4 "插入工作表"对话框

(3) 重命名工作表。

用户可以为工作表设置一个与其保存内容相关的名称，以便区分工作表。要重命名工作表，可双击工作表标签进入其编辑状态，然后输入工作表名称，再单击除该标签外的任意位置或按"Enter"键确认。

(4) 移动和复制工作表。

要在同一工作簿中移动工作表，可单击要移动的工作表标签，然后按住鼠标左键将其沿标签栏拖动到所需位置。如果在移动工作表的过程中按住"Ctrl"键，即可复制工作表，此时原工作表依然保留。

如果要在不同工作簿之间移动工作表，可先打开源工作簿和目标工作簿，选择要移动的工作表，然后单击"开始"选项卡中的"工作表"按钮，在展开的下拉列表中选择"移动或复制工作表"选项，打开"移动或复制工作表"对话框（见图3-5），在其中选择目标工作簿及目标位置，最后单击"确定"按钮。

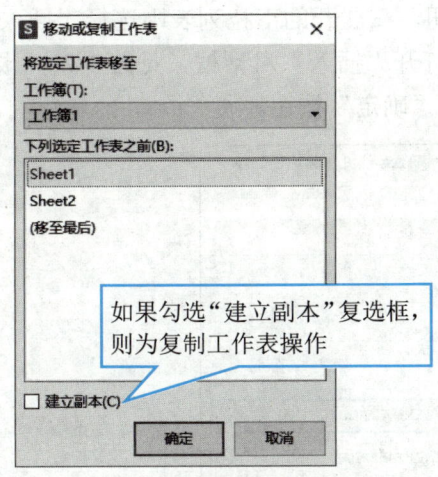

图3-5　"移动或复制工作表"对话框

(5) 删除工作表。

对于工作簿中不再需要的工作表，可以将其删除。方法是，单击要删除的工作表标签，然后单击"开始"选项卡中的"工作表"按钮，在展开的下拉列表中选择"删除工作表"选项。如果工作表中有数据，会弹出"WPS 表格"提示对话框，单击"确定"按钮即可。

> 对工作表进行的大部分操作，如重命名、移动、复制和删除等，都可通过右击要操作的工作表标签，然后在弹出的快捷菜单中选择相应的选项来实现。

3．单元格的基本操作

(1) 选择单元格或单元格区域。

➢ 选择单元格：单击目标单元格或在名称框中输入目标单元格地址后按"Enter"键。

➢ 选择单元格区域：按住鼠标左键并拖过要选择的单元格区域后释放鼠标；也可以单击要选择区域的第一个单元格，然后按住"Shift"键的同时单击要选择区域的最后一个单元格。

➢ 选择不相邻的多个单元格或单元格区域：可先利用前面介绍的方法选择第一个单元格或单元格区域，然后按住"Ctrl"键的同时选择其他单元格或单元格区域。

➢ 选择行或列：将鼠标指针移到行左侧的行号上或列顶端的列标上，当鼠标指针变成➡或⬇形状时单击。如果要选择相邻的多行或多列，可在行号或列标上按住鼠标左键并拖动；如果要选择不相邻的多行或多列，可配合"Ctrl"键进行选择。

➢ 选择整个工作表：按"Ctrl+A"组合键或单击工作表左上角列标和行号交叉处的全选按钮◢。

（2）插入和删除单元格、行或列。

➢ 插入单元格、行或列：选择单元格或单元格区域，然后单击"开始"选项卡中的"行和列"按钮，在展开的下拉列表中选择"插入单元格"/"插入单元格"选项（见图3-6），打开"插入"对话框（见图3-7），根据需要在其中选择一种插入方式，最后单击"确定"按钮。

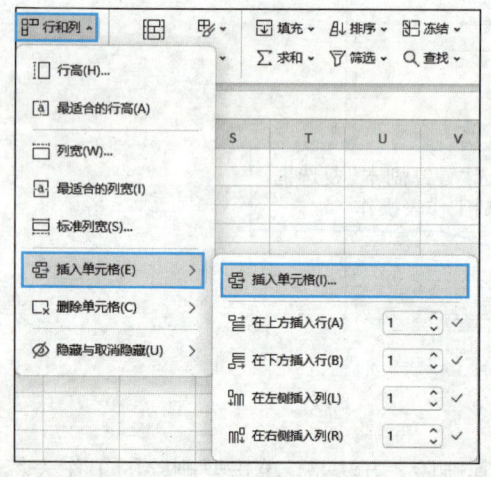

图3-6 选择"插入单元格"选项

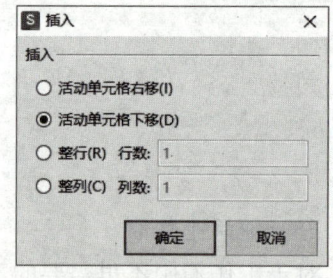

图3-7 "插入"对话框

➢ 删除单元格、行或列：选择要删除的单元格或单元格区域，然后单击"开始"选项卡中的"行和列"按钮，在展开的下拉列表中选择"删除单元格"/"删除单元格"选项，打开"删除"对话框（见图3-8），根据需要在其中选择一种删除方式，最后单击"确定"按钮。

（3）合并和拆分单元格。

合并单元格是指将相邻的多个单元格合并为一个单元格。要合并单元格，可先选择要进行合并的单元格区域，然后单击"开始"选项卡中的"合并"按钮，或者单击"合并"下拉按钮▾，在展开的下拉列表（见图3-9）中选择一种合并方式。

• 项目三　数据洞察——WPS电子表格处理

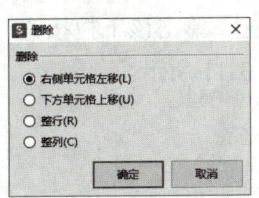

图3-8　"删除"对话框

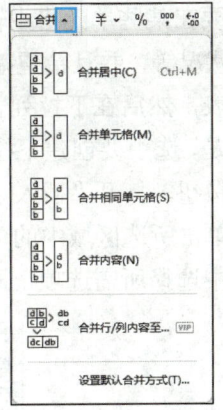

图3-9　"合并"下拉列表

要拆分合并后的单元格，可选中该单元格，然后单击"开始"选项卡中的"合并"按钮，或单击"合并"下拉按钮，在展开的下拉列表中选择"取消合并单元格"选项或"拆分并填充内容"选项。

三、数据的输入与编辑

1. 输入数据

要在WPS表格的工作表中输入数据，可单击要输入数据的单元格，然后直接输入数据。

工作表中活动单元格的右下角有一个绿色的小方块，称为填充柄。将鼠标指针移到填充柄上，待鼠标指针变成十形状时按住鼠标左键并拖动，可自动在相邻的单元格中填充与活动单元格内容相关的数据，如序列数据（有规律变化的数据，如日期、等差数列等）或相同数据。

📖 小技巧

利用填充柄填充数据时，可单击填充区域右下角的"自动填充选项"按钮，在展开的下拉列表（见图3-10）中选择需要的填充方式。例如，要填充序列数据，可选中"以序列方式填充"单选钮；要填充相同数据，可选中"复制单元格"单选钮。

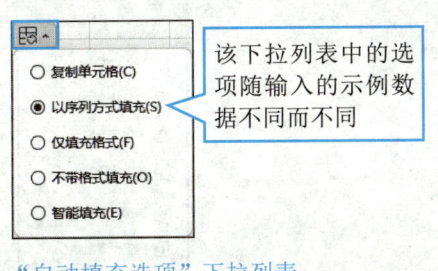

图3-10　"自动填充选项"下拉列表

该下拉列表中的选项随输入的示例数据不同而不同

此外，在WPS表格的工作表中还可以使用快捷键输入相同数据。为此，可先选择要输入相同数据的多个单元格，然后输入数据，最后按"Ctrl+Enter"组合键确认。

109

信息技术与人工智能

如果要在某些单元格中输入一些重复性数据,如销售地区、商品名称、部门、性别、学历、婚姻状况等,并且希望减少手工输入工作量的同时防止输错,此时可以为这些单元格创建下拉列表,然后在下拉列表中选择需要输入的数据。

方法是,选中要创建下拉列表的单元格或单元格区域,然后单击"数据"选项卡中的"下拉列表"按钮,打开"插入下拉列表"对话框,在其中添加下拉选项,最后单击"确定"按钮,此时单击所选区域中的单元格,其右侧会出现下拉按钮,单击该下拉按钮,在展开的下拉列表中选择所需选项,即可将其输入到单元格中,如图 3-11 所示。

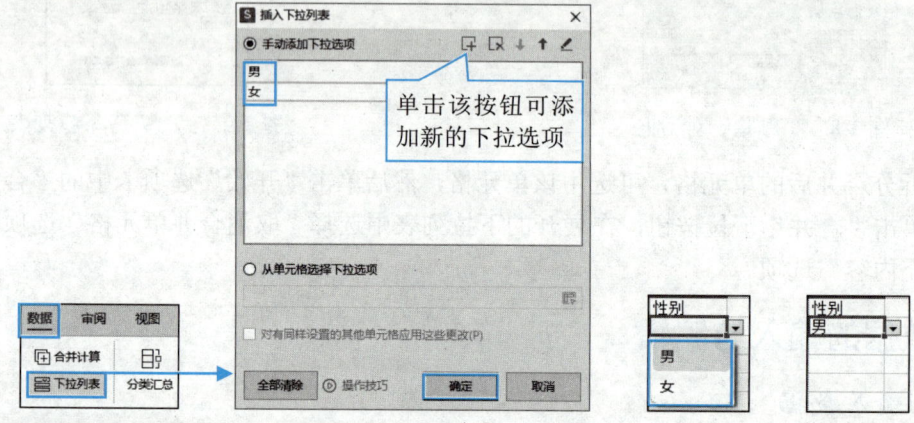

图 3-11 利用下拉列表输入数据

> **小提示**
>
> 在实际应用中,用户往往需要使用 WPS 表格对其他系统生成的数据进行加工。WPS 表格支持多种外部数据类型,如网站数据、数据库中的数据、其他工作簿中的数据等。
>
> 要使用外部数据,首要工作就是将外部数据导入 WPS 表格的工作表中。为此,可单击"数据"选项卡中的"获取数据"按钮,在展开的下拉列表(见图 3-12)中选择相应选项,并根据提示进行操作。
>
>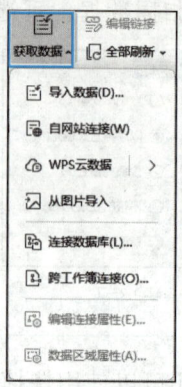
>
> 图 3-12 "获取数据"下拉列表

2. 编辑数据

输入数据后，用户可以像编辑 WPS 文字中的文本一样，对输入的数据进行各种编辑操作，如移动、复制、查找、替换和清除等。

（1）**移动数据**。选择要移动数据所在的单元格或单元格区域，然后将鼠标指针移到所选单元格或单元格区域的边缘，待鼠标指针变成形状时，按住鼠标左键并拖动，到目标位置后释放鼠标即可。

（2）**复制数据**。在移动数据的过程中按住"Ctrl"键，即可复制数据。

> **小技巧**
>
> 选择单元格或单元格区域后，也可利用"开始"选项卡中的"复制""剪切"和"粘贴"按钮，或者利用"Ctrl+C""Ctrl+X"和"Ctrl+V"快捷键执行复制、剪切和粘贴操作，操作方法与在 WPS 文字中类似，此处不再赘述。
>
> 与 WPS 文字中的粘贴操作不同的是，在 WPS 表格中粘贴时，可以粘贴全部内容，也可以只粘贴部分内容，如值、公式等。

（3）**查找和替换数据**。利用 WPS 表格的查找和替换功能实现，操作方法与在 WPS 文字中类似，此处不再赘述。

（4）**清除数据**。选择要清除数据的单元格或单元格区域，然后单击"开始"选项卡中的"清除"按钮，在展开的下拉列表中选择相应选项，可清除单元格中的内容、格式、批注或特殊字符等。

四、工作表格式的设置

在工作表中输入数据后，往往还需要对工作表进行格式设置，如设置单元格格式，调整行高和列宽，套用表格样式，设置条件格式，设置工作表标签颜色等。

（1）**设置单元格格式**。设置单元格格式主要包括设置单元格内容的数字格式、字符格式、对齐方式，以及设置单元格的边框和底纹等。用户可以利用"开始"选项卡中的命令，或者单击"开始"选项卡中的"单元格格式：数字"对话框启动器按钮，在打开的"单元格格式"对话框（见图 3-13）中设置单元格格式。

（2）**调整行高和列宽**。默认情况下，WPS 表格中所有行的高度和所有列的宽度分别都是相同的。用户可以利用鼠标拖动方式，或者在"开始"选项卡的"行和列"下拉列表中选择相应选项来调整行高和列宽。

（3）**套用表格样式**。WPS 表格为用户提供了多种预定义的表格样式，套用这些样式，可以快速制作出满足不同需求且外观精美的工作表。为此，可先选中单元格区域，然后单击"开始"选项卡中的"套用表格样式"按钮，在展开的下拉列表（见图 3-14）中选择或新建所需表格样式。

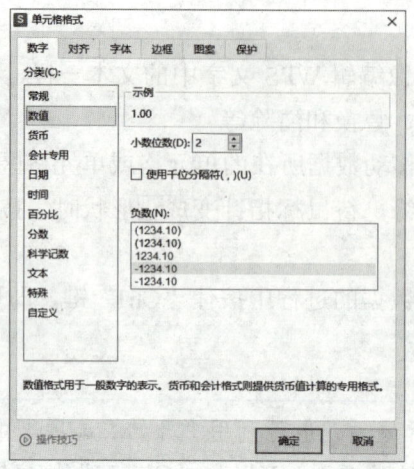

图 3-13 "单元格格式"对话框

(4) **设置条件格式**。在 WPS 表格中应用条件格式,可以让满足特定条件的单元格或单元格区域以醒目的方式突出显示,以便更好地观察和分析工作表数据。为此,可先选中单元格区域,然后单击"开始"选项卡中的"条件格式"按钮,在展开的下拉列表(见图 3-15)中选择相应选项并进行具体设置。

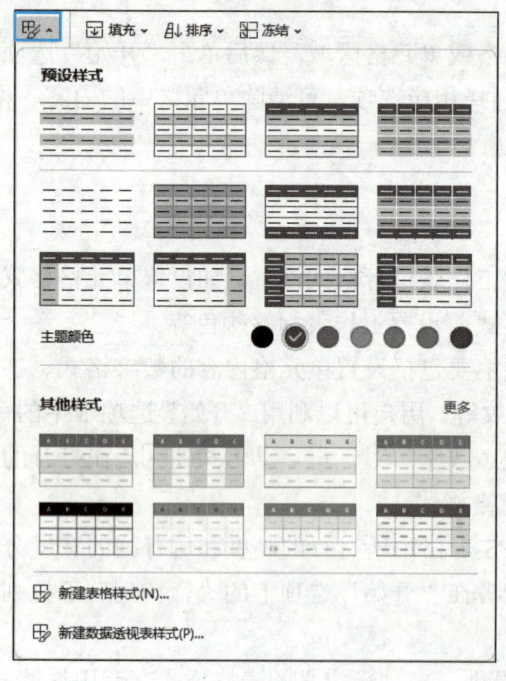

图 3-14 "套用表格样式"下拉列表

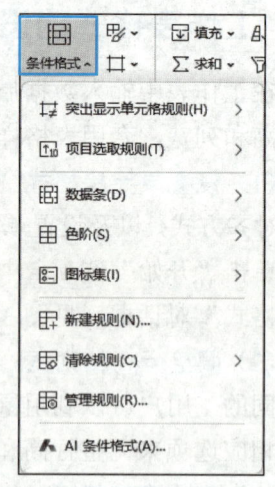

图 3-15 "条件格式"下拉列表

(5) **设置工作表标签颜色**。当工作簿中存在大量工作表时,可以为工作表标签设置不同的颜色,以便快速找到所需工作表。为此,可在工作表标签的右键快捷菜单中选择"工作表标签"/"标签颜色"选项,然后在展开的颜色列表中选择合适的颜色。

项目三 数据洞察——WPS 电子表格处理

> 任务实施

1. 新建工作簿并重命名工作表

步骤1 启动 WPS Office，单击"新建"按钮，在打开的"新建"界面中选择"表格"选项，打开"新建表格"界面，选择"空白表格"选项，WPS Office 会自动创建一个名为"工作簿1"的空白工作簿，并进入其工作界面。

制作商品销售统计表

步骤2 右击工作界面左下方的"Sheet1"工作表标签，在弹出的快捷菜单中选择"重命名"选项，此时工作表名称呈可编辑状态，输入新的工作表名称"商品销售数据"，然后按"Enter"键确认，如图 3-16 所示。

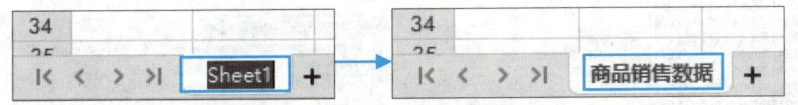

图 3-16 重命名工作表

2. 输入数据

步骤1 使用常规方法输入数据。单击 A1 单元格，输入"时尚饰品类商品享受 7.5 折优惠，时尚女装类商品享受 8 折优惠，潮流男装类商品享受 8.5 折优惠，鞋帽搭配类商品享受 9 折优惠"，然后按"Enter"键，确认输入的同时将插入点移到 A2 单元格。

步骤2 在 A2 单元格中输入列标题"订单 ID"，然后按"Tab"键，将插入点移到 B2 单元格。参照图 3-1，依次在 B2 至 L2 单元格中输入其他列标题，然后在"商品名称""商品单价（元）""商品成本（元）""销售数量"列中输入数据，最后在 I31 单元格中输入"合计"，效果如图 3-17 所示。

	A	B	C	D	E	F	G	H	I	J	K	L
1	时尚饰品类商品享受7.5折优惠，时尚女装类商品享受8折优惠，潮流男装类商品享受8.5折优惠，鞋帽搭配类商品享受9折优惠											
2	订单ID	销售日期	销售分店	商品名称	商品类别	商品单价	商品成本	商品折扣	销售数量	销售金额	销售利润	利润排名
3				雪纺连衣裙		357	229		67			
4				棒球帽		56	37		66			
5				运动鞋		169	111		54			
6				珍珠手链		131	85		61			
7				高跟鞋		207	135		59			
8				马丁靴		284	184		25			
9				羊毛呢子大衣		440	286		27			
10				薄款羽绒服		350	228		28			
11				简约合金戒指		56	36		27			
12				板鞋		127	83		46			
13				水钻胸针		335	218		41			
14				休闲西装外套		377	256		56			
15				毛线帽		109	68		41			
16				真丝衬衫		465	302		40			
17				纯棉T恤		167	109		36			
18				水晶石项链		297	193		37			
19				珍珠项链		324	211		55			
20				潮流印花卫衣		220	143		69			
21				牛仔外套		283	184		80			
22				运动短裤		197	128		37			
23				工装裤		285	185		21			
24				防风冲锋衣		419	272		51			
25				雪地靴		242	157		67			
26				塑料发箍		45	29		63			
27				针织开衫		240	156		75			
28				简约风衣		377	245		69			
29				纯银手镯		299	194		36			
30				刺绣手帕		426	277		63			
31									合计			

图 3-17 列标题及数据

步骤 3 利用填充柄输入数据。在 A3 单元格中输入数据"2024120001",然后按住鼠标左键并向下拖动 A3 单元格的填充柄,到 A30 单元格后释放鼠标,自动填充"订单 ID"列数据。

步骤 4 利用快捷键输入数据。选中 B3:B7 单元格区域,输入"2024/12/1",按"Ctrl+Enter"组合键确认,在所选单元格区域中自动填充相同数据。使用同样的方法,在"销售日期"列的其他单元格中输入数据,如图 3-18 所示。

步骤 5 利用下拉列表输入数据。选中 C3:C30 单元格区域,单击"数据"选项卡中的"下拉列表"按钮,打开"插入下拉列表"对话框,保持"手动添加下拉选项"单选钮的选中状态,然后在其下方的编辑框中输入"分店 A"(见图 3-19),此时下拉选项"分店 A"添加完成。

图 3-18 "销售日期"列数据　　　　图 3-19 添加下拉选项"分店 A"

步骤 6 在"插入下拉列表"对话框中单击 按钮,添加下拉选项"分店 B"。使用同样的方法,添加下拉选项"分店 C",最后单击"确定"按钮,完成下拉选项的添加。

步骤 7 选中 C3 单元格,其右侧会出现下拉按钮,单击该按钮,在展开的下拉列表中可看到添加的下拉选项,从中选择"分店 B"选项,即可在 C3 单元格中输入相应数据。使用同样的方法,参照图 3-1,在"销售分店"列的其他单元格中输入数据。

步骤 8 使用同样的方法,参照图 3-1,利用下拉列表输入"商品类别"列数据,效果如图 3-20 所示。

3. 设置单元格格式

步骤 1 合并单元格。选中 A1:L1 单元格区域,单击"开始"选项卡中的"合并"按钮,将所选单元格区域合并,如图 3-21 所示。

步骤 2 设置表格内容格式和对齐方式。选中 A1 单元格,在"开始"选项卡中设置其字体颜色为红色;选中 A2:L2 单元格区域,设置其字体为微软雅黑、字号为 12 磅、字形为加粗。

项目三 数据洞察——WPS电子表格处理

	A	B	C	D	E	F	G	H	I	J	K	L
1	时尚饰品类商品享受7.5折优惠,时尚女装类商品享受8折优惠,潮流男装类商品享受8.5折优惠,鞋帽搭配类商品享受9折优惠											
2	订单ID	销售日期	销售分店	商品名称	商品类别	商品单价	商品成本	商品折扣	销售数量	销售金额	销售利润	利润排名
3	2024120001	2024/12/1	分店B	雪纺连衣裙	时尚女装	357	229		67			
4	2024120002	2024/12/1	分店B	棒球帽	鞋帽搭配	56	37		66			
5	2024120003	2024/12/1	分店A	运动鞋	鞋帽搭配	169	111		54			
6	2024120004	2024/12/1	分店B	珍珠手链	时尚饰品	131	85		61			
7	2024120005	2024/12/1	分店C	高跟鞋	鞋帽搭配	207	135		59			
8	2024120006	2024/12/2	分店C	马丁靴	鞋帽搭配	284	184		25			
9	2024120007	2024/12/2	分店C	羊毛呢子大衣	时尚女装	440	286		27			
10	2024120008	2024/12/2	分店B	薄款羽绒服	潮流男装	350	228		28			
11	2024120009	2024/12/2	分店A	简约合金戒	时尚饰品	56	36		27			
12	2024120010	2024/12/2	分店C	板鞋	鞋帽搭配	127	83		46			
13	2024120011	2024/12/3	分店A	水钻胸针	时尚饰品	335	218		41			
14	2024120012	2024/12/3	分店B	休闲西装外套	潮流男装	377	256		56			
15	2024120013	2024/12/3	分店C	毛线帽	鞋帽搭配	109	68		41			
16	2024120014	2024/12/4	分店A	真丝衬衫	时尚女装	465	302		40			
17	2024120015	2024/12/4	分店A	纯棉T恤	时尚女装	167	109		36			
18	2024120016	2024/12/4	分店B	水晶石项链	时尚饰品	297	193		37			
19	2024120017	2024/12/4	分店C	珍珠项链	时尚饰品	324	211		55			
20	2024120018	2024/12/5	分店C	潮流印花T恤	潮流男装	220	143		69			
21	2024120019	2024/12/5	分店C	牛仔外套	潮流男装	283	184		80			
22	2024120020	2024/12/5	分店C	运动短裤	潮流男装	197	128		37			
23	2024120021	2024/12/5	分店C	工装裤	潮流男装	285	185		21			
24	2024120022	2024/12/6	分店A	防风冲锋衣	潮流男装	419	272		51			
25	2024120023	2024/12/6	分店C	雪地靴	鞋帽搭配	242	157		67			
26	2024120024	2024/12/6	分店B	塑料发箍	时尚饰品	45	29		63			
27	2024120025	2024/12/7	分店A	针织开衫	时尚女装	240	156		75			
28	2024120026	2024/12/7	分店C	简约风衣	时尚女装	377	245		69			
29	2024120027	2024/12/7	分店C	纯银手镯	时尚饰品	299	194		36			
30	2024120028	2024/12/7	分店B	刺绣手帕	时尚饰品	426	277		63			

图 3-20　利用下拉列表输入"销售分店"和"商品类别"列数据

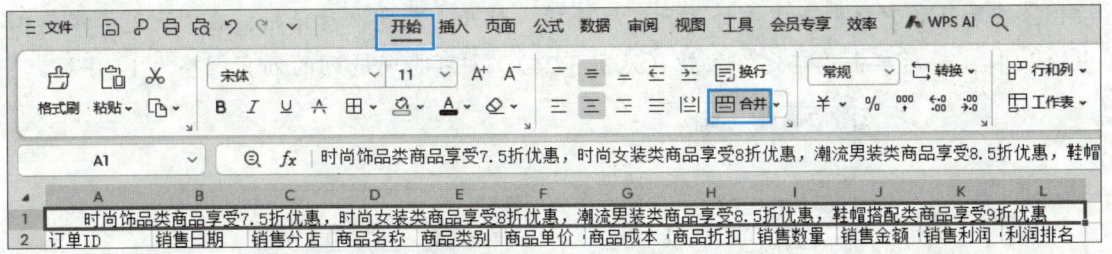

图 3-21　合并单元格

步骤 3 选中 A1:L31 单元格区域,设置表格内容的西文字体为 Times New Roman;单击"开始"选项卡中的"水平居中"按钮 ,设置单元格内容水平居中对齐。

步骤 4 设置表格边框。选中 A1:L30 单元格区域,单击"开始"选项卡中的"所有框线"下拉按钮 (该按钮名称会随最近一次的设置而变化),在展开的下拉列表中选择"所有框线"选项。使用同样的方法,设置 I31:K31 单元格区域的边框。

步骤 5 设置数字格式。配合"Ctrl"键选中 F3:G30 和 J3:K31 单元格区域,单击"开始"选项卡中的"单元格格式:数字"对话框启动器按钮 ,打开"单元格格式"对话框,在"数字"选项卡的"分类"列表框中选择"数值"选项,保持右侧的"小数位数"为 2,最后单击"确定"按钮,如图 3-22 所示。

4. 调整行高和列宽

步骤 1 将鼠标指针移到第 1 行行号的下边线上,待鼠标指针变成 形状时按住鼠标左键并向下拖动,待显示"行高:18.00(0.63 厘米)"字样时释放鼠标,调整第 1 行的行高,如图 3-23 所示。

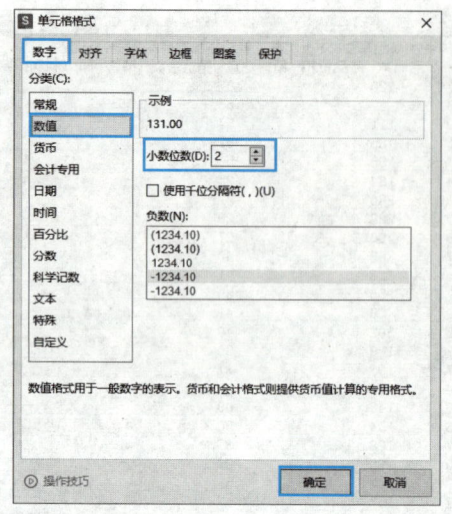

图 3-22　设置数字格式

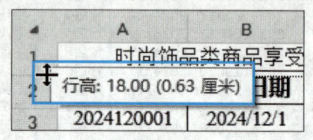

图 3-23　调整第 1 行的行高

步骤 2 将鼠标指针移到 A 列的列标上，待鼠标指针变成↓形状时，按住鼠标左键并向右拖动，至 L 列后释放鼠标，选中 A～L 列，然后单击"开始"选项卡中的"行和列"按钮，在展开的下拉列表中选择"列宽"选项，打开"列宽"对话框，在"列宽"编辑框中输入 14，最后单击"确定"按钮（见图 3-24），即可将所选列的列宽调整为 14 字符。

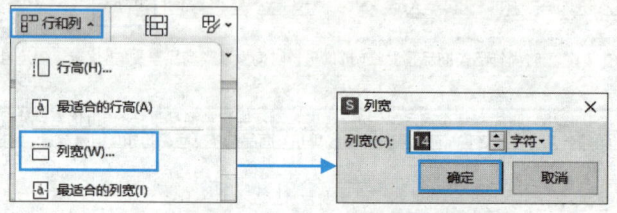

图 3-24　调整 A～L 列的列宽

5. 设置条件格式并保存工作簿

步骤 1 选中 I3:I30 单元格区域，然后单击"开始"选项卡中的"条件格式"按钮，在展开的下拉列表中选择"突出显示单元格规则"/"大于"选项（见图 3-25），打开"大于"对话框，在"为大于以下值的单元格设置格式"编辑框中输入 60，其他保持默认，最后单击"确定"按钮（见图 3-26），此时可看到"销售数量"列中数值大于 60 的单元格以浅红填充色深红色文本突出显示，如图 3-1 所示。

> **小提示**
>
> 除上述方法外，还可以单击"WPS AI"按钮，在展开的列表中选择"AI 条件格式"选项，在打开的对话框中输入"将 I 列销售数量大于 60 的单元格浅红色突出显示，字体颜色为深红色"，单击"发送"按钮▶，即可按照要求突出显示符合条件的数据。

项目三　数据洞察——WPS电子表格处理

图 3-25　选择"突出显示单元格规则"/"大于"选项

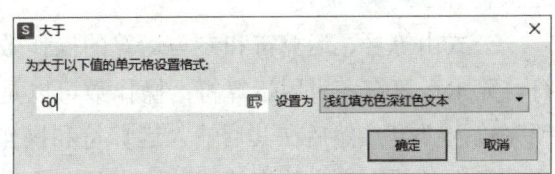

图 3-26　设置条件格式

步骤 2 单击快速访问工具栏中的"保存"按钮，打开"另存为"对话框，在其中选择工作簿的保存位置，然后在"文件名称"编辑框中输入工作簿名称"商品销售统计表"，并保持默认的文件类型，最后单击"保存"按钮保存工作簿。

任务二　加工商品销售统计表数据

任务描述

××服装有限公司销售部门制作好商品销售统计表后，领导要求该部门加工商品销售统计表数据，包括计算销售金额、销售利润、商品折扣和利润排名等，将商品销售数据按利润排名升序排列，筛选分店 C 的商品销售数据，筛选分店 B 销售利润大于 3 000 元的商品，按销售分店简单分类汇总销售金额和销售利润，按销售分店和商品类别嵌套分类汇总销售金额和销售利润。

为了完成加工商品销售统计表数据这个任务，我们先来学习一下使用公式和函数的方法，以及排序、筛选和分类汇总工作表数据的方法。

任务准备

全班学生以 4 人为一组进行分组，组长组织组员扫码观看"数据加工概述"视频，讨论并回答下列问题。

问题 1：在 WPS 表格中，公式和函数有何作用？

问题 2：在 WPS 表格中，常见的数据比较和分析方法有哪些？

数据加工概述

任务理论

一、公式和函数的使用

1. 公式和函数

公式由等号、运算符和参与运算的操作数组成。运算符可以是文本运算符、比较运算符、算术运算符和引用运算符；操作数可以是常量、单元格引用和函数等。要输入公式必须先输入"="，然后在其后输入运算符和操作数。

函数是预先定义的表达式，它必须包含在公式中。每个函数都由函数名和参数组成。其中，函数名表示执行的操作（如求平均值函数 AVERAGE）；参数表示函数作用的数据的单元格地址，通常是一个单元格区域，也可以是更为复杂的内容。

在公式中合理使用函数，可以快速完成求和、求平均值、逻辑判断等数据处理操作。图 3-27 是未使用函数和使用函数的公式示例。

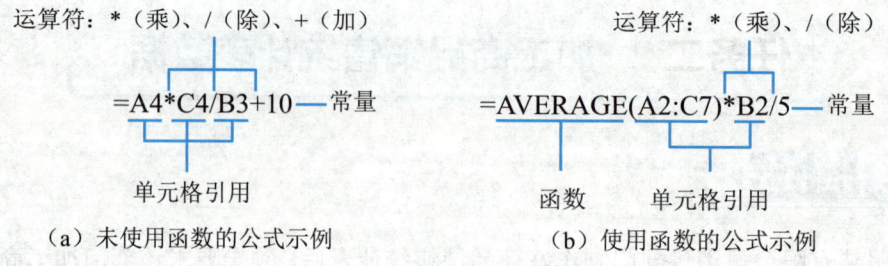

图 3-27　公式示例

图 3-27（a）中公式的含义是求 A4 单元格乘以 C4 单元格再除以 B3 单元格后加 10 的值；图 3-27（b）中公式的含义是使用 AVERAGE 函数求 A2:C7 单元格区域的平均值，并将求出的平均值乘以 B2 单元格后再除以 5。公式的计算结果将显示在输入公式的单元格中。

2. 公式中的运算符

运算符是用于对公式中的操作数进行运算的特殊符号。WPS 表格包含 4 种类型的运算符，分别是文本运算符、比较运算符、算术运算符和引用运算符。

（1）文本运算符"&"（连字符）的作用是将两个或多个文本连起来产生一个连续的文本。

（2）比较运算符（见表 3-1）的作用是比较两个值并得出逻辑值，即"TRUE"（真）或"FALSE"（假）。

表 3-1 比较运算符

比较运算符	含 义	比较运算符	含 义
>（大于号）	大于	>=（大于等于号）	大于或等于
<（小于号）	小于	<=（小于等于号）	小于或等于
=（等于号）	等于	<>（不等号）	不等于

（3）算术运算符（见表 3-2）的作用是完成基本的数学运算并得出运算结果。

表 3-2 算术运算符

算术运算符	含 义	实 例
+（加号）	加法	A1+A2
-（减号）	减法或负数	A1-A2
*（星号）	乘法	A1*2
/（正斜杠）	除法	A1/3
%（百分号）	百分比	50%
^（脱字号）	乘方	2^3

（4）引用运算符（见表 3-3）的作用是对单元格区域进行合并计算。

表 3-3 引用运算符

引用运算符	含 义	实 例
:（冒号）	区域运算符，用于引用单元格区域	B5:D15
,（逗号）	联合运算符，用于引用多个单元格区域	B5:D15,F5:I15
（单个空格）	交叉运算符，用于引用不连续的两个单元格区域的重叠部分	B7:D7 C6:C8

3．单元格引用

单元格引用用于指明公式中所使用数据的位置，它可以是单个单元格地址，也可以是单元格区域地址。通过单元格引用，可以在一个公式中使用工作表中不同单元格的数据，或者在多个公式中使用同一个单元格的数据，还可以使用同一个工作簿不同工作表或不同工作簿中单元格的数据。当公式中引用的单元格数据发生变化时，公式的计算结果会自动更新。

（1）相同或不同工作簿、工作表中单元格的引用。

① 对于同一个工作表中的单元格引用，直接输入单元格或单元格区域地址即可。

② 在当前工作表中引用同一个工作簿不同工作表中的单元格或单元格区域的表示方法为"工作表名称!单元格或单元格区域地址"。例如，"Sheet2!F8:F16"表示引用"Sheet2"工作表中的 F8:F16 单元格区域。

③ 在当前工作表中引用不同工作簿中的单元格或单元格区域的表示方法为"[工作簿

名称.xlsx]工作表名称!单元格或单元格区域地址"。例如,"[工作簿 2.xlsx]Sheet1!A2"表示引用"工作簿 2"工作簿"Sheet1"工作表中的 A2 单元格。

（2）相对引用、绝对引用和混合引用。

WPS 表格公式中的单元格引用分为相对引用、绝对引用和混合引用 3 种。

① 相对引用是 WPS 表格默认的单元格引用方式。相对引用直接用列标和行号表示单元格,如"B5";使用列标、行号和引用运算符表示单元格区域,如"B5:D15"。默认情况下,公式中对单元格的引用都是相对引用。选中公式所在的单元格,将公式复制到其他单元格中,公式中所引用单元格的地址会随之改变。

② 绝对引用的引用形式为在列标和行号前都加上"$"符号,如"$B$5"。当公式中使用绝对引用时,选中公式所在的单元格,将公式复制到其他单元格中,公式中所引用单元格的地址固定不变。

③ 混合引用是指引用中既包含绝对引用又包含相对引用,如"$A1"或"A$1"等,用于表示行变列不变或列变行不变的引用。当公式中使用混合引用时,选中公式所在的单元格,将公式复制到其他单元格中,相对引用改变,绝对引用不变。

4．常用函数

WPS 表格提供了大量的函数,表 3-4 列出了一些常用的函数类型和示例。

表 3-4 常用的函数类型和示例

函数类型	函 数	示 例
常用函数	SUM（求和）、AVERAGE（求平均值）、MAX（求最大值）、MIN（求最小值）等	=AVERAGE(B9:C9),表示求 B9:C9 单元格区域的平均值
统计函数	COUNT（求包含数字的单元格的个数）、COUNTA（求非空单元格的个数）、COUNTIF（求满足条件的单元格的个数）、SUMIF（对满足条件的单元格求和）、RANK（求排名）等	=COUNT(A6:B6),表示求 A6:B6 单元格区域中包含数字的单元格的个数
逻辑函数	AND（与）、OR（或）、FALSE（假）、TRUE（真）、IF（判断）、NOT（非）等	=IF(F16<60,"不及格","及格"),表示判断 F16 单元格是否小于 60,如果小于 60,则返回"不及格";如果大于或等于 60,则返回"及格"
日期与时间函数	DATE（日期）、HOUR（小时数）、SECOND（秒数）、TIME（时间）等	=DATE(2024,6,20),表示返回 2024/6/20

二、排序、筛选和分类汇总

除了可以利用公式和函数对工作表中的数据进行计算和处理,还可以利用 WPS 表格提供的排序、筛选和分类汇总等功能管理和分析工作表中的数据。

1．排序

排序是对工作表中的数据进行重新组织排列的一种方式。在 WPS 表格中,可以按一

项目三 数据洞察——WPS 电子表格处理

列或多列数据的文本、数值、日期和时间等对工作表数据进行排序，也可以按单元格颜色、字体颜色等对工作表数据进行排序。

按多列数据对工作表数据进行排序时，需要在"排序"对话框中设置主要关键字和次要关键字。在主要关键字完全相同的情况下，会根据指定的第一个次要关键字进行排序；在第一个次要关键字完全相同的情况下，会根据指定的第二个次要关键字进行排序，以此类推。

2. 筛选

利用筛选功能可使工作表中仅显示满足条件的行，暂时隐藏不满足条件的行。WPS 表格提供了自动筛选和高级筛选两种筛选方式，无论使用哪种筛选方式，进行筛选操作的工作表中都必须有列标题。

3. 分类汇总

利用分类汇总功能可以将工作表中的数据分门别类地统计处理，而且在不需要使用公式的情况下，WPS 表格就会自动对各类别数据进行求和、求平均值等计算。WPS 表格提供了简单分类汇总、嵌套分类汇总和多重分类汇总 3 种汇总方式。无论使用哪种汇总方式，进行分类汇总操作的工作表中都必须有列标题，而且在分类汇总前必须对作为分类字段的列进行排序。

> 💡 **小提示**
>
> 嵌套分类汇总用于对工作表中的多个分类字段进行汇总。多重分类汇总用于对工作表中的某个分类字段按两种或两种以上的汇总方式或汇总项进行汇总。也就是说，多重分类汇总每次汇总的分类字段都是相同的，只是汇总方式或汇总项不同。

任务实施

1. 使用公式计算销售金额和销售利润

步骤 1 打开本书配套素材"素材与实例"/"项目三"/"任务二"/"商品销售统计表.xlsx"工作簿，并将其另存为"商品销售统计表（加工）.xlsx"。

加工商品销售统计表数据

步骤 2 计算销售金额。选中 J3 单元格，在其中输入"=F3*H3*I3"，按"Enter"键确认，计算第 1 笔订单的销售金额（由于还未计算商品折扣，所以当前计算结果为 0.00），如图 3-28 所示。

> 公式中的 3 个操作数 F3、H3 和 I3，可通过单击单元格输入

	C	D	E	F	G	H	I	J
1	时尚饰品类商品享受7.5折优惠，时尚女装类商品享受8折优惠，潮流男装类商品享受8.5折优惠，鞋帽搭配类商品享受9折优惠							
2	销售分店	商品名称	商品类别	商品单价（元）	商品成本（元）	商品折扣	销售数量	销售金额（元）
3	分店B	雪纺连衣裙	时尚女装	357.00	229.00		67	0.00
4	分店A	棒球帽	鞋帽搭配	56.00	37.00		66	

图 3-28 计算第 1 笔订单的销售金额

小提示

除上述方法外，还可以单击"WPS AI"按钮，在展开的列表中选择"AI写公式"选项，在打开的对话框中输入"利用商品单价、商品折扣和销售数量计算销售金额"，单击"发送"按钮▶，即可快速生成对应的公式。

步骤3 向下拖动J3单元格的填充柄，到J30单元格后释放鼠标，计算其他订单的销售金额。

步骤4 计算销售利润。选中K3单元格，在其中输入公式"=J3-G3*I3"，按"Enter"键确认，计算第1笔订单的销售利润（由于还未计算出销售金额，所以当前计算结果为负数），如图3-29所示。向下拖动K3单元格的填充柄，到K30单元格后释放鼠标，计算其他订单的销售利润。

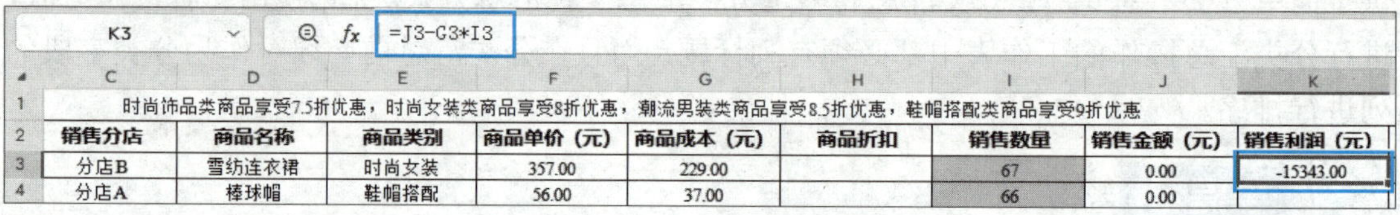

图3-29 计算第1笔订单的销售利润

2. 使用函数计算商品折扣、利润排名及合计

步骤1 计算商品折扣。选中H3单元格，在其中输入"=IF(E3="时尚饰品",0.75,IF(E3="时尚女装",0.8,IF(E3="潮流男装",0.85,0.9)))"，按"Enter"键确认，计算第1笔订单的商品折扣，如图3-30所示。

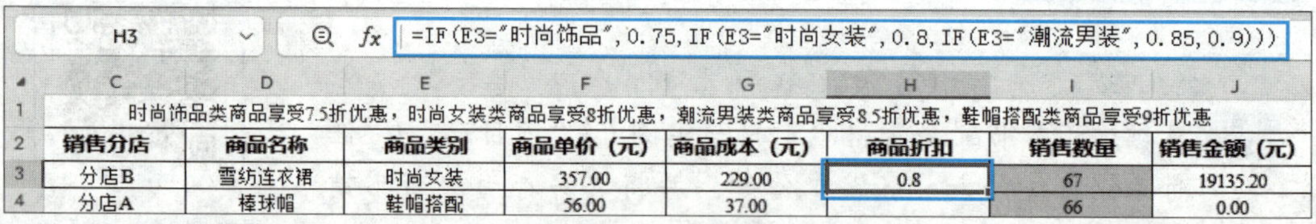

图3-30 计算第1笔订单的商品折扣

知识库

IF函数用于对给定的条件进行判断并返回相应的结果，其语法格式如下。

IF(logical_test,value_if_true,[value_if_false])

其中，logical_test表示计算结果为"TRUE"或"FALSE"的任意条件表达式，它用比较运算符（=、>、<、>=、<=、<>）连接；value_if_true表示logical_test结果为"TRUE"时返回的值；value_if_false表示logical_test结果为"FALSE"时返回的值。

步骤 2 向下拖动 H3 单元格的填充柄，到 H30 单元格后释放鼠标，计算其他订单的商品折扣。此时，可以看到“销售金额（元）”“销售利润（元）”列数据自动更新，效果如图 3-31 所示。

	A	B	C	D	E	F	G	H	I	J	K	L
1	时尚饰品类商品享受7.5折优惠，时尚女装类商品享受8折优惠，潮流男装类商品享受8.5折优惠，鞋帽搭配类商品享受9折优惠											
2	订单ID	销售日期	销售分店	商品名称	商品类别	商品单价（元）	商品成本（元）	商品折扣	销售数量	销售金额（元）	销售利润（元）	利润排名
3	2024120001	2024/12/1	分店B	雪纺连衣裙	时尚女装	357.00	229.00	0.8	67	19135.20	3792.20	
4	2024120002	2024/12/1	分店A	棒球帽	鞋帽搭配	56.00	37.00	0.9	66	3326.40	884.40	
5	2024120003	2024/12/1	分店A	运动鞋	鞋帽搭配	169.00	111.00	0.9	54	8213.40	2219.40	
6	2024120004	2024/12/1	分店B	珍珠手链	时尚饰品	131.00	85.00	0.75	61	5993.25	808.25	
7	2024120005	2024/12/1	分店C	高跟鞋	鞋帽搭配	207.00	135.00	0.9	59	10991.70	3026.70	
8	2024120006	2024/12/2	分店C	马丁靴	鞋帽搭配	284.00	184.00	0.9	25	6390.00	1790.00	
9	2024120007	2024/12/2	分店C	羊毛呢子大衣	时尚女装	440.00	286.00	0.8	27	9504.00	1782.00	
10	2024120008	2024/12/2	分店B	薄款羽绒服	潮流男装	350.00	228.00	0.85	28	8330.00	1946.00	
11	2024120009	2024/12/2	分店A	简约合金戒指	时尚饰品	56.00	36.00	0.75	27	1134.00	162.00	
12	2024120010	2024/12/2	分店B	板鞋	鞋帽搭配	127.00	83.00	0.9	46	5257.80	1439.80	
13	2024120011	2024/12/3	分店A	水钻胸针	时尚饰品	335.00	218.00	0.75	41	10301.25	1363.25	
14	2024120012	2024/12/3	分店B	休闲西装外套	潮流男装	377.00	256.00	0.85	56	17945.20	3609.20	
15	2024120013	2024/12/3	分店C	毛线帽	鞋帽搭配	109.00	68.00	0.9	41	4022.10	1234.10	
16	2024120014	2024/12/4	分店A	真丝衬衫	时尚女装	465.00	302.00	0.8	40	14880.00	2800.00	
17	2024120015	2024/12/4	分店A	纯棉T恤	时尚女装	167.00	109.00	0.8	36	4809.60	885.60	
18	2024120016	2024/12/4	分店B	水晶石项链	时尚饰品	297.00	193.00	0.75	37	8241.75	1100.75	
19	2024120017	2024/12/4	分店C	珍珠项链	时尚饰品	324.00	211.00	0.75	55	13365.00	1760.00	
20	2024120018	2024/12/5	分店A	潮流印花卫衣	潮流男装	220.00	143.00	0.85	69	12903.00	3036.00	
21	2024120019	2024/12/5	分店B	牛仔外套	时尚女装	283.00	184.00	0.8	80	18112.00	3392.00	
22	2024120020	2024/12/5	分店C	运动短裤	潮流男装	197.00	128.00	0.85	37	6195.65	1459.65	
23	2024120021	2024/12/5	分店C	工装裤	潮流男装	285.00	185.00	0.85	21	5087.25	1202.25	
24	2024120022	2024/12/6	分店A	防风冲锋衣	潮流男装	419.00	272.00	0.85	51	18163.65	4291.65	
25	2024120023	2024/12/6	分店C	雪地靴	鞋帽搭配	242.00	157.00	0.9	67	14592.60	4073.60	
26	2024120024	2024/12/6	分店B	塑料发箍	时尚饰品	45.00	29.00	0.75	63	2126.25	299.25	
27	2024120025	2024/12/7	分店A	针织开衫	时尚女装	240.00	156.00	0.8	75	14400.00	2700.00	
28	2024120026	2024/12/7	分店C	简约风衣	时尚女装	377.00	245.00	0.8	69	20810.40	3905.40	
29	2024120027	2024/12/7	分店C	纯银手镯	时尚饰品	299.00	194.00	0.75	36	8073.00	1089.00	
30	2024120028	2024/12/7	分店B	刺绣手帕	时尚饰品	426.00	277.00	0.75	63	20128.50	2677.50	
31									合计			

商品销售数据

图 3-31 计算商品折扣后的商品销售数据

步骤 3 计算利润排名。选中 L3 单元格，在其中输入“=RANK.EQ(K3,$K$3:$K$30,0)”，按“Enter”键确认，计算第 1 笔订单的利润排名，如图 3-32 所示。向下拖动 L3 单元格的填充柄，到 L30 单元格后释放鼠标，计算其他订单的利润排名。

L3 fx =RANK.EQ(K3, $K$3:$K$30, 0)

	F	G	H	I	J	K	L
1	商品享受8折优惠，潮流男装类商品享受8.5折优惠，鞋帽搭配类商品享受9折优惠						
2	商品单价（元）	商品成本（元）	商品折扣	销售数量	销售金额（元）	销售利润（元）	利润排名
3	357.00	229.00	0.8	67	19135.20	3792.20	4
4	56.00	37.00	0.9	66	3326.40	884.40	

图 3-32 计算第 1 笔订单的利润排名

知识库

RANK.EQ 函数用于返回某数值在一组数值中相对于其他数值的排位，如果数值相同则返回相同的排位，但会影响后续数值的排位，其语法格式如下。

RANK.EQ(number,ref,order)

其中，number 表示需要排位的数值；ref 表示参与排位的数字列表或单元格区域；order 表示排位方式（如果为 0 或省略，则按降序排位，即数值越大，排位结果越靠前；如果为非 0 值，则按升序排位，即数值越大，排位结果越靠后）。

步骤 4 计算销售金额合计。选中 J31 单元格，然后单击“开始”选项卡中的“求和”按钮，此时编辑栏和 J31 单元格中自动显示要进行求和运算的单元格区域，如图 3-33 所示。

信息技术与人工智能

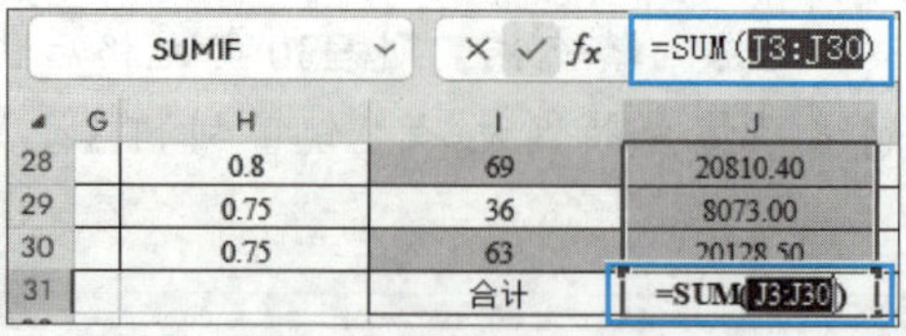

图 3-33　单击"求和"按钮后自动显示要进行求和运算的单元格区域

步骤 5 确认要进行求和运算的单元格区域是否正确，如果不正确，可以在工作表中拖动鼠标重新选择，此处直接按"Enter"键确认，计算出销售金额合计。

步骤 6 使用同样的方法，在 K31 单元格中计算销售利润合计。

3．排序数据

步骤 1 按利润排名升序排列。单击"商品销售数据"工作表标签，按住"Ctrl"键的同时向右拖动，复制一份"商品销售数据"工作表，并将复制得到的工作表重命名为"排序"。

步骤 2 单击"排序"工作表数据区域中"利润排名"列的任意单元格，然后单击"数据"选项卡中的"排序"下拉按钮，在展开的下拉列表中选择"升序"选项，将工作表数据按利润排名升序排列，效果如图 3-34 所示。

图 3-34　按利润排名升序排列后的商品销售数据

4．筛选数据

步骤 1 筛选分店 C 的商品销售数据。复制一份"商品销售数据"工作表到所有工作表的右侧，并将复制得到的工作表重命名为"自动筛选"。

步骤 2 在"自动筛选"工作表中选中要参与数据筛选的 A2:L30 单元格区域，然后单击"数据"选项卡中的"筛选"按钮，此时列标题右侧会出现筛选按钮。

步骤 3 单击"销售分店"列标题右侧的筛选按钮，在展开的下拉列表中取消勾选"全选"复选框，勾选"分店 C"复选框，单击"确定"按钮，如图 3-35 所示。此时，自动筛选出分店 C 的商品销售数据，如图 3-36 所示。

项目三　数据洞察——WPS 电子表格处理

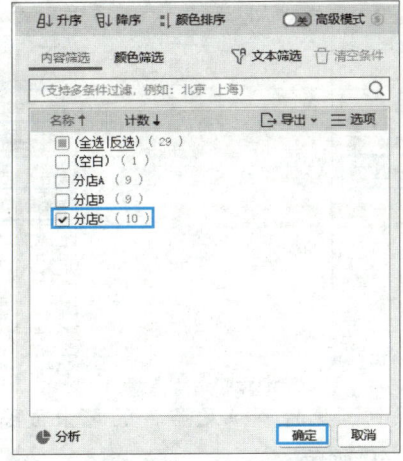

图 3-35　设置自动筛选条件

订单ID	销售日期	销售分店	商品名称	商品类别	商品单价(元)	商品成本(元)	商品折扣	销售数量	销售金额(元)	销售利润(元)	利润排名
			时尚饰品类商品享受7.5折优惠，时尚女装类商品享受8折优惠，潮流男装类商品享受8.5折优惠，鞋帽搭配类商品享受9折优惠								
2024120005	2024/12/1	分店C	高跟鞋	鞋帽搭配	207.00	135.00	0.9	59	10991.70	3026.70	8
2024120006	2024/12/2	分店C	马丁靴	鞋帽搭配	284.00	184.00	0.9	25	6390.00	1790.00	14
2024120007	2024/12/2	分店C	羊毛呢子大衣	时尚女装	440.00	286.00	0.8	27	9504.00	1782.00	15
2024120013	2024/12/3	分店C	毛线帽	鞋帽搭配	109.00	68.00	0.9	41	4022.10	1234.10	20
2024120017	2024/12/4	分店C	珍珠项链	时尚饰品	324.00	211.00	0.75	55	13365.00	1760.00	16
2024120019	2024/12/5	分店C	运动短裤	潮流男装	197.00	128.00	0.85	37	6195.65	1459.65	17
2024120021	2024/12/5	分店C	工装裤	潮流男装	285.00	185.00	0.85	21	5087.25	1202.25	21
2024120023	2024/12/6	分店C	雪地靴	鞋帽搭配	242.00	157.00	0.9	67	14592.60	4073.60	2
2024120026	2024/12/7	分店C	简约风衣	时尚女装	377.00	245.00	0.8	69	20810.40	3905.40	3
2024120027	2024/12/7	分店C	纯银手镯	时尚饰品	299.00	194.00	0.75	36	8073.00	1089.00	23

图 3-36　筛选出分店 C 的商品销售数据

步骤 4 筛选分店 B 销售利润大于 3 000 元的商品。复制一份"商品销售数据"工作表到所有工作表的右侧，并将复制得到的工作表重命名为"高级筛选"。

步骤 5 在"高级筛选"工作表的 A32:B33 单元格区域中输入筛选条件，如图 3-37 所示。

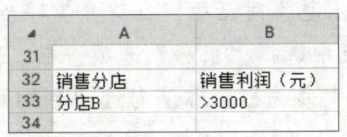

图 3-37　筛选条件

步骤 6 选中要参与数据筛选的 A2:L30 单元格区域，然后单击"开始"选项卡中的"筛选"下拉按钮，在展开的下拉列表中选择"高级筛选"选项，打开"高级筛选"对话框，在其中确认"列表区域"（参与高级筛选的数据区域）编辑框中的单元格引用是否正确，此处保持默认。在"条件区域"编辑框中单击，然后在工作表中选中步骤 5 设置的筛选条件区域，如图 3-38 所示。

步骤 7 选中"将筛选结果复制到其他位置"单选钮，在"复制到"编辑框中单击，然后在工作表中单击 A35 单元格，如图 3-39 所示。

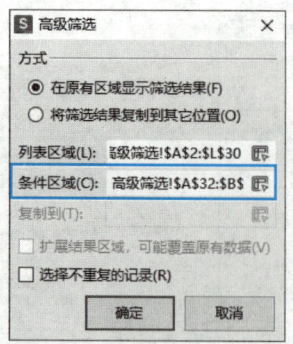

图 3-38　选择筛选条件区域

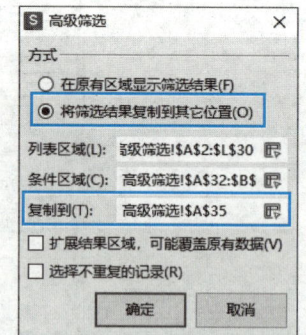

图 3-39　选择筛选结果放置位置

步骤 8　单击"确定"按钮，此时不满足条件的记录被隐藏，只显示分店 B 销售利润大于 3 000 元的数据，如图 3-40 所示。

	A	B	C	D	E	F	G	H	I	J	K	L
35	订单ID	销售日期	销售分店	商品名称	商品类别	商品单价（元）	商品成本（元）	商品折扣	销售数量	销售金额（元）	销售利润（元）	利润排名
36	2024120001	2024/12/1	分店B	雪纺连衣裙	时尚女装	357.00	229.00	0.8	67	19135.20	3792.20	4
37	2024120012	2024/12/3	分店B	休闲西装外套	潮流男装	377.00	256.00	0.85	56	17945.20	3609.20	5
38	2024120019	2024/12/5	分店B	牛仔外套	时尚女装	283.00	184.00	0.8	80	18112.00	3392.00	6

图 3-40　高级筛选结果

5．分类汇总数据

步骤 1　按销售分店简单分类汇总销售金额和销售利润。复制一份"商品销售数据"工作表到所有工作表的右侧，将复制得到的工作表重命名为"简单分类汇总"，并删除工作表中最后一行的合计数据。

步骤 2　单击"简单分类汇总"工作表数据区域中"销售分店"列的任意单元格，然后在"开始"选项卡的"排序"下拉列表中选择"升序"选项，将工作表数据按销售分店升序排列。

步骤 3　选中要进行分类汇总的 A2:L30 单元格区域，然后单击"数据"选项卡中的"分类汇总"按钮，打开"分类汇总"对话框，在"分类字段"下拉列表中选择"销售分店"选项，在"汇总方式"下拉列表中选择"求和"选项，在"选定汇总项"列表框中勾选"销售金额（元）""销售利润（元）"复选框，取消勾选"利润排名"复选框，如图 3-41 所示。

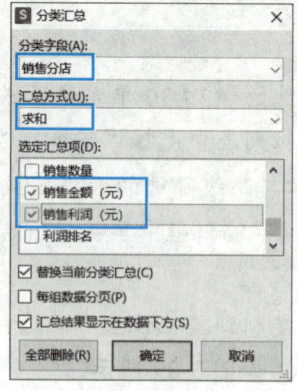

图 3-41　设置分类汇总参数

126

步骤 4 单击"确定"按钮,即可按销售分店简单分类汇总销售金额和销售利润,如图 3-42 所示。

				时尚饰品类商品享受7.5折优惠,时尚女装类商品享受8折优惠,潮流男装类商品享受8.5折优惠,鞋帽搭配类商品享受9折优惠							
	订单ID	销售日期	销售分店	商品名称	商品类别	商品单价(元)	商品成本(元)	商品折扣	销售数量	销售金额(元)	销售利润(元)	利润排名
	2024120002	2024/12/1	分店A	棒球帽	鞋帽搭配	56.00	37.00	0.9	66	3326.40	884.40	27
	2024120003	2024/12/1	分店A	运动鞋	鞋帽搭配	169.00	111.00	0.9	54	8213.40	2219.40	14
	2024120009	2024/12/2	分店A	简约合金戒指	时尚饰品	56.00	36.00	0.75	27	1134.00	162.00	30
	2024120011	2024/12/3	分店A	水钻胸针	时尚饰品	335.00	218.00	0.75	41	10301.25	1363.25	21
	2024120014	2024/12/4	分店A	真丝衬衫	时尚女装	465.00	302.00	0.8	40	14880.00	2800.00	11
	2024120015	2024/12/4	分店A	纯棉T恤	时尚女装	167.00	109.00	0.8	36	4809.60	885.60	26
	2024120018	2024/12/5	分店A	碎花印花卫衣	潮流男装	220.00	143.00	0.85	69	12903.00	3036.00	9
	2024120022	2024/12/6	分店A	防风冲锋衣	潮流男装	419.00	272.00	0.85	51	18163.65	4291.65	3
	2024120025	2024/12/7	分店A	针织开衫	时尚女装	240.00	156.00	0.8	75	14400.00	2700.00	12
			分店A 汇总							88131.30	18342.30	
	2024120001	2024/12/1	分店B	雪纺连衣裙	时尚女装	357.00	229.00	0.8	67	19135.20	3792.20	6
	2024120007	2024/12/1	分店B	珍珠手链	时尚饰品	131.00	85.00	0.75	61	5993.25	808.25	28
	2024120008	2024/12/2	分店B	薄款羽绒服	潮流男装	350.00	228.00	0.85	28	8330.00	1946.00	15
	2024120010	2024/12/3	分店B	板鞋	鞋帽搭配	127.00	83.00	0.9	46	5257.80	1439.80	20
	2024120012	2024/12/3	分店B	休闲西装外套	潮流男装	377.00	256.00	0.85	56	17945.20	3609.20	7
	2024120016	2024/12/4	分店B	水晶石项链	时尚饰品	297.00	193.00	0.75	37	8241.75	1100.75	24
	2024120019	2024/12/5	分店B	牛仔外套	时尚女装	283.00	184.00	0.8	80	18112.00	3392.00	8
	2024120024	2024/12/6	分店B	塑料发簪	时尚饰品	45.00	29.00	0.75	63	2126.25	299.25	29
	2024120028	2024/12/7	分店B	刺绣手帕	时尚饰品	426.00	277.00	0.75	63	20128.50	2677.50	13
			分店B 汇总							105269.95	19064.95	
	2024120005	2024/12/1	分店C	高跟鞋	鞋帽搭配	207.00	135.00	0.9	59	10991.70	3026.70	10
	2024120006	2024/12/1	分店C	马丁靴	鞋帽搭配	284.00	184.00	0.9	25	6390.00	1790.00	16
	2024120007	2024/12/2	分店C	羊羔呢子大衣	时尚女装	440.00	286.00	0.8	27	9504.00	1782.00	17
	2024120013	2024/12/4	分店C	毛线帽	鞋帽搭配	109.00	68.00	0.9	41	4022.10	1234.10	22
	2024120017	2024/12/4	分店C	珍珠项链	时尚饰品	324.00	211.00	0.75	55	13365.00	1760.00	18
	2024120020	2024/12/5	分店C	运动短裤	潮流男装	197.00	128.00	0.85	37	6195.65	1459.65	19
	2024120021	2024/12/5	分店C	工装裤	潮流男装	285.00	185.00	0.85	21	5087.25	1202.25	23
	2024120023	2024/12/6	分店C	雪地靴	鞋帽搭配	242.00	157.00	0.9	67	14592.60	4073.60	4
	2024120026	2024/12/7	分店C	简约风衣	时尚女装	377.00	245.00	0.8	69	20810.40	3905.40	5
	2024120027	2024/12/7	分店C	纯银手镯	时尚饰品	299.00	194.00	0.75	36	8073.00	1089.00	25
			分店C 汇总							99031.70	21322.70	
			总计							292432.95	58729.95	

图 3-42 按销售分店简单分类汇总销售金额和销售利润

步骤 5 单击工作表左上方的分级显示符号 ,显示 2 级数据,如图 3-43 所示。

				时尚饰品类商品享受7.5折优惠,时尚女装类商品享受8折优惠,潮流男装类商品享受8.5折优惠,鞋帽搭配类商品享受9折优惠							
	订单ID	销售日期	销售分店	商品名称	商品类别	商品单价(元)	商品成本(元)	商品折扣	销售数量	销售金额(元)	销售利润(元)	利润排名
			分店A 汇总							88131.30	18342.30	
			分店B 汇总							105269.95	19064.95	
			分店C 汇总							99031.70	21322.70	
			总计							292432.95	58729.95	

图 3-43 分级显示数据

小提示

除分级显示符号外,工作表的左侧还会显示折叠按钮 −,单击该按钮可以隐藏对应汇总项的明细数据。此时,折叠按钮 − 变为展开按钮 +,单击该按钮可重新显示对应汇总项的明细数据。

步骤 6 按销售分店和商品类别嵌套分类汇总销售金额和销售利润。复制一份"商品销售数据"工作表到所有工作表的右侧,将复制得到的工作表重命名为"嵌套分类汇总",并删除工作表中最后一行的合计数据。

步骤 7 单击"嵌套分类汇总"工作表数据区域的任意单元格,然后在"开始"选项卡的"排序"下拉列表中选择"自定义排序"选项,打开"排序"对话框,在"主要关键字"下拉列表中选择"销售分店"选项,接着单击"添加条件"按钮,在"次要关键字"下拉列表中选择"商品类别"选项,最后单击"确定"按钮,如图 3-44 所示。

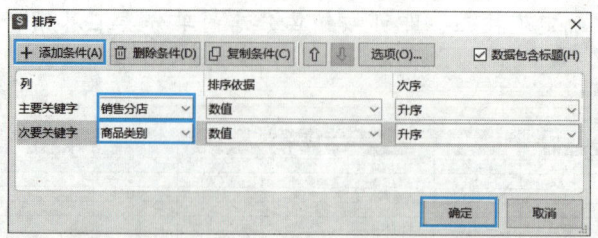

图 3-44 按"销售分店"和"商品类别"列数据升序排列

步骤 8 参考简单分类汇总的操作,对数据进行第 1 次分类汇总,即按销售分店求和汇总销售金额和销售利润。

步骤 9 再次打开"分类汇总"对话框,设置分类字段为"商品类别"、汇总方式为"求和"、选定汇总项为"销售金额(元)""销售利润(元)",取消勾选"替换当前分类汇总"复选框,最后单击"确定"按钮,如图 3-45 所示。

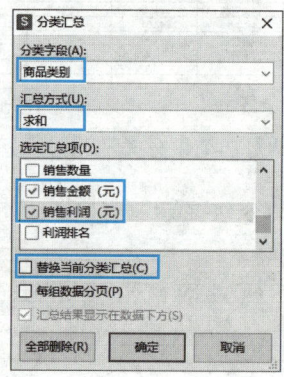

图 3-45 设置第 2 次分类汇总参数

步骤 10 单击工作表左上方的分级显示符号 3,显示 3 级数据,如图 3-46 所示。

	A	B	C	D	E	F	G	H	I	J	K	L
1				时尚饰品类商品享受7.5折优惠,时尚女装类商品享受8折优惠,潮流男装类商品享受8.5折优惠,鞋帽搭配类商品享受9折优惠								
2	订单ID	销售日期	销售分店	商品名称	商品类别	商品单价(元)	商品成本(元)	商品折扣	销售数量	销售金额(元)	销售利润(元)	利润排名
5					潮流男装 汇总					31066.65	7327.65	
9					时尚女装 汇总					34089.60	6383.60	
12					时尚饰品 汇总					11435.25	1525.25	
15					鞋帽搭配 汇总					11539.80	3103.80	
16				分店A 汇总						88131.30	18342.30	
19					潮流男装 汇总					26275.20	5555.20	
22					时尚女装 汇总					37247.20	7184.20	
26					时尚饰品 汇总					36489.75	4885.75	
29					鞋帽搭配 汇总					5257.80	1439.80	
30				分店B 汇总						105269.95	19064.95	
33					潮流男装 汇总					11282.90	2661.90	
36					时尚女装 汇总					30314.40	5687.40	
40					时尚饰品 汇总					21438.00	2849.00	
44					鞋帽搭配 汇总					35996.40	10124.40	
45				分店C 汇总						99031.70	21322.70	
46				总计						292432.95	58729.95	

图 3-46 按销售分店和商品类别嵌套分类汇总销售金额和销售利润

步骤 11 至此,商品销售统计表数据加工完毕,最后保存工作簿。

项目三 数据洞察——WPS 电子表格处理

任务三 分析商品销售统计表数据

任务描述

WPS 表格提供的图表可以直观地反映工作表中的数据情况,方便用户进行数据的比较和预测。××服装有限公司要求销售部门分析商品销售统计表数据,包括制作各销售分店销售金额占比饼图,制作按销售分店和商品类别查看销售金额和销售利润的数据透视表和数据透视图,效果如图 3-47、图 3-48 和图 3-49 所示。

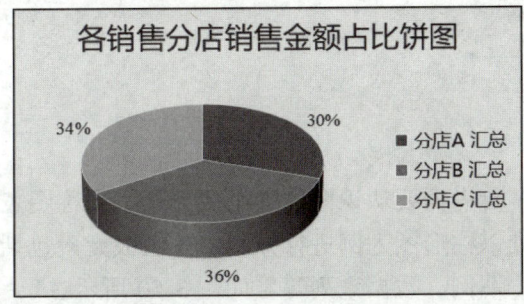

图 3-47 各销售分店销售金额占比饼图

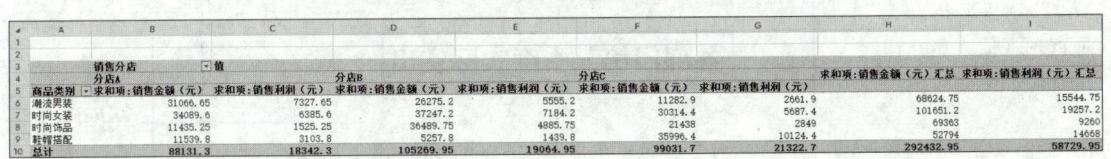

图 3-48 按销售分店和商品类别查看销售金额和销售利润的数据透视表

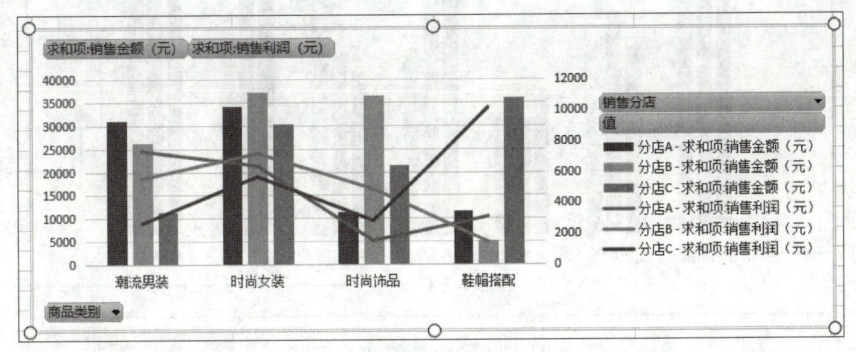

图 3-49 按销售分店和商品类别查看销售金额和销售利润的数据透视图

为了完成分析商品销售统计表数据这个任务,我们先来学习一下图表、数据透视表和数据透视图的制作方法。

信息技术与人工智能

任务准备

全班学生以 4 人为一组进行分组，组长组织组员扫码观看"数据分析概述"视频，讨论并回答下列问题。

问题 1：在 WPS 表格中，常见的统计图有哪些类型？它们的优缺点分别是什么？

数据分析概述

问题 2：什么是数据透视表和数据透视图？它们各有什么作用？

任务理论

一、图表的组成

要创建和编辑图表，首先需要认识图表的组成元素（又称图表项）。不同类型的图表，其组成元素也不同。此处以柱形图为例进行介绍，其组成元素包括图表标题、图表区、绘图区、坐标轴、网格线、图例、数据系列等，如图 3-50 所示。

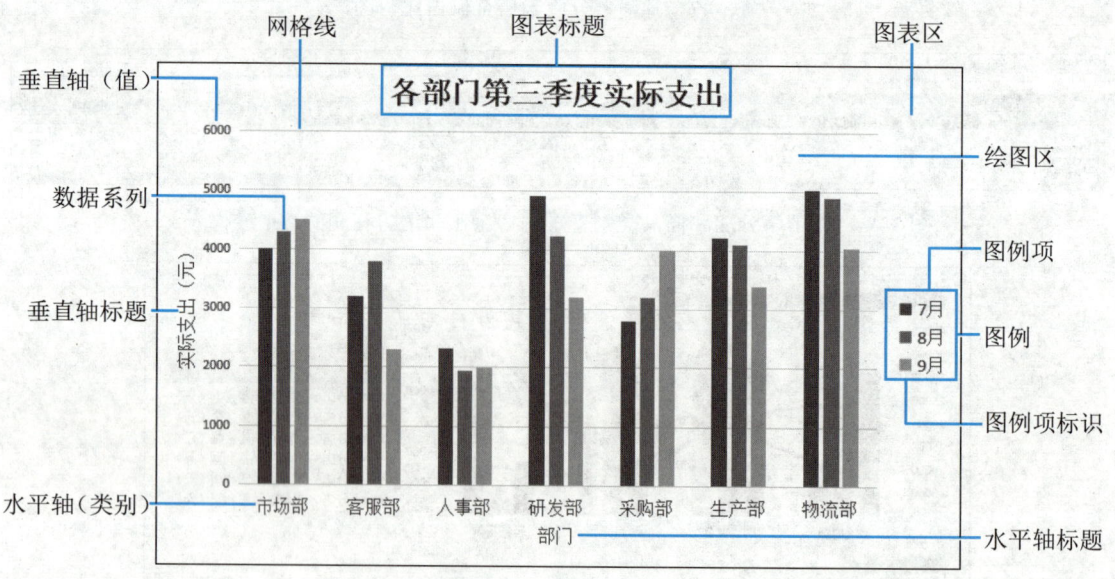

图 3-50 图表组成元素

WPS 表格支持创建各种类型的图表，如柱形图、折线图、饼图、条形图、面积图、散点图、股价图、雷达图和组合图等，不同类型的图表可以展示数据之间的不同关系。例如，柱形图可以展示数据之间的大小关系，折线图可以展示数据的变化趋势，饼图可以展示数据之间的比例分配关系。

项目三　数据洞察——WPS 电子表格处理

二、图表的创建、编辑与美化

在 WPS 表格中，选择要创建图表的数据区域，然后单击"插入"选项卡中的"图表"按钮，在打开的"图表"界面中选择一种图表类型，即可创建图表。创建图表后，可利用"图表工具""绘图工具"和"文本工具"选项卡对图表进行编辑和美化操作。

三、数据透视表和数据透视图

数据透视表是一种对大量数据快速分类汇总的交互式表格，用户可调整其行或列以查看对数据源的不同汇总，还可利用筛选器、行或列标签来筛选数据。

数据透视图的作用与数据透视表相似，不同的是，数据透视图可以将数据以图形的方式展示出来。数据透视图通常有一个布局相同、相关联的数据透视表，两个图表中的字段相互对应。

> **小提示**
>
> 为确保数据可用于制作数据透视表，在创建数据源时应做到以下几点。
> （1）数据源中没有空行和空列。
> （2）数据源中没有自动计算。
> （3）数据源的第一行中包含列标题。
> （4）数据源的每列中只包含一种类型的数据。

任务实施

1. 制作各销售分店销售金额占比饼图

步骤 1 打开本书配套素材"素材与实例"/"项目三"/"任务三"/"商品销售统计表.xlsx"工作簿，并将其另存为"商品销售统计表（分析）.xlsx"。

分析商品销售统计表数据

步骤 2 配合"Ctrl"键选中"简单分类汇总"工作表的 C12、C22、C33 单元格和 J12、J22、J33 单元格，如图 3-51 所示。

图 3-51　选择要创建图表的单元格

步骤 3 单击"插入"选项卡中的"插入饼图或圆环图"按钮 ，在展开的下拉列表中选择"三维饼图"中的第 2 个饼图样式，在当前工作表中插入一个饼图，如图 3-52 所示。

131

信息技术与人工智能

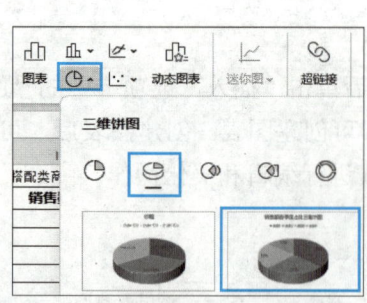
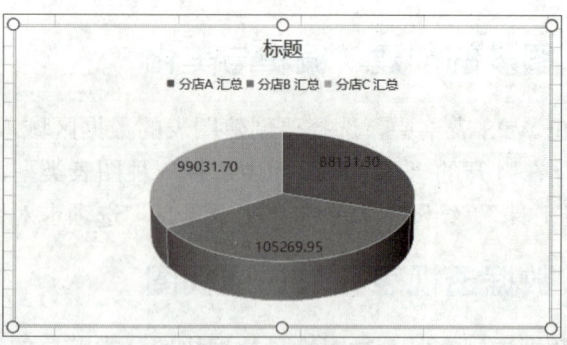

图 3-52　选择图表类型并插入图表

步骤 ④ 单击图表右上角的"图表元素"按钮，将鼠标指针移到展开的下拉列表中的"数据标签"选项上，然后单击其右侧的▶按钮，在展开的子列表中依次选择"数据标签外"选项和"更多选项"选项，打开"属性"任务窗格，在"标签选项"选项卡的"标签选项"设置区中取消勾选"值"复选框，并勾选"百分比"复选框，在三维饼图中添加以百分比形式显示的数据标签，如图 3-53 所示。

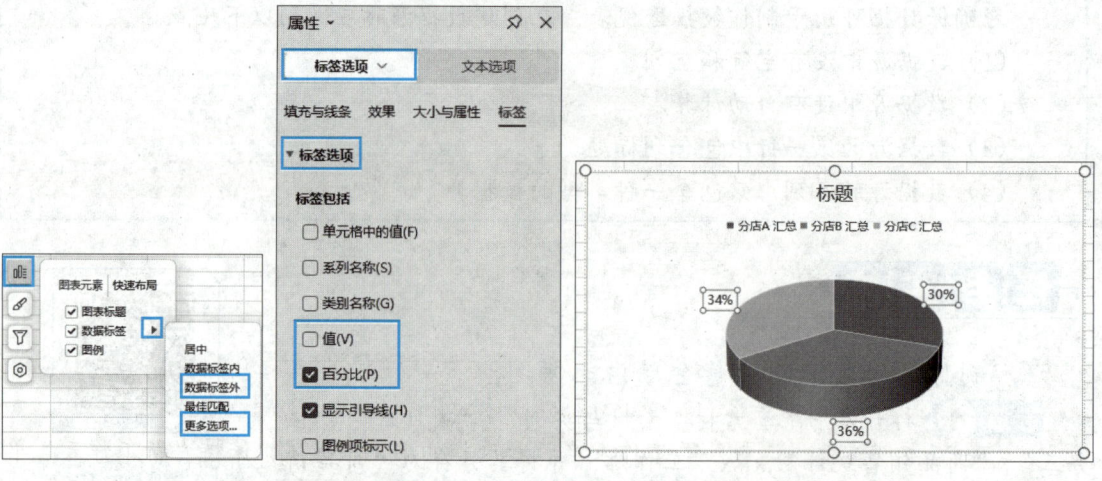

图 3-53　设置数据标签效果

步骤 ⑤ 单击"属性"任务窗格中"标签选项"选项卡右侧的下拉按钮，在展开的下拉列表中选择"图例"选项，切换到"图例选项"选项卡，然后在"图例选项"设置区中选中"靠右"单选钮，将图例置于图表右侧，如图 3-54 所示。

步骤 ⑥ 将鼠标指针移到图表的空白处，待显示"图表区"字样时单击，选中图表区，然后单击"绘图工具"选项卡中的"填充"下拉按钮，在展开的下拉列表中选择"橙色，着色 3，浅色 80%"选项，为图表区填充颜色。

步骤 ⑦ 将"标题"修改为"各销售分店销售金额占比饼图"，并利用"开始"选项卡设置图表标题的字符格式为微软雅黑、22 磅；设置图例的字符格式为微软雅黑、14 磅；设置数据标签的字符格式为 Times New Roman、14 磅，如图 3-55 所示。

项目三 数据洞察——WPS电子表格处理

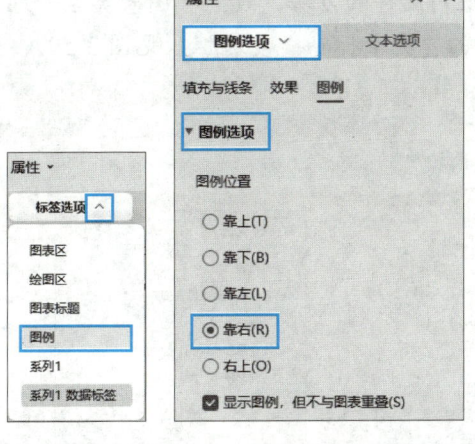
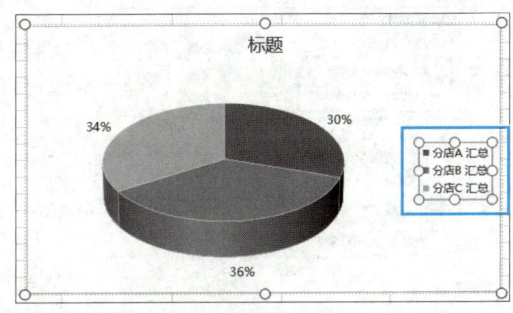

图3-54 设置图例位置

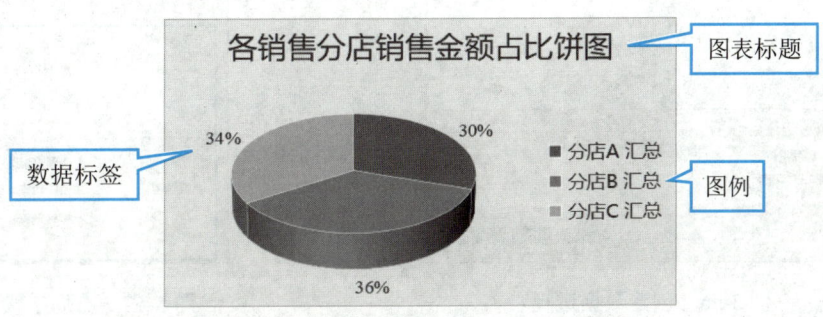

图3-55 图表最终效果

2. 制作数据透视表

步骤1 按销售分店和商品类别查看销售金额和销售利润。在"商品销售数据"工作表中选中要创建数据透视表的A2:L30单元格区域,然后单击"插入"选项卡中的"数据透视表"按钮,打开"创建数据透视表"对话框,可看到"请选择单元格区域"编辑框中自动显示了用于创建数据透视表的工作表名称和选择的单元格区域,保持"新工作表"单选钮的选中状态,如图3-56所示。

步骤2 单击"确定"按钮,自动新建一个工作表用于放置创建的数据透视表,且新工作表中会自动显示"分析"选项卡和"数据透视表"任务窗格。

步骤3 将"数据透视表"任务窗格"字段列表"列表框中的"销售分店"字段拖到"数据透视表区域"中的"列"区域,将"商品类别"字段拖到"行"区域,将"销售金额(元)"和"销售利润(元)"字段拖到"值"区域,如图3-57所示。

步骤4 在数据透视表区域外单击,完成数据透视表的创建,如图3-58所示。

3. 制作数据透视图

步骤1 单击数据透视表的任意单元格,然后单击"分析"选项卡中的"数据透视图"按钮,打开"图表"对话框,在对话框左侧选择"组合图"选项。

步骤2 在"图表"对话框右侧"图表类型"列的第2行的下拉列表中选择"折线图"

133

选项，并勾选其右侧的"次坐标轴"复选框。使用同样的方法，设置"图表类型"列的第5行为"簇状柱形图"，并勾选第4行和第6行的"次坐标轴"复选框（见图3-59），最后单击"插入图表"按钮。

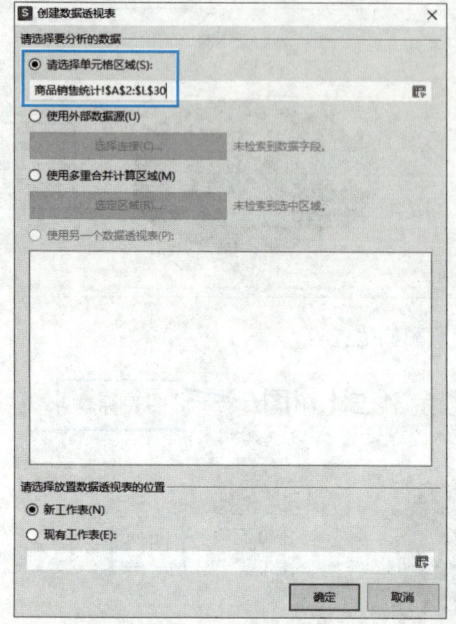

图 3-56　创建数据透视表

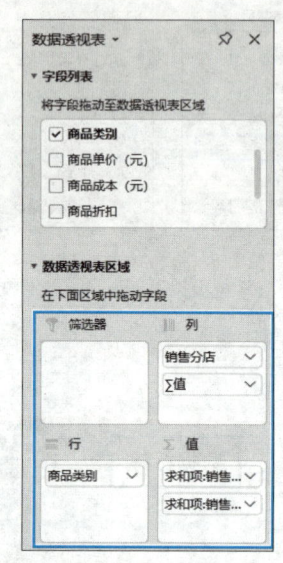

图 3-57　布局字段

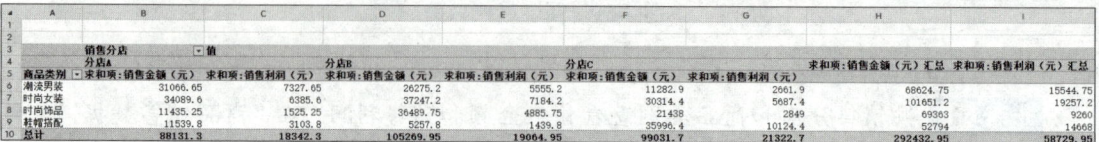

图 3-58　创建数据透视表

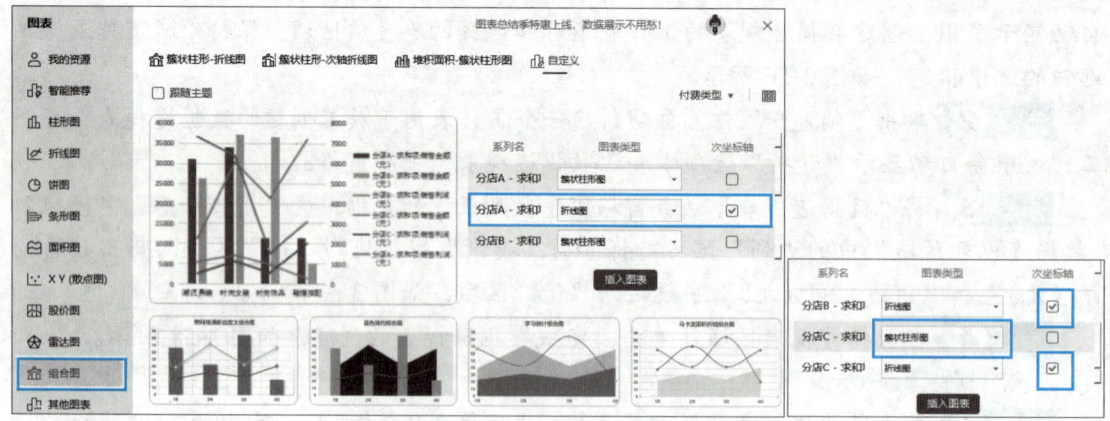

图 3-59　设置组合图的图表类型和次坐标轴

项目三　数据洞察——WPS 电子表格处理

步骤 3 调整数据透视图的位置和大小，使其位于 B12:E26 单元格区域，如图 3-60 所示。

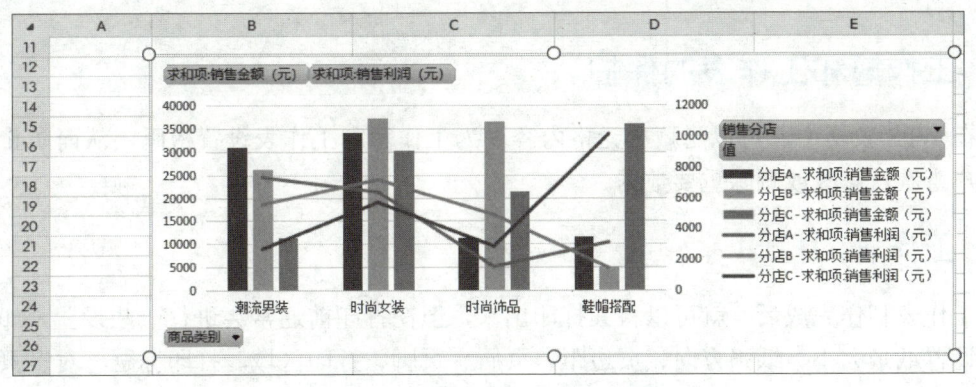

图 3-60　数据透视图最终效果

步骤 4 将工作表重命名为"数据透视表和数据透视图"，最后保存工作簿。

任务四　保护与打印商品销售统计表

任务描述

为防止重要数据被他人查看、修改或删除，××服装有限公司领导要求销售部门利用 WPS 表格提供的保护功能，对工作簿、工作表进行保护，并将工作表打印出来以便查看。

为了完成保护与打印商品销售统计表这个任务，我们先来学习一下保护工作簿和工作表、打印工作表的方法。

任务准备

全班学生以 4 人为一组进行分组，组长组织组员扫码观看"保护和打印数据"视频，讨论并回答下列问题。

问题 1：在 WPS 表格中，如何保护工作簿、工作表和单元格中的数据？

问题 2：在 WPS 表格中，如何打印工作表中指定区域的数据？

保护和打印数据

信息技术与人工智能

任务理论

一、工作簿和工作表的保护

在 WPS 表格中，可以隐藏单元格内容，为工作簿和工作表设置密码，从而防止未授权用户查看、修改或删除重要数据。

二、工作表的打印

工作表制作完成后，就可以将其打印出来，但在打印前通常会进行一些设置，如为工作表设置纸张大小、纸张方向、页边距、页眉、页脚、打印区域、打印标题，对多页工作表进行分页预览并为其设置分页符，进行打印预览等。

为此，可利用"页面"选项卡中的命令或"打印预览"界面中的"打印设置"窗格（见图 3-61）进行设置。如果预览效果满意，就可以打印工作表。

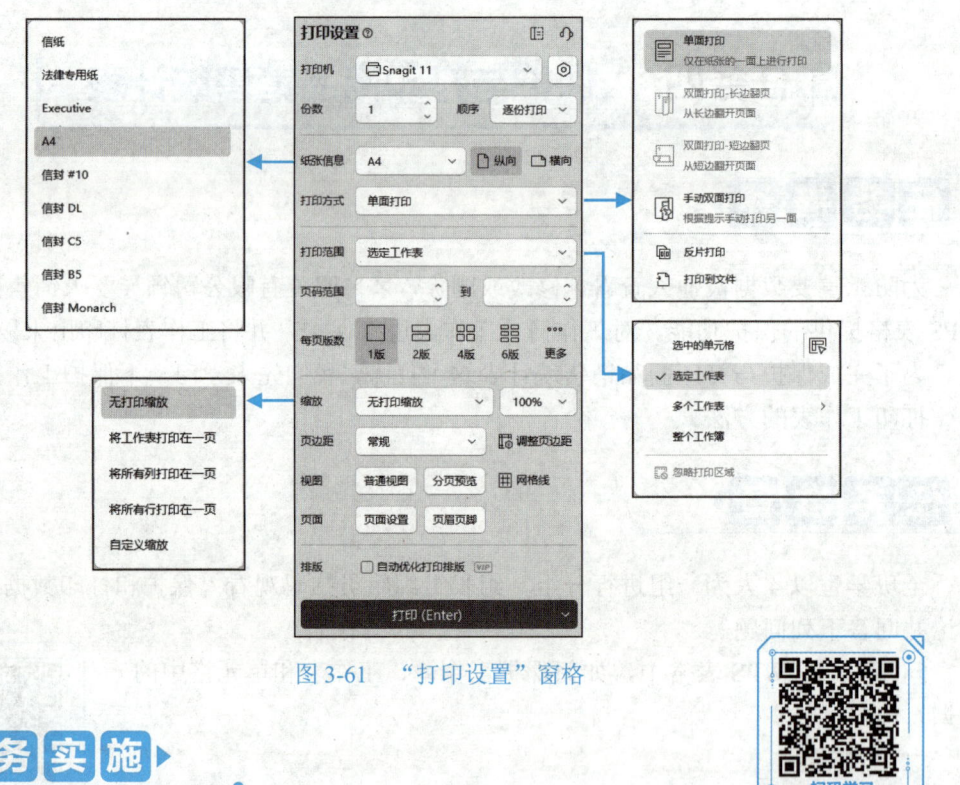

图 3-61 "打印设置"窗格

保护与打印商品销售统计表

任务实施

1. 保护工作簿和工作表

步骤 ❶ 打开本书配套素材"素材与实例"/"项目三"/"任务四"/"商品销售统计表.xlsx"工作簿，并将其另存为"商品销售统计表（保护与打印）.xlsx"。

步骤 2 保护工作簿。在"商品销售数据"工作表中单击"审阅"选项卡中的"保护工作簿"按钮,打开"保护工作簿"对话框,在"密码"编辑框中输入保护密码,如"abc1234",如图 3-62 所示。

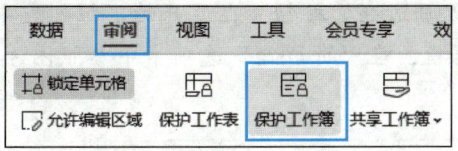
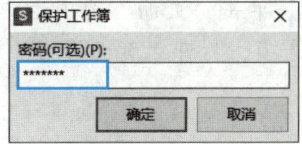

图 3-62 单击"保护工作簿"按钮后输入保护密码

步骤 3 单击"确定"按钮,在打开的"确认密码"对话框中输入与步骤 2 相同的密码并单击"确定"按钮,即可对工作簿进行保护。

> **小提示**
>
> 对工作簿进行保护后,可以打开该工作簿,但不能对其中的工作表进行复制、移动、重命名和删除等操作。

步骤 4 保护工作表。单击"审阅"选项卡中的"保护工作表"按钮(见图 3-63),打开"保护工作表"对话框,在"密码"编辑框中输入保护密码,如"abc1234",在"允许此工作表的所有用户进行"列表框中选择允许的操作,此处保持默认,如图 3-64 所示。

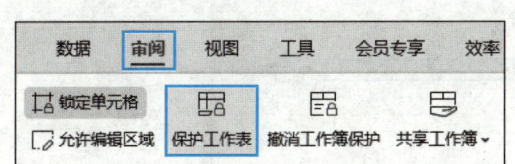
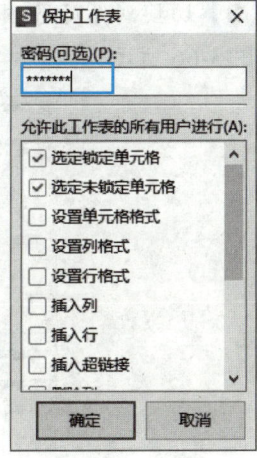

图 3-63 单击"保护工作表"按钮　　图 3-64 输入密码后选择允许的操作

步骤 5 单击"确定"按钮,在打开的"确认密码"对话框中输入与步骤 4 相同的密码并确认,即可对当前工作表进行保护。

> **小提示**
>
> 对工作表进行保护后,不能进行未在"保护工作表"对话框中选择的操作。

2. 打印工作表

步骤 1 在"商品销售数据"工作表中单击"页面"选项卡中的"纸张方向"按钮，在展开的下拉列表中选择"横向"选项。

步骤 2 单击"页面"选项卡中的"页边距"按钮，在展开的下拉列表中选择"自定义页边距"选项，打开"页面设置"对话框，在"页边距"选项卡中参照图 3-65 设置页边距和居中方式。

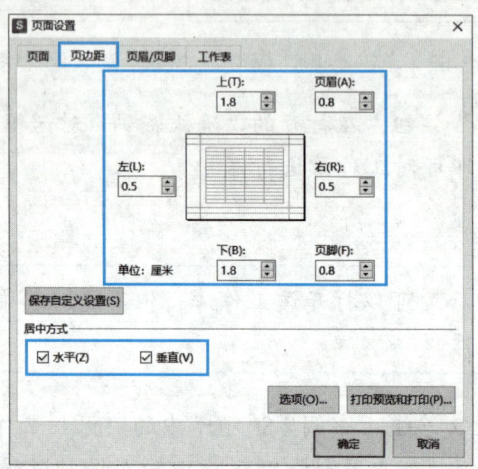

图 3-65　设置页边距和居中方式

步骤 3 切换到"页眉/页脚"选项卡，在"页脚"下拉列表中选择"第 1 页，共?页"选项，如图 3-66 所示。

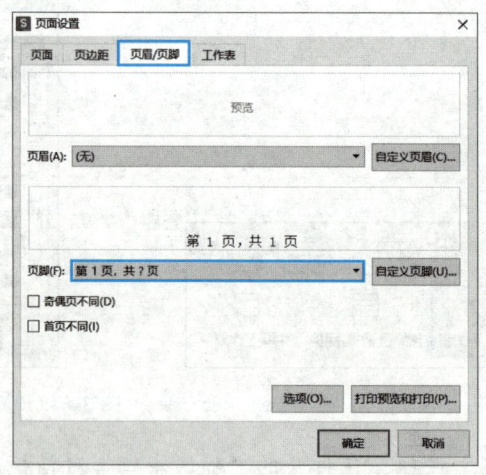

图 3-66　设置页脚

步骤 4 单击"打印预览和打印"按钮，进入"打印预览"界面，在"打印设置"窗格的"缩放"下拉列表中选择"将工作表打印在一页"选项，使打印区域分布在一张 A4 纸上，如图 3-67 所示。

项目三 数据洞察——WPS 电子表格处理

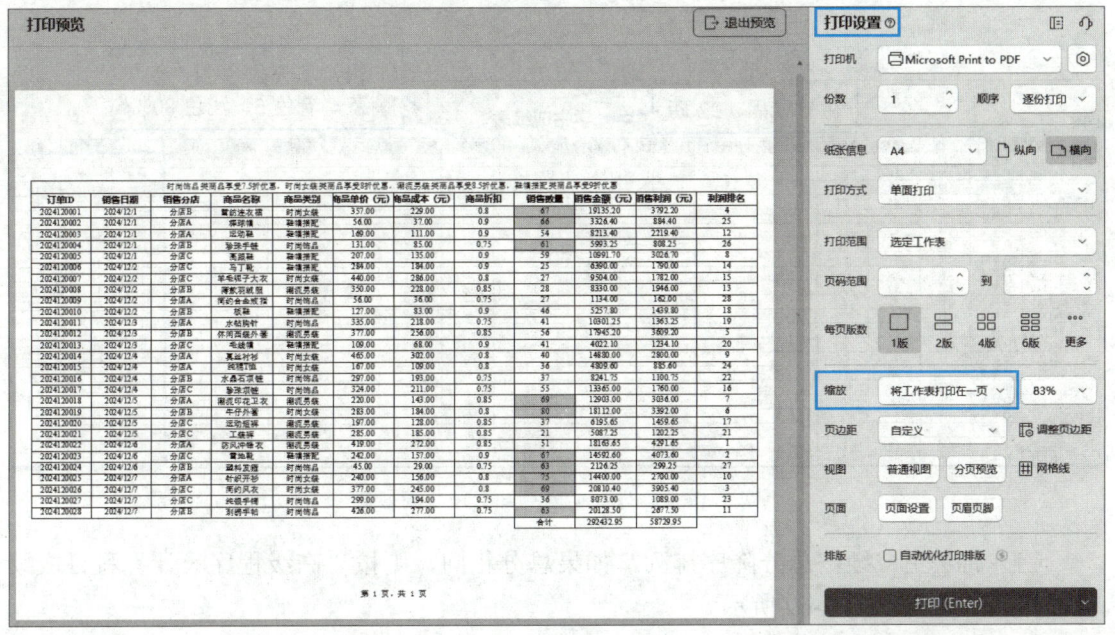

图 3-67 设置打印缩放

步骤 5 预览效果满意后,在"打印设置"窗格的"份数"编辑框中输入要打印的份数;在"打印机"下拉列表中选择要使用的打印机,最后单击"打印(Enter)"按钮,即可按要求打印该工作表。

项目实训

1. 实训目的

本实训通过加工和分析学生成绩表数据来进一步巩固 WPS 表格的相关知识和实用技能,如设置工作表格式,使用公式和函数计算数据,对数据进行排序、筛选和分类汇总,制作统计图表、数据透视表和数据透视图等。

2. 实训内容

成绩是衡量学生学习成果的重要指标,它可以反映学生对知识的掌握程度。请打开本书配套素材"素材与实例"/"项目三"/"项目实训"/"学生成绩.xlsx"工作簿,然后对学生成绩数据进行加工和分析。

(1)参照图 3-68,合并相关单元格并设置单元格内容的字符格式和对齐方式,调整行高和列宽并设置边框和底纹。

(2)设置条件格式,使不及格成绩所在的单元格以黄填充色深黄色文本突出显示。

(3)使用函数计算总分和名次,使用公式计算平均分(保留 2 位小数),结果如图 3-68 所示。其中,Q3 单元格中计算名次的公式为"=RANK.EQ(O3,$O$3:$O$24)",利用 Q3 单元格的填充柄可快速填充其他学生的名次。

微软雅黑、22 磅

加粗，填充颜色为“矢车菊蓝，着色 5，浅色 80%”

学生成绩表

	学号	姓名	班级	大学英语	微积分	数字逻辑与计算机组成	程序设计基础	离散数学	高级程序设计	普通物理	形势与政策	马克思主义基本原理	军事理论	体育	总分	平均分	名次
3	241101	王某霞	1班	88	82	85	98	86	90	85	94	90	93	97	988	89.82	1
4	241102	李某桐	1班	79	83	90	90	80	94	73	89	95	92	90	955	86.82	2
5	241103	张某宏	1班	92	78	68	84	97	90	54	88	87	89	95	922	83.82	10
6	241104	郭某涛	1班	85	65	79	89	90	97	83	98	91	88	90	955	86.82	2
7	241105	王某睿	1班	83	56	78	95	80	80	89	98	90	96	98	943	85.73	4
8	241106	申某奇	1班	53	78	67	78	83	86	93	90	91	90	80	889	80.82	16
9	241107	赵某杰	1班	60	72	68	88	81	88	50	85	93	89	92	866	78.73	18
10	241108	张某静	2班	79	88	70	93	94	87	73	91	86	84	86	931	84.64	7
11	241109	周某羡	2班	89	78	51	95	60	94	80	91	89	90	93	910	82.73	12
12	241110	江某瑞	2班	80	80	90	76	81	83	95	90	87	89	86	937	85.18	6
13	241111	崔某华	2班	93	87	80	78	77	53	90	88	76	85	88	895	81.36	15
14	241112	齐某倩	2班	88	76	76	73	80	77	56	83	84	88	75	856	77.82	19
15	241113	刘某刚	2班	78	70	82	97	54	83	64	80	84	90	90	872	79.27	17
16	241114	张某栋	2班	52	91	80	86	75	90	67	83	89	95	91	899	81.73	14
17	241115	孟某凡	3班	78	76	70	67	58	60	51	90	90	94	76	810	73.64	22
18	241116	肖某康	3班	85	74	56	86	83	90	89	95	78	90	99	925	84.09	9
19	241117	张某军	3班	81	90	82	60	97	81	65	87	97	77	90	907	82.45	13
20	241118	赵某宏	3班	66	78	85	83	66	88	80	94	81	98	98	917	83.36	11
21	241119	钱某飞	4班	68	50	89	56	86	70	67	95	88	89	97	855	77.73	20
22	241120	吴某平	4班	76	67	89	90	89	96	89	92	77	87	88	940	85.45	5
23	241121	王某一	4班	86	91	73	64	70	56	60	85	80	88	92	845	76.82	21
24	241122	赵某林	4班	52	80	90	96	83	98	83	88	87	75	94	926	84.18	8

图 3-68 总分、平均分和名次计算结果

（4）将学生成绩按总分降序排列，如果总分相同，则按“高级程序设计”科目成绩降序排列，结果如图 3-69 所示。

学生成绩表

	学号	姓名	班级	大学英语	微积分	数字逻辑与计算机组成	程序设计基础	离散数学	高级程序设计	普通物理	形势与政策	马克思主义基本原理	军事理论	体育	总分	平均分	名次
3	241101	王某霞	1班	88	82	85	98	86	90	85	94	90	93	97	988	89.82	1
4	241104	郭某涛	1班	85	65	79	89	90	97	83	98	91	88	90	955	86.82	2
5	241102	李某桐	1班	79	83	90	90	80	94	73	89	95	92	90	955	86.82	2
6	241105	王某睿	1班	83	56	78	95	80	80	89	98	90	96	98	943	85.73	4
7	241120	吴某平	4班	76	67	89	90	89	96	89	92	77	87	88	940	85.45	5
8	241110	江某瑞	2班	80	80	90	76	81	83	95	90	87	89	86	937	85.18	6
9	241108	张某静	2班	79	88	70	93	94	87	73	91	86	84	86	931	84.64	7
10	241122	赵某林	4班	52	80	90	96	83	98	83	88	87	75	94	926	84.18	8
11	241116	肖某康	3班	85	74	56	86	83	90	89	95	78	90	99	925	84.09	9
12	241103	张某宏	1班	92	78	68	84	97	90	54	88	87	89	95	922	83.82	10
13	241118	赵某宏	3班	66	78	85	83	66	88	80	94	81	98	98	917	83.36	11
14	241109	周某羡	2班	89	78	51	95	60	94	80	91	89	90	93	910	82.73	12
15	241117	张某军	3班	81	90	82	60	97	81	65	87	97	77	90	907	82.45	13
16	241114	张某栋	2班	52	91	80	86	75	90	67	83	89	95	91	899	81.73	14
17	241111	崔某华	2班	93	87	80	78	77	53	90	88	76	85	88	895	81.36	15
18	241106	申某奇	1班	53	78	67	78	83	86	93	90	91	90	80	889	80.82	16
19	241113	刘某刚	2班	78	70	82	97	54	83	64	80	84	90	90	872	79.27	17
20	241107	赵某杰	1班	60	72	68	88	81	88	50	85	93	89	92	866	78.73	18
21	241112	齐某倩	2班	88	76	76	73	80	77	56	83	84	88	75	856	77.82	19
22	241119	钱某飞	4班	68	50	89	56	86	70	67	95	88	89	97	855	77.73	20
23	241121	王某一	4班	86	91	73	64	70	56	60	85	80	88	92	845	76.82	21
24	241115	孟某凡	3班	78	76	70	67	58	60	51	90	90	94	76	810	73.64	22

图 3-69 排序结果

（5）筛选“程序设计基础”和“高级程序设计”科目成绩均大于 85 分的学生成绩，并将筛选结果显示在原有区域，结果如图 3-70 所示。

学生成绩表

	学号	姓名	班级	大学英语	微积分	数字逻辑与计算机组成	程序设计基础	离散数学	高级程序设计	普通物理	形势与政策	马克思主义基本原理	军事理论	体育	总分	平均分	名次
3	241101	王某霞	1班	88	82	85	98	86	90	85	94	90	93	97	988	89.82	1
4	241102	李某桐	1班	79	83	90	90	80	94	73	89	95	92	90	955	86.82	2
6	241104	郭某涛	1班	85	65	79	89	90	97	83	98	91	88	90	955	86.82	2
9	241107	赵某杰	1班	60	72	68	88	81	88	50	85	93	89	92	866	78.73	18
10	241108	张某静	2班	79	88	70	93	94	87	73	91	86	84	86	931	84.64	7
11	241109	周某羡	2班	89	78	51	95	60	94	80	91	89	90	93	910	82.73	12
16	241114	张某栋	2班	52	91	80	86	75	90	67	83	89	95	91	899	81.73	14
18	241116	肖某康	3班	85	74	56	86	83	90	89	95	78	90	99	925	84.09	9
22	241120	吴某平	4班	76	67	89	90	89	96	89	92	77	87	88	940	85.45	5
24	241122	赵某林	4班	52	80	90	96	83	98	83	88	87	75	94	926	84.18	8

图 3-70 筛选结果

（6）将学生成绩按班级进行各科目成绩最大值的简单分类汇总，然后在此基础上进行各科目成绩平均值的多重分类汇总（注意取消勾选“替换当前分类汇总”复选框），并调

整"班级"列的列宽，使数据完全显示，结果如图 3-71 和图 3-72 所示。

			学生成绩表													
学号	姓名	班级	大学英语	微积分	数字逻辑与计算机组成	程序设计基础	离散数学	高级程序设计	普通物理	形势与政策	马克思主义基本原理	军事理论	体育	总分	平均分	名次
		1班 最大值	92	83	90	98	97	97	93	98	95	96	98			
		2班 最大值	93	91	90	97	94	94	95	91	89	95	93			
		3班 最大值	85	90	85	86	97	90	89	95	97	98	99			
		4班 最大值	86	91	90	96	89	89	89	95	88	89	97			
		总最大值	93	91	90	98	97	98	95	98	97	98	99			

图 3-71　简单分类汇总结果

			学生成绩表													
学号	姓名	班级	大学英语	微积分	数字逻辑与计算机组成	程序设计基础	离散数学	高级程序设计	普通物理	形势与政策	马克思主义基本原理	军事理论	体育	总分	平均分	名次
		1班 平均值	77.14285714	73.42857143	76.42857143	88.85714286	85.28571429	89.28571429	75.28571429	91.7142857	91	91	91.71428571			
		1班 最大值	92	83	90	98	97	97	93	98	95	96	98			
		2班 平均值	79.85714286	81.42857143	75.57142857	85.42857143	74.42857143	81	75	86.5714286	85	88.71428571	87			
		2班 最大值	93	91	90	97	94	94	95	91	89	95	93			
		3班 平均值	77.5	79.5	73.25	74	96	79.75	71.25	91.5	86.5	89.75	90.75			
		3班 最大值	85	90	85	86	97	90	89	95	97	98	99			
		4班 平均值	70.5	72	85.25	76.5	82	80	74.75	90	88	84.75	92.75			
		4班 最大值	86	91	90	96	89	89	89	95	88	89	97			
		总平均值	76.86363636	76.81818182	77.18181818	82.81818182	79.54545455	83.22727273	74.36363636	89.7272727	86.81818182	88.90909091	90.22727273			
		总最大值	93	91	90	98	97	98	95	98	97	98	99			

图 3-72　多重分类汇总结果

（7）统计排名前十的学生中各班学生的人数，然后制作排名前十的学生占比三维饼图，效果如图 3-73 所示。

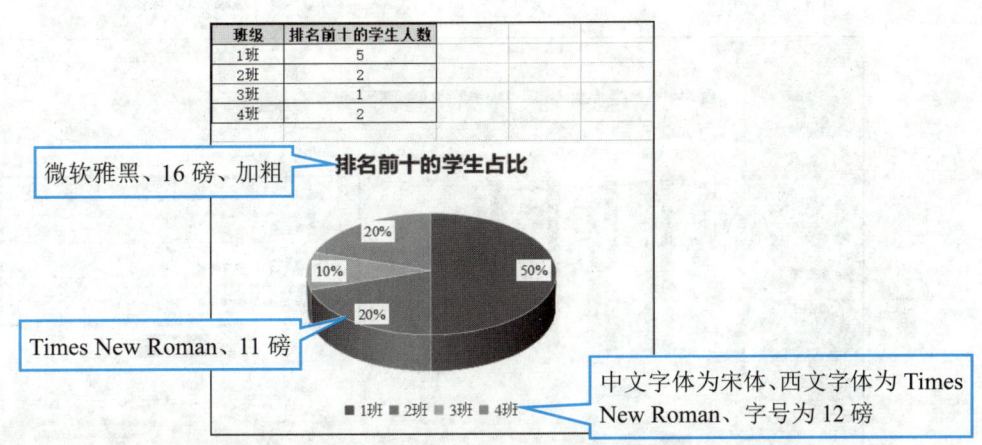

图 3-73　排名前十的学生占比三维饼图

（8）制作按班级查看总分的平均值、最大值和最小值的数据透视表，即将"班级"字段拖到"行"区域，将"总分"字段拖到"值"区域（拖动 3 次）并分别设置值字段汇总方式为"平均值""最大值"和"最小值"，如图 3-74 所示。数据透视表的效果如图 3-75 所示。

（9）在数据透视表的基础上制作数据透视图，在"图表"对话框中选择"组合图"选项，并按图 3-76 设置各系列的图表类型。数据透视图的效果如图 3-77 所示。

信息技术与人工智能

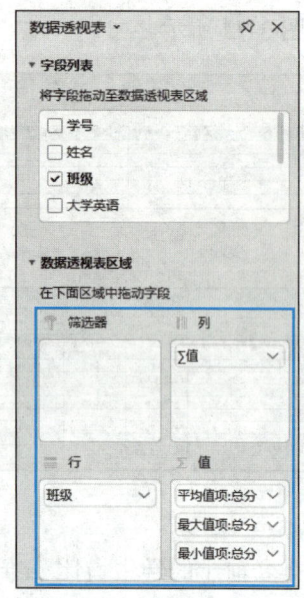

图 3-74 布局字段

班级	平均值项:总分	最大值项:总分	最小值项:总分
1班	931.1428571	988	866
2班	900	937	856
3班	889.75	925	810
4班	891.5	940	845
总计	906.5	988	810

图 3-75 数据透视表

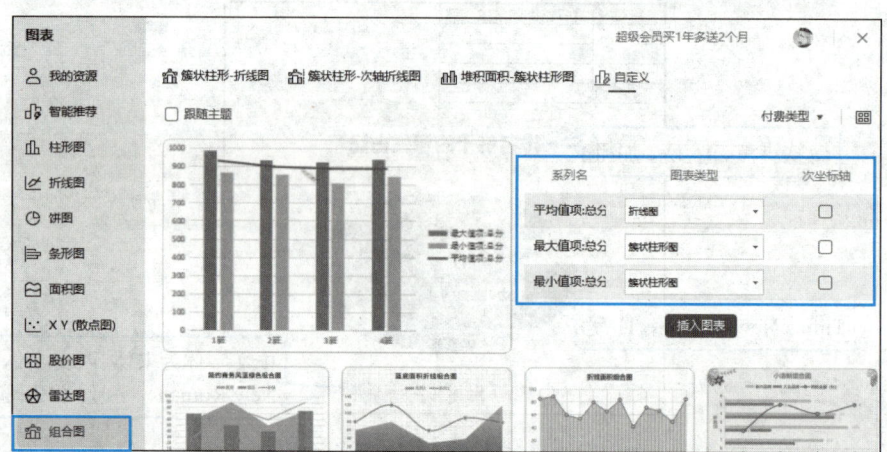

图 3-76 设置各系列的图表类型

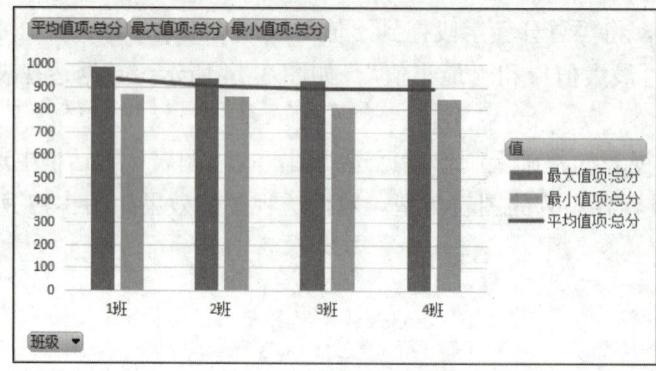

图 3-77 数据透视图

• 项目三　数据洞察——WPS 电子表格处理

项目考核

1. 选择题

（1）启动 WPS Office 并新建空白表格后，系统会自动创建一个名为（　　）的空白工作簿。

  A．"文档 1"   B．"Sheet1"

  C．"Book1"   D．"工作簿 1"

（2）在 WPS 表格中，单元格地址包括所处位置的（　　）。

  A．行号   B．列标

  C．列标和行号   D．区域地址

（3）下列关于 WPS 表格中工作表名称的说法，正确的是（　　）。

  A．工作表的名称只能以字母开头

  B．同一个工作簿中可以存在两个名称相同的工作表

  C．工作表的名称应"见名知义"

  D．新建工作簿后，默认的工作表名称为"Book1"

（4）在 WPS 表格中选择不相邻的多个单元格时，可配合（　　）键进行选择。

  A．"Shift"   B．"Ctrl"

  C．"Alt"   D．"Backspace"

（5）在 WPS 表格中使用单元格的填充柄填充单元格内容时，应将鼠标指针移到该单元格的（　　）。

  A．左上角   B．左下角

  C．右下角   D．右上角

（6）下列关于 WPS 表格条件格式的说法，错误的是（　　）。

  A．可以突出显示单元格数据   B．可以使用数据条标识数据

  C．可以使用色阶标识数据   D．设置的条件格式不能修改或删除

（7）在 WPS 表格中，如果在公式中引用 A1:F5 单元格区域，则表示引用（　　）。

  A．A1 和 F5 单元格

  B．A1 或 F5 单元格

  C．A1 和 F5 单元格及它们之间的所有单元格

  D．以上都不正确

（8）在 WPS 表格中，工作表第 8 行和 H 列相交处单元格的绝对引用表示为（　　）。

  A．8H   B．8$H   C．H$8   D．$H$8

（9）在 WPS 表格中，如果在 A1 单元格中输入 3，在 B1 单元格中输入"TRUE"，则公式"=SUM(A1,B1,2)"的计算结果是（　　）。

  A．3   B．5   C．6   D．公式错误

（10）在 WPS 表格中，（　　）函数用于计算工作表中一组数值的平均值。

　　A．SUM　　　　　　　　　　B．AVERAGE
　　C．MIN　　　　　　　　　　D．COUNT

（11）在 WPS 表格中，如果在 B3 单元格中输入 60，在 C3 单元格中输入公式"=IF(B3<60,"不及格","及格")"，则该公式的计算结果是（　　）。

　　A．及格　　　　　　　　　　B．不及格
　　C．FALSE　　　　　　　　　D．TRUE

（12）在 WPS 表格中，进行分类汇总前（　　）。

　　A．应先对作为分类字段的列进行排序
　　B．应先对符合条件的数据进行筛选
　　C．应先对数据进行排序并筛选
　　D．无须进行任何操作

（13）在 WPS 表格中，反映数据变化趋势时常用的图表是（　　）。

　　A．折线图　　　　　　　　　B．柱形图
　　C．饼图　　　　　　　　　　D．条形图

（14）在 WPS 表格中创建图表后，可对（　　）进行设置。

　　A．图表标题　　　　　　　　B．坐标轴
　　C．网格线　　　　　　　　　D．以上都可

（15）下列关于在 WPS 表格中打印工作表的说法，正确的是（　　）。

　　A．不可以打印标题
　　B．不可以打印选中的单元格区域
　　C．可以打印整个工作簿
　　D．只能打印当前工作表

2．**判断题**

（1）在 WPS 表格中，编辑栏用于显示活动单元格的地址。（　　）

（2）在 WPS 表格中，输入的数值型数据默认沿单元格左侧对齐。（　　）

（3）在 WPS 表格中，如果希望在多个单元格中输入相同的数据，可先选择多个单元格，然后输入数据，最后按"Ctrl+Enter"组合键。（　　）

（4）在 WPS 表格中，符号"："用于引用多个单元格区域。（　　）

（5）在 WPS 表格中，复杂数据的运算可使用公式和函数完成。（　　）

（6）绝对引用是 WPS 表格默认的单元格引用方式。

（7）在 WPS 表格中，不可以按单元格颜色对工作表数据进行排序。（　　）

（8）在 WPS 表格中，对数据表进行筛选是指经筛选后的数据表仅包含满足条件的行，其他行将被删除。（　　）

（9）在 WPS 表格中，数据透视表用于对数据进行汇总与分析。（　　）

（10）默认情况下，在 WPS 表格中保护工作表后，工作表中的内容将不可编辑。

（　　）

• 项目三　数据洞察——WPS 电子表格处理

项目评价

请学生结合本项目的学习情况，对学习成果进行自评和互评（组内成员相互评分），请指导教师进行师评和总评，并将评价结果填入表 3-5 中。

表 3-5　学习成果评价表

评价项目	评价内容	分值	评价分数		
			自评	互评	师评
知识（30%）	WPS 表格的工作界面	10 分			
	WPS 表格的各项功能及其操作方法	20 分			
技能（40%）	使用 WPS 表格制作和处理各种电子表格	20 分			
	运用 WPS 表格界定问题、抽象特征、建立模型、组织数据，最终解决生活、学习和工作中实际问题	20 分			
素养（30%）	具有自主学习意识，做好课前准备	10 分			
	善于思考，积极参与，勇于提出问题	10 分			
	具有团队合作精神，出色完成小组任务	10 分			
	合计	100 分			
总评	综合得分：_____ 综合等级：_____	指导教师签字：_____			

注：综合得分可按照"自评（25%）+互评（25%）+师评（50%）"进行计算；综合等级可以"优"（综合得分≥90 分）、"良"（80 分≤综合得分＜90 分）、"中"（60 分≤综合得分＜80 分）、"差"（综合得分＜60 分）为标准进行评价。

项目四

创意演示——WPS 演示文稿制作

演示文稿已成为我们工作和生活中的重要工具。利用演示文稿能够将静态文件动态化，复杂问题简单化，有效提升观众的阅读兴趣；也能使内容图文并茂、富有感染力，帮助观众更好地理解内容的含义。演示文稿广泛应用于企业宣传、政府党建、产品发布、教育培训、工作汇报等场景。

本项目主要介绍 WPS 演示的使用方法，包括 WPS 演示的基本操作、演示文稿的内容制作、演示文稿的效果设置、演示文稿的放映与打包。

知识目标

熟悉 WPS 演示的工作界面；熟悉 WPS 演示的各项功能及其操作方法，如内容制作、母版、版式和背景的使用，效果设置，演示文稿的放映和打包等。

能力目标

能够熟练使用 WPS 演示快速制作出图文并茂、富有感染力的演示文稿，并通过图片、视频和动画等多媒体形式展现复杂的内容，从而使表达的内容更易于理解。

素质目标

主动适应数字化学习环境，具备以数字化方式展示和交流信息的能力；培养精益求精、追求卓越的工匠精神，提升职业素养。

项目四 创意演示——WPS 演示文稿制作

任务一　制作公司宣传演示文稿内容

任务描述

公司宣传是指对公司的文化、产品、服务等进行宣传，旨在提升公司知名度，增强品牌影响力。为了帮助公司建立良好的公众形象，进而促进产品销售和市场拓展，××科技有限公司要求市场部制作一份公司宣传演示文稿。公司宣传演示文稿的效果如图4-1所示。

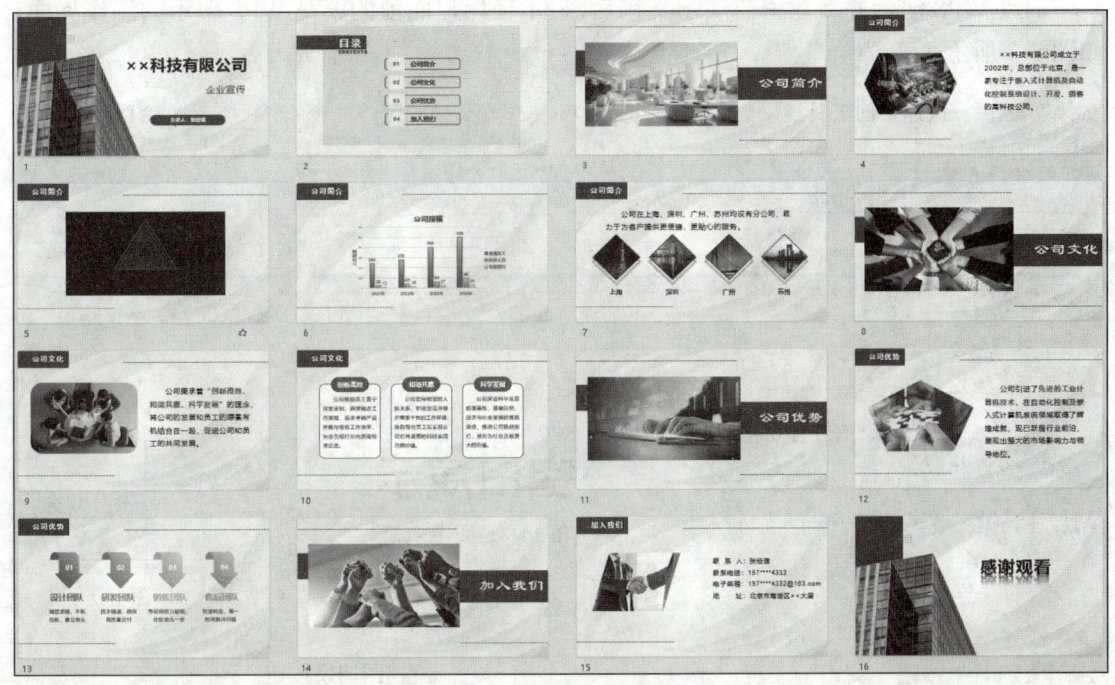

图 4-1　公司宣传演示文稿

为了完成制作公司宣传演示文稿这个任务，我们先来学习一下 WPS 演示的工作界面、演示文稿的基本操作、演示文稿的视图模式、幻灯片的基本操作、在幻灯片中插入和编辑对象的方法，以及使用幻灯片母版、版式和背景的方法。

任务准备

全班学生以 4 人为一组进行分组，组长组织组员扫码观看"演示文稿概述"视频，讨论并回答下列问题。

问题 1：什么是演示文稿？什么是幻灯片？两者有什么关系？

演示文稿概述

问题 2：演示文稿的使用场景有哪些？

问题 3：要制作简单的演示文稿，需要进行哪些操作？

一、WPS 演示的工作界面

启动 WPS 演示并新建空白演示文稿后，显示在用户面前的就是 WPS 演示的工作界面，如图 4-2 所示。

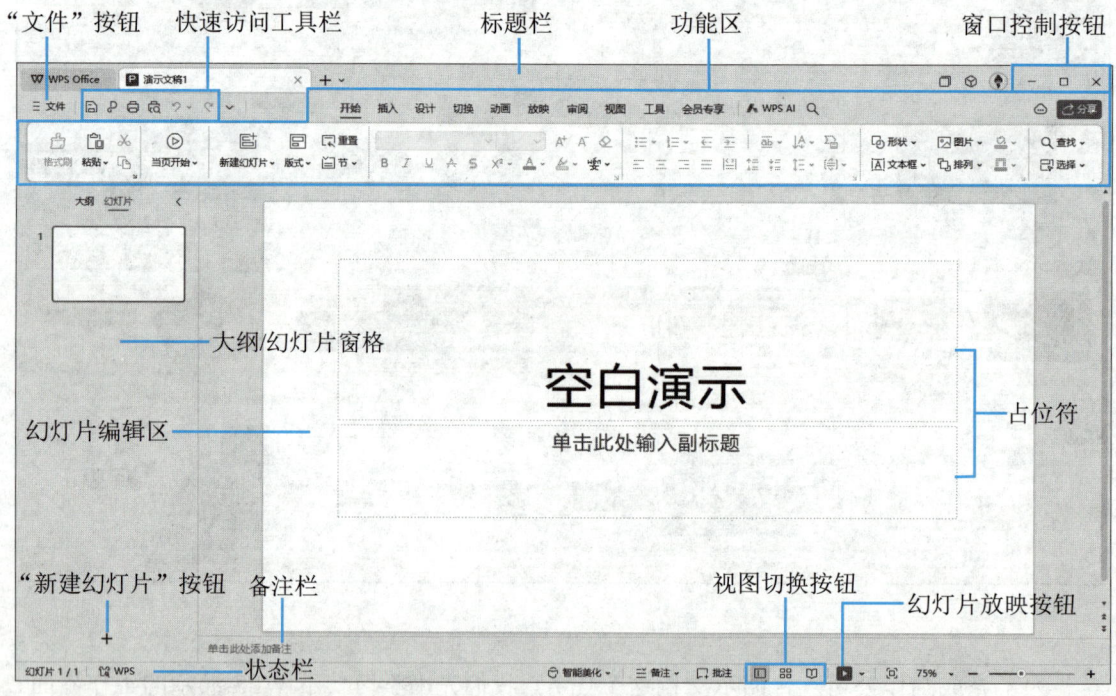

图 4-2　WPS 演示的工作界面

与 WPS 文字的工作界面类似，WPS 演示的工作界面同样包括标题栏、"文件"按钮、快速访问工具栏、功能区、状态栏等。下面重点介绍 WPS 演示特有的部分。

（1）大纲/幻灯片窗格。利用大纲/幻灯片窗格（单击窗格上方的标签名称可在这两个窗格之间切换）可以快速查看和选择演示文稿中的幻灯片。其中，大纲窗格显示所有幻灯片的文本大纲；幻灯片窗格则显示幻灯片的缩略图，单击某张幻灯片的缩略图可选中该幻灯片，此时可在右侧的幻灯片编辑区编辑该幻灯片内容。

（2）幻灯片编辑区。幻灯片编辑区是编辑幻灯片的主要区域，可在其中为当前幻灯片

• 项目四　创意演示——WPS 演示文稿制作

添加文本、图片、形状、音频和视频等，还可为幻灯片中的对象设置超链接或动画效果等。

（3）**占位符**。幻灯片编辑区中带有虚线边框的编辑框称为占位符，用于指示可在其中输入标题文本（标题占位符）、正文文本（文本占位符），或者插入图片、图表和表格等对象（内容占位符）。占位符的类型和位置取决于幻灯片的版式。

（4）**备注栏**。备注栏用于为幻灯片添加一些备注信息（放映幻灯片时，观众无法看到这些信息）。

二、演示文稿的基本操作

启动 WPS Office 后，在打开的"WPS Office"界面中单击"新建"按钮或"WPS Office"右侧的 + 按钮，打开"新建"界面，然后选择"演示"选项，接着在打开的"新建演示文稿"界面中选择"空白演示文稿"选项，系统会自动创建一个名为"演示文稿1"的空白演示文稿，并进入其工作界面。如果要继续创建其他空白演示文稿，可直接按"Ctrl+N"组合键。

此外，WPS 演示提供了大量不同主题的模板，如总结汇报、企业培训、教学课件、毕业答辩等，使用这些模板可以快速创建出美观、专业的演示文稿。在"新建演示文稿"界面中显示了多种 WPS 演示提供的模板（见图 4-3），将鼠标指针移到要使用的模板上，单击"立即使用"按钮，即可使用该模板创建演示文稿。

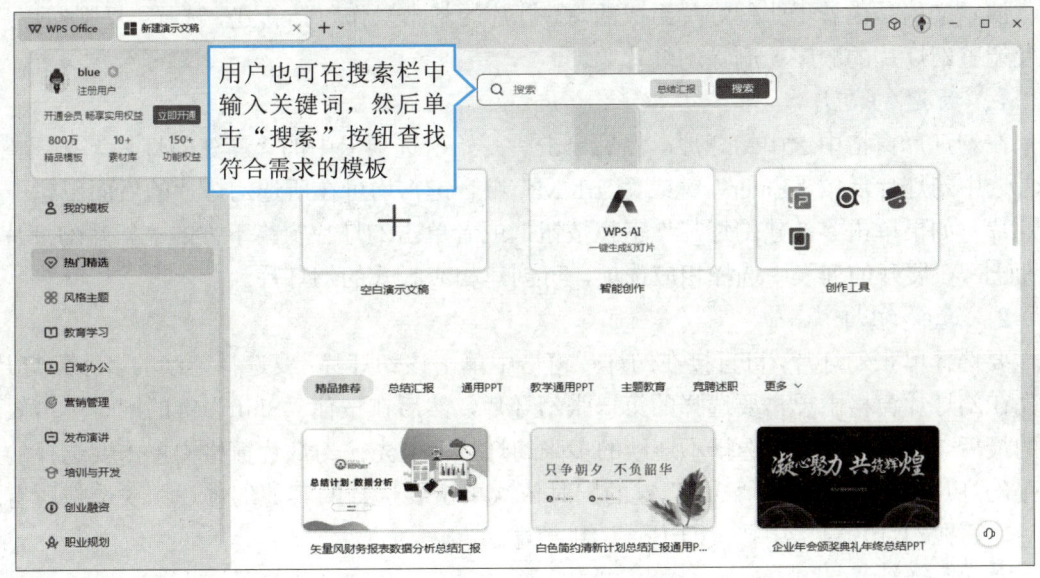

图 4-3　WPS 演示提供的模板

> **小提示**
>
> WPS 演示中演示文稿的默认保存类型为"Microsoft PowerPoint 文件（*.pptx）"。演示文稿的保存和打开与 WPS 文字中文档的相应操作类似，此处不再赘述。

三、演示文稿的视图模式

WPS 演示提供了普通视图、幻灯片浏览视图、备注页视图和阅读视图 4 种视图模式。

（1）**普通视图**。普通视图是 WPS 演示默认的视图模式，主要用于制作演示文稿。

（2）**幻灯片浏览视图**。在幻灯片浏览视图中，幻灯片以缩略图的形式显示，从而方便用户浏览演示文稿的整体效果，并进行相应调整（如调整幻灯片的顺序，对幻灯片进行复制、删除等）。

（3）**备注页视图**。备注页视图用于显示和编排备注页内容。

（4）**阅读视图**。阅读视图以窗口的形式展示演示文稿的放映效果。

利用"视图"选项卡中的相应命令（或状态栏中的视图切换按钮）可以切换演示文稿的视图模式，如图 4-4 所示。

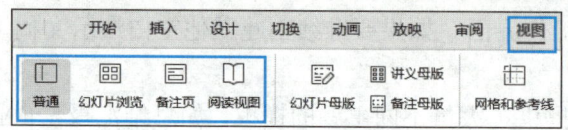

图 4-4　切换视图模式

四、幻灯片的基本操作

演示文稿是由若干张幻灯片组成的。幻灯片的基本操作包括新建、选择、复制幻灯片，以及调整幻灯片的顺序、删除幻灯片等。

1. 新建幻灯片

在幻灯片窗格中选中幻灯片，然后单击"开始"选项卡中的"新建幻灯片"按钮，或者选中幻灯片后按"Enter"键或"Ctrl+M"组合键，均可在所选幻灯片的后面新建一张幻灯片。如果单击"新建幻灯片"下拉按钮，或者单击幻灯片窗格下方的"新建幻灯片"按钮，在展开的列表中选择相应选项，可创建相应版式的幻灯片。

2. 选择幻灯片

要选择单张幻灯片，可直接在幻灯片窗格中单击该幻灯片；要选择连续的多张幻灯片，可先在幻灯片窗格中单击要选择的第一张幻灯片，然后在按住"Shift"键的同时单击要选择的最后一张幻灯片；要选择不连续的多张幻灯片，可先在幻灯片窗格中单击要选择的第一张幻灯片，然后在按住"Ctrl"键的同时依次单击要选择的其他幻灯片；要选择所有幻灯片，可在幻灯片窗格中按"Ctrl+A"组合键。

3. 复制幻灯片

在幻灯片窗格中右击要复制的幻灯片，在弹出的快捷菜单中选择"复制幻灯片"选项，可在所选幻灯片的后面插入一张相同的幻灯片。此外，选中幻灯片后，按"Ctrl+C"组合键或单击"开始"选项卡中的"复制"按钮，然后在幻灯片窗格中要插入复制的幻灯片的位置单击，最后按"Ctrl+V"组合键或单击"开始"选项卡中的"粘贴"按钮，可将选中的幻灯片复制到指定位置。

项目四　创意演示——WPS 演示文稿制作

4．调整幻灯片的顺序

在幻灯片窗格中选中要调整顺序的幻灯片，按住鼠标左键将其拖到目标位置并释放鼠标，或者选中幻灯片后利用"剪切""粘贴"按钮调整幻灯片顺序。

5．删除幻灯片

在幻灯片窗格中选中要删除的幻灯片，然后按"Delete"键，或者右击要删除的幻灯片，在弹出的快捷菜单中选择"删除幻灯片"选项。

五、幻灯片中对象的插入和编辑

为丰富演示文稿的内容，可以根据需要在幻灯片中插入和编辑图片、形状、文本框、艺术字、音频和视频等对象。其中，在幻灯片中插入和编辑图片、形状、文本框、艺术字等对象的方法与在 WPS 文字中的相同。不同的是，在 WPS 演示中，可以利用"绘图工具"选项卡中的"合并形状"下拉列表对多个形状进行结合、组合、拆分、相交和剪除操作，以绘制各种各样的形状。

此外，在幻灯片中插入音频和视频后，可以利用出现的"音频工具"选项卡和"视频工具"选项卡对它们进行编辑，如裁剪音频和视频（设置其开始时间和结束时间），设置音量大小、播放方式、是否跨幻灯片播放等。

六、幻灯片母版、版式和背景的使用

1．幻灯片母版

幻灯片母版是幻灯片层次结构中的顶层幻灯片，用于保存有关演示文稿的主题和幻灯片版式的信息，包括背景、颜色、字体、效果、占位符的大小和位置等。由于幻灯片母版影响整个演示文稿的外观，所以经常利用它来统一设置演示文稿中幻灯片的外观。

单击"视图"选项卡中的"幻灯片母版"按钮，就会进入 WPS 演示的幻灯片母版视图，并自动打开"幻灯片母版"选项卡，如图 4-5 所示。

幻灯片母版视图中有两类母版：一个 WPS 母版和若干幻灯片版式母版。对 WPS 母版的修改会应用于当前演示文稿的所有幻灯片；对幻灯片版式母版的修改只能应用于使用了该版式的幻灯片。

2．幻灯片版式

幻灯片版式是 WPS 演示中非常实用的功能，它通过占位符来规划幻灯片的布局，用户只需选择一个符合自身要求的版式，然后在其规划好的占位符中输入文本或插入对象，便可快速制作出符合要求的幻灯片。

默认情况下，新建的幻灯片为"标题和内容"版式，用户也可以根据需要修改幻灯片版式。为此，可在幻灯片窗格中选中要修改版式的幻灯片，然后单击"开始"选项卡中的"版式"按钮，在展开的幻灯片版式列表中选择一种版式（见图 4-6），或右击要修改版式的幻灯片，在弹出的快捷菜单中选择"版式"子列表中的一种版式，即可为所选幻灯片应用该版式。

151

信息技术与人工智能

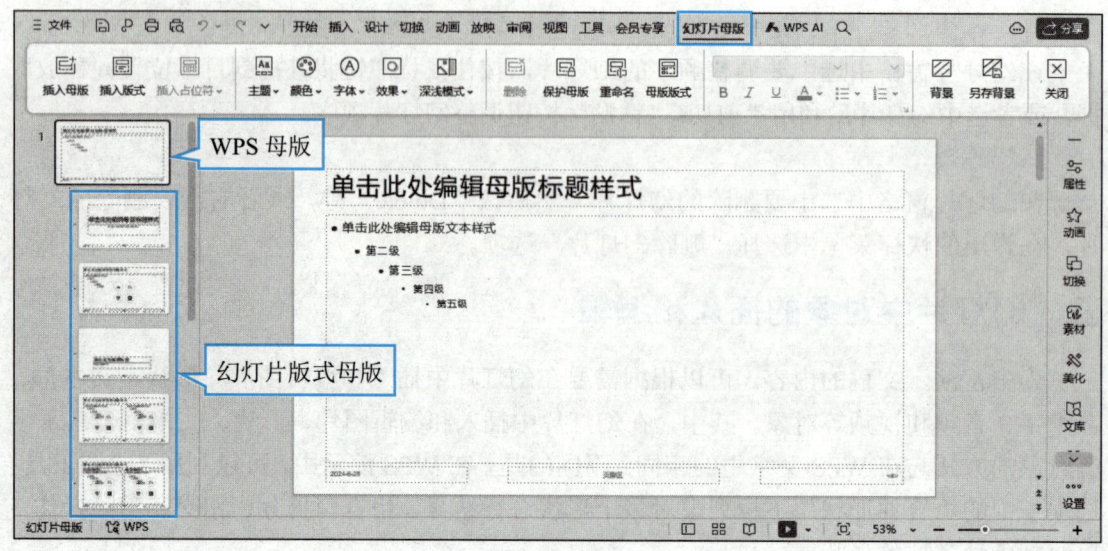

图4-5　幻灯片母版视图

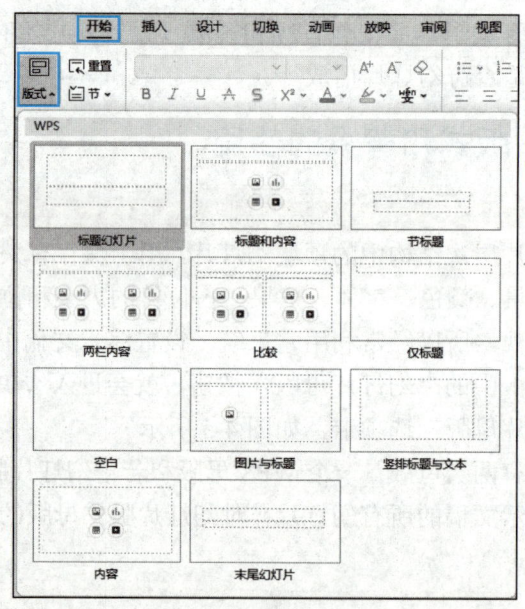

图4-6　设置幻灯片版式

3．幻灯片背景

默认情况下，幻灯片使用主题规定的背景，用户也可以重新为幻灯片设置纯色、渐变色、图案、纹理或图片等背景，使制作的演示文稿更加美观。为此，可单击"设计"选项卡中的"背景"下拉按钮，在展开的下拉列表中进行设置，或者选择"背景填充"选项，在打开的"对象属性"任务窗格中进行设置，如图4-7所示。选择不同的填充选项，"对象属性"任务窗格中的设置选项也有所不同。

项目四 创意演示——WPS 演示文稿制作

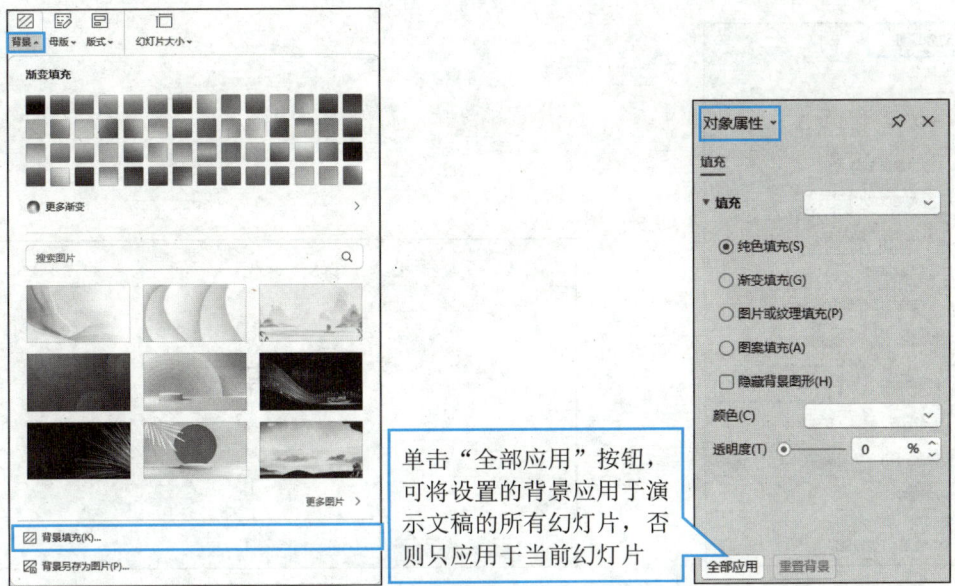

单击"全部应用"按钮，可将设置的背景应用于演示文稿的所有幻灯片，否则只应用于当前幻灯片

图 4-7　设置幻灯片背景

任务实施

1. 新建演示文稿并设置幻灯片母版

步骤 1 在 WPS 演示中新建一个演示文稿，将其以"公司宣传.pptx"为名进行保存。

步骤 2 单击"视图"选项卡中的"幻灯片母版"按钮，进入幻灯片母版视图。

步骤 3 设置"WPS 母版"母版。选中"WPS 母版"母版，单击"设计"选项卡中的"背景"下拉按钮，在展开的下拉列表中选择"背景填充"选项。

制作公司宣传演示文稿内容

步骤 4 打开"对象属性"任务窗格，选中"图片或纹理填充"单选钮，然后在"图片填充"下拉列表中选择"本地文件"选项（见图 4-8），打开"选择纹理"对话框，在其中选择"素材与实例"/"项目四"/"任务一"/"背景.png"（制作本演示文稿使用的素材均在本书配套素材"素材与实例"/"项目四"/"任务一"文件夹中），单击"打开"按钮填充图片，效果如图 4-9 所示。

步骤 5 设置"标题幻灯片 版式"母版。选中"标题幻灯片 版式"母版，单击"插入"选项卡中的"图片"按钮，在展开的下拉列表中选择"本地图片"选项（见图 4-10），在打开的"插入图片"对话框中选择素材文件夹中的"封面背景 1.png"图片，单击"打开"按钮将图片插入幻灯片。

信息技术与人工智能

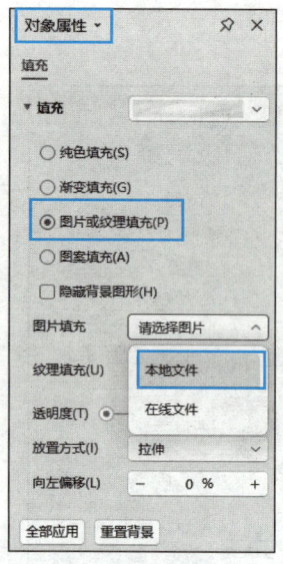

图 4-8 设置图片填充背景　　　　　　　图 4-9 背景设置效果

步骤 6 ▶保持图片的选中状态，单击"图片工具"选项卡中的"下移"下拉按钮，在展开的下拉列表中选择"置于底层"选项（见图 4-11）将图片置于底层，最后移动图片使其左侧和下方分别与幻灯片的左侧和下方对齐，效果如图 4-12 所示。

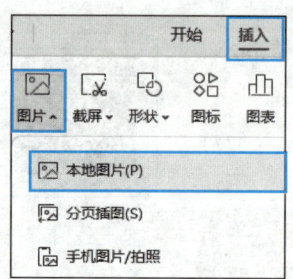 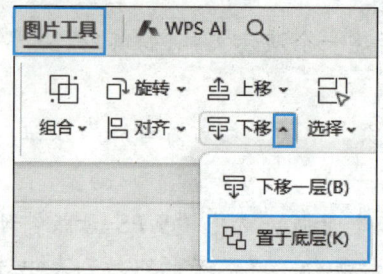 

图 4-10 选择"本地图片"选项　　图 4-11 选择"置于底层"选项　　图 4-12 图片效果

步骤 7 ▶单击"插入"选项卡中的"形状"按钮，在展开的下拉列表中选择"矩形"选项（见图 4-13），然后按住鼠标左键并拖动，绘制一个矩形后释放鼠标。

步骤 8 ▶保持矩形的选中状态，在"绘图工具"选项卡中设置矩形的高度和宽度分别为 16.12 厘米和 6.6 厘米，填充颜色为"钢蓝，着色 1，深色 25%"，无轮廓（见图 4-14），然后将矩形置于底层，最后移动矩形使其左侧和上方分别与幻灯片的左侧和上方对齐。

步骤 9 ▶将素材文件夹中的"封面背景 2.png"图片插入幻灯片，然后将其移到幻灯片的合适位置，效果如图 4-15 所示。

步骤 10 ▶选中标题占位符，在"文本工具"选项卡中设置其字符格式为 66 磅、加粗；选中副标题占位符，设置其字符格式为 36 磅、"钢蓝，着色 1，深色 25%"。"标题幻灯片 版式"母版的设置效果如图 4-16 所示。

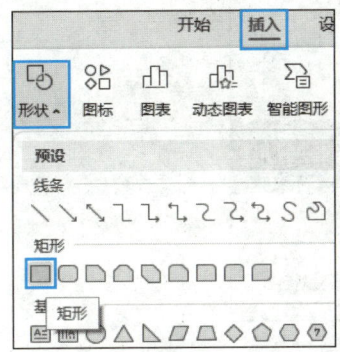

图 4-13 选择"矩形"选项

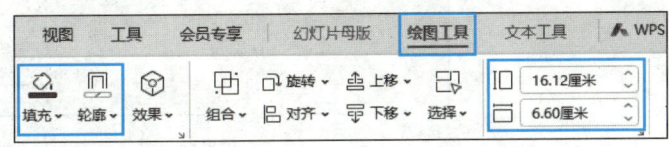

图 4-14 设置矩形样式

图 4-15 插入图片后的效果

图 4-16 "标题幻灯片 版式"母版效果

步骤 11 设置"标题和内容 版式"母版。选中"标题和内容 版式"母版，在其中插入两个矩形，其中一个矩形的高度和宽度分别为 3.54 厘米和 1.93 厘米，另一个矩形的高度和宽度分别为 4.48 厘米和 14.72 厘米，两个矩形的填充颜色均为"钢蓝，着色 1，深色 25%"，且均无轮廓。

步骤 12 选中标题占位符，在"文本工具"选项卡中设置其字符格式为隶书、60 磅、白色，然后在"绘图工具"选项卡中将其宽度调整为 9.55 厘米，接着单击"上移"下拉按钮，在展开的下拉列表中选择"置于顶层"选项。

步骤 13 绘制一条直线，设置其长度为 21.69 厘米，颜色为"钢蓝，着色 1，深色 25%"，线型为方点虚线、2.25 磅，将该虚线复制一份，然后将复制得到的虚线的长度修改为 11.81 厘米。

步骤 14 将绘制的矩形、虚线和标题占位符移到合适的位置。"标题和内容 版式"母版的设置效果如图 4-17 所示。

步骤 15 设置"图片与标题 版式"母版。选中"图片与标题 版式"母版，在其中绘制一个高度为 2.33 厘米、宽度为 6.9 厘米、填充颜色为"钢蓝，着色 1，深色 25%"、无轮廓的矩形，移动矩形使其左侧和上方分别与幻灯片的左侧和上方对齐。

步骤 16 选中标题占位符，在"文本工具"选项卡中设置其字符格式为 28 磅、加粗、白色，然后将其置于顶层。

信息技术与人工智能

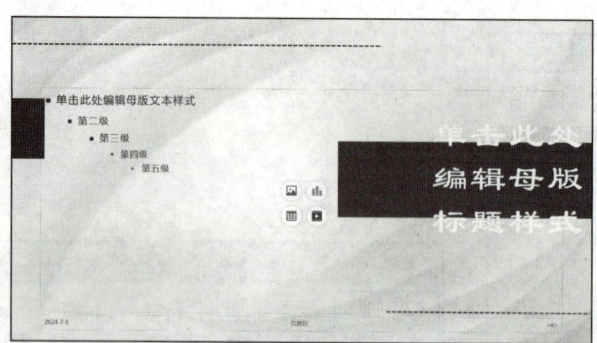

图 4-17 "标题和内容 版式"母版效果

步骤 17 选中文本占位符,在"文本工具"选项卡中设置其字符格式为 28 磅、黑色,在"段落"对话框中设置文本之前缩进 0 厘米、首行缩进 2 字符、段前和段后间距均为 0 磅、1.5 倍行距。

步骤 18 将"标题和内容 版式"母版中的两条虚线复制到"图片与标题 版式"母版中,然后将复制得到的虚线的长度分别修改为 19.49 厘米和 13.18 厘米,最后将标题占位符和虚线移到合适的位置。"图片与标题 版式"母版的设置效果如图 4-18 所示。

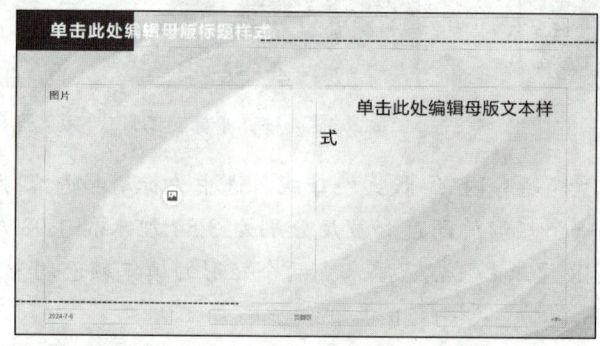

图 4-18 "图片与标题 版式"母版效果

步骤 19 至此,幻灯片母版设置完毕,单击"幻灯片母版"选项卡中的"关闭"按钮,退出幻灯片母版视图。

2. 制作演示文稿封面页

步骤 1 在第 1 张幻灯片的标题占位符中输入文本"××科技有限公司",在副标题占位符中输入文本"企业宣传",然后调整两个占位符的大小,并将它们移到合适的位置。

步骤 2 单击"插入"选项卡中的"形状"按钮,在展开的下拉列表中选择"圆角矩形"选项,按住鼠标左键并拖动,绘制一个圆角矩形后释放鼠标,然后拖动圆角矩形左上角的菱形控制点调整圆角矩形的外观,如图 4-19 所示。

步骤 3 保持圆角矩形的选中状态,在"绘图工具"选项卡中设置圆角矩形的高度和宽度分别为 1.5 厘米和 10.13 厘米,填充颜色为"钢蓝,着色 1,深色 25%",无轮廓,然后将圆角矩形移到合适的位置。

项目四 创意演示——WPS 演示文稿制作

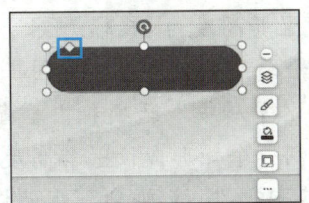

图 4-19 调整圆角矩形的外观

步骤 4 保持圆角矩形的选中状态,输入文本"主讲人:张经理",并设置其字符格式为加粗,然后在"字体"对话框中设置字符间距加宽 1.5 磅。至此,演示文稿的封面页制作完毕,效果如图 4-20 所示。

图 4-20 封面页效果

3. 制作演示文稿目录页

步骤 1 单击"开始"选项卡中的"新建幻灯片"下拉按钮,在展开的下拉列表中保持"版式"选项卡的选中状态,然后选择"空白"选项(见图 4-21),在第 1 张幻灯片后新建一张"空白"版式的幻灯片。

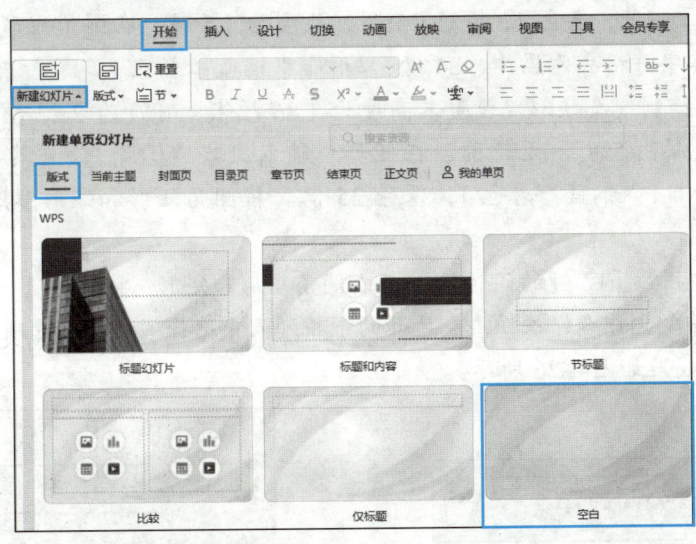

图 4-21 新建"空白"版式的幻灯片

信息技术与人工智能

步骤 2 绘制一个矩形，设置其高度为 16.33 厘米、宽度为 26.73 厘米、填充颜色为"钢蓝，着色 1，浅色 80%"、无轮廓，然后单击"绘图工具"选项卡中的"对齐"按钮，在展开的下拉列表中依次选择"水平居中"选项和"垂直居中"选项（见图 4-22），将矩形移到幻灯片的中间位置。再绘制一个矩形，设置其高度为 1.95 厘米、宽度为 9.46 厘米、填充颜色为"钢蓝，着色 1，深色 25%"、无轮廓，然后将矩形移到合适的位置。

步骤 3 单击"插入"选项卡中的"文本框"下拉按钮，在展开的下拉列表中选择"横向文本框"选项（见图 4-23），然后按住鼠标左键并拖动，绘制一个文本框后释放鼠标。

步骤 4 在文本框中输入文本"目录"和"CONTENTS"，设置"目录"文本的字符格式为黑体、40 磅、加粗、白色、字符间距加宽 5 磅，"CONTENTS"文本的字符格式为黑体、18 磅、加粗、"钢蓝，着色 1，深色 25%"、字符间距加宽 5 磅，然后将文本框移到合适的位置，效果如图 4-24 所示。

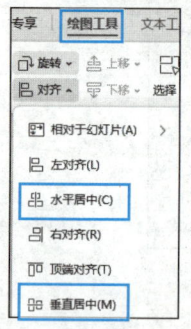

图 4-22 选择"水平居中"选项和"垂直居中"选项

图 4-23 选择"横向文本框"选项

图 4-24 文本效果

步骤 5 绘制一个圆角矩形，设置其高度为 1.5 厘米、宽度为 10.12 厘米、无填充颜色、轮廓颜色为"钢蓝，着色 1，深色 25%"、线型为 1.5 磅。在圆角矩形中输入文本"公司简介"，设置其字符格式为黑体、24 磅、加粗、"钢蓝，着色 1，深色 25%"。

步骤 6 再绘制一个矩形，设置其高度为 1.86 厘米、宽度为 2.22 厘米、填充颜色为"白色，背景 1，深色 5%"、无轮廓。在矩形中输入文本"01"，设置其字符格式为微软雅黑、20 磅、加粗、"钢蓝，着色 1，深色 25%"。将圆角矩形和矩形参照图 4-25 叠放在一起。

步骤 7 按住"Ctrl"键的同时依次单击圆角矩形和矩形，将它们选中，然后单击"绘图工具"选项卡中的"组合"按钮，在展开的下拉列表中选择"组合"选项，将两个形状组合成一个形状，效果如图 4-26 所示。

图 4-25 圆角矩形和矩形的叠放效果

图 4-26 组合后的效果

项目四 创意演示——WPS演示文稿制作

步骤 8 选中组合后的形状,然后按住"Ctrl+Shift"组合键的同时按住鼠标左键并向下拖动,将组合形状垂直向下复制3份,最后依次修改矩形中的数字编号和圆角矩形中的文本。

步骤 9 选中4个组合形状,然后单击浮动工具栏中的"纵向分布"按钮(见图4-27),将4个组合形状纵向均匀分布,最后将它们移到幻灯片的中间位置。至此,演示文稿的目录页制作完毕,效果如图4-28所示。

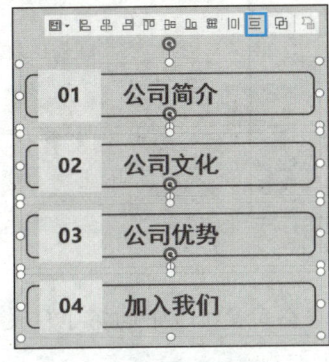

图4-27 单击"纵向分布"按钮 　　　图4-28 目录页效果

4. 制作演示文稿内容页

步骤 1 在第2张幻灯片后新建一张"标题和内容"版式的幻灯片,然后单击内容占位符中的图标,在打开的"插入图片"对话框中选择素材文件夹中的"公司简介1.png"图片,单击"打开"按钮将图片插入幻灯片。

步骤 2 保持图片的选中状态,在"图片工具"选项卡中将图片的高度调整为11.49厘米(宽度随之发生改变),然后将图片移到合适的位置。

步骤 3 单击标题占位符,输入文本"公司简介"。至此,演示文稿的第3张幻灯片制作完毕,效果如图4-29所示。

图4-29 第3张幻灯片效果

步骤 4 在第3张幻灯片后新建一张"图片与标题"版式的幻灯片,单击标题占位符,输入文本"公司简介"。

步骤 5 单击内容占位符中的图标,在打开的"插入图片"对话框中选择素材文件夹中的"公司简介2.png"图片,单击"打开"按钮将图片插入幻灯片。保持图片的选中状态,单击"图片工具"选项卡中的"裁剪"下拉按钮,在展开的下拉列表中选择"裁剪"/"六边形"选项(见图4-30),然后单击幻灯片中的空白处完成裁剪,最后将裁剪后的图片移到合适的位置。

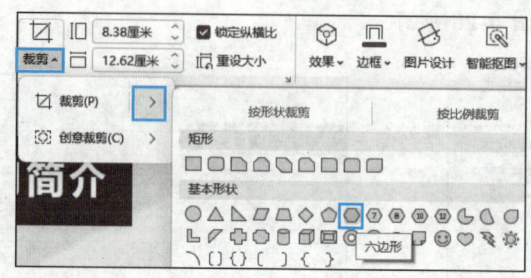

图4-30　选择"裁剪"/"六边形"选项

步骤 6　复制素材文件夹"公司宣传.docx"文档中"一、公司简介"下的第1段文本,然后粘贴到文本占位符中。

步骤 7　选中"嵌入式计算机及自动化控制系统设计、开发、销售"文本,设置其字符格式为加粗、"巧克力黄,着色2,深色25%"。至此,演示文稿的第4张幻灯片制作完毕,效果如图4-31所示。

图4-31　第4张幻灯片效果

步骤 8　在第4张幻灯片后新建一张"图片与标题"版式的幻灯片,输入标题文本"公司简介",然后删除幻灯片中的内容占位符和文本占位符,接着单击"插入"选项卡中的"视频"按钮,在展开的下拉列表中选择"嵌入视频"选项,如图4-32所示。

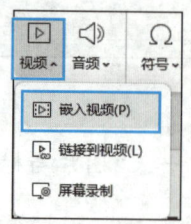

图4-32　选择"嵌入视频"选项

步骤 9 打开"插入视频"对话框,选择素材文件夹中的"公司发展历程.mp4"视频文件,单击"打开"按钮将其插入幻灯片。

步骤 10 保持视频的选中状态,拖动视频右上角的控制点调整视频的大小,然后在"视频工具"选项卡中勾选"全屏播放"复选框(见图4-33),最后将视频移到幻灯片的中间位置。至此,演示文稿的第5张幻灯片制作完毕,效果如图4-34所示。

图4-33 勾选"全屏播放"复选框　　　　图4-34 第5张幻灯片效果

步骤 11 在第5张幻灯片后新建一张"图片与标题"版式的幻灯片,输入标题文本"公司简介",然后删除幻灯片中的内容占位符和文本占位符,接着单击"插入"选项卡中的"图表"按钮,在打开的"图表"对话框中选择"柱形图"中的第1个图表选项,如图4-35所示。

步骤 12 保持图表的选中状态,单击"图表工具"选项卡中的"编辑数据"按钮,参照图4-36在打开的"WPS演示中的图表"窗口中修改工作表中的内容,然后关闭该窗口。

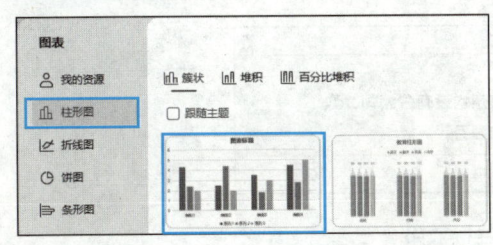

图4-35 选择图表　　　　图4-36 工作表内容

步骤 13 选中图表,在"图表工具"选项卡的样式列表框中选择"样式4"选项(见图4-37),然后将图表标题修改为"公司规模",并设置其字号为28磅。

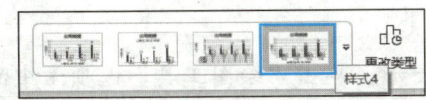

图4-37 选择"样式4"选项

步骤 14 单击图表右上角的"图表元素"按钮,将鼠标指针移到展开列表中的"数据标签"选项上,然后单击其右侧的▶按钮,在展开的子列表中选择"数据标签外"选项,接着单击"轴标题"右侧的▶按钮,在展开的子列表中勾选"主要纵坐标轴"复选框,为图表添加主要纵坐标轴,并将其坐标轴标题修改为"人员数量",最后单击"图例"右侧的▶按钮,在展开的子列表中选择"右"选项,将图例设置为靠右。

步骤 15 设置图表的数据标签、坐标轴标题及图例的字号均为 16 磅,最后调整图表的大小和位置。至此,演示文稿的第 6 张幻灯片制作完毕,效果如图 4-38 所示。

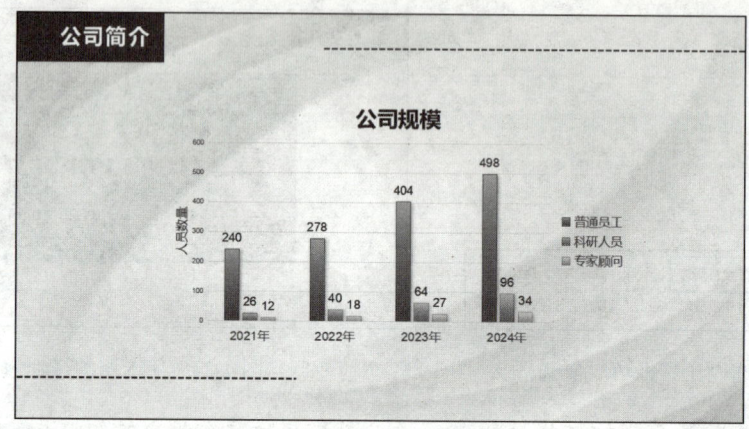

图 4-38　第 6 张幻灯片效果

步骤 16 在第 6 张幻灯片后新建一张"图片与标题"版式的幻灯片,输入标题文本"公司简介",然后删除幻灯片中的内容占位符,接着将素材文件夹"公司宣传.docx"文档中"一、公司简介"下的第 2 段文本复制到文本占位符中,并调整占位符的大小和位置,效果如图 4-39 所示。

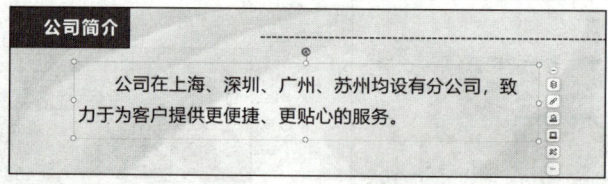

图 4-39　文本占位符效果

步骤 17 绘制一个菱形,设置其高度为 6.17 厘米、宽度为 6.31 厘米,然后将其复制一份。选中复制得到的菱形,在"对象属性"任务窗格中设置其无填充颜色、线条颜色为"钢蓝,着色 1,浅色 60%"、线条宽度为 8 磅(见图 4-40),并将其下移一层,最后参照图 4-41 将两个菱形叠放在一起。

步骤 18 选中上层的菱形,单击"绘图工具"选项卡中的"填充"下拉按钮,在展开的下拉列表中选择"图片或纹理"/"本地图片"选项,在打开的"选择纹理"对话框中选择素材文件夹中的"上海.png"图片,单击"打开"按钮将图片填充到菱形中。

步骤 19 在菱形的下方插入一个横向文本框,输入文本"上海",并设置其字符格式为 24 磅、加粗、"钢蓝,着色 1,深色 25%",如图 4-42 所示。

• 项目四 创意演示——WPS 演示文稿制作

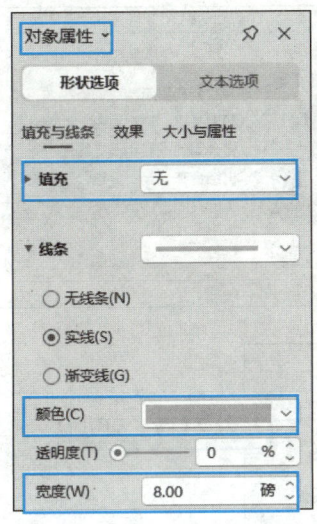

图 4-40 设置菱形样式　　图 4-41 两个菱形的叠放效果　　图 4-42 文本框效果

步骤 20 ▶ 同时选中两个菱形和下方的文本框，将它们组合成一个形状。选中组合后的形状，然后按住"Ctrl+Shift"组合键的同时按住鼠标左键并向右拖动，将组合形状水平向右复制 3 份，接着依次修改菱形中的图片和文本框中的文本。同时选中 4 个组合形状，将它们横向均匀分布，最后将它们移到合适的位置。至此，演示文稿的第 7 张幻灯片制作完毕，效果如图 4-43 所示。

图 4-43　第 7 张幻灯片效果

步骤 21 ▶ 参照前面的方法，制作第 8～12 张、第 14～15 张幻灯片，效果如图 4-44 所示。

163

信息技术与人工智能

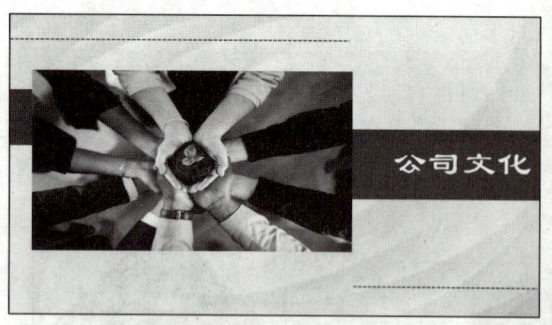
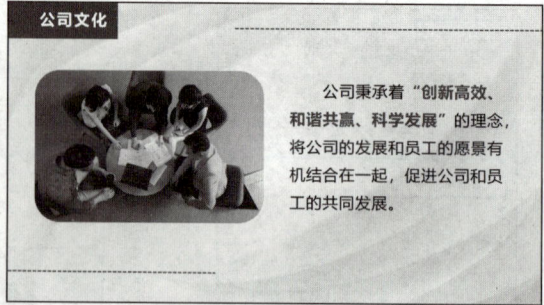

字号20磅、两端对齐、首行缩进2字符、1.5倍行距

字号24磅、加粗

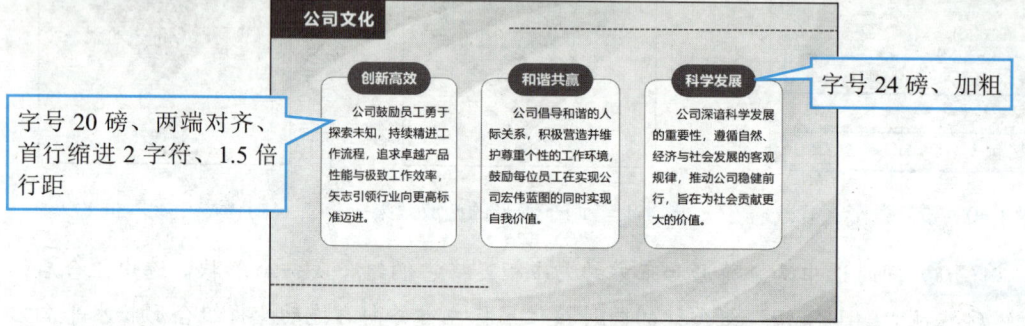

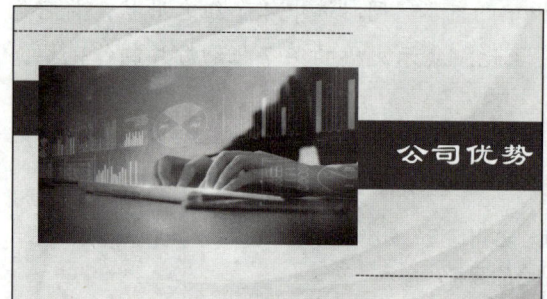

第8～12张幻灯片

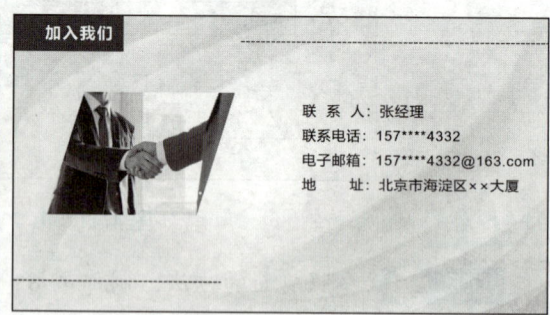

第14～15张幻灯片

图4-44　第8～12张、第14～15张幻灯片效果

项目四 创意演示——WPS 演示文稿制作

步骤 22 在第12张幻灯片后新建一张"图片与标题"版式的幻灯片,输入标题文本"公司优势",然后删除幻灯片中的内容占位符和文本占位符。单击"插入"选项卡中的"智能图形"按钮(见图4-45),在打开的"智能图形"对话框中选择"4项"选项,然后在"付费类型"下拉列表中选择"免费"选项,最后选择如图4-46所示的智能图形。

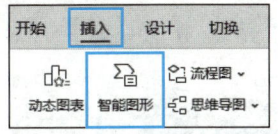

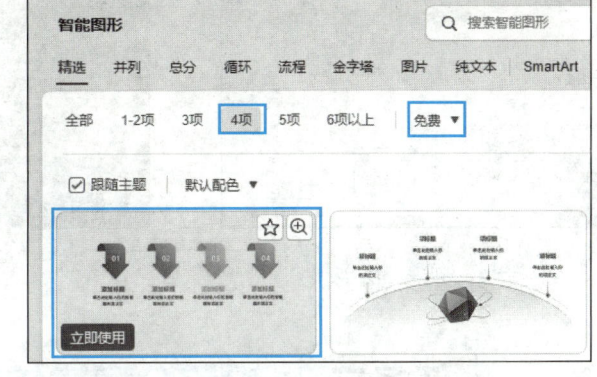

图 4-45　单击"智能图形"按钮　　　　　图 4-46　选择智能图形

步骤 23 参照图4-47在智能图形中输入文本并设置其字符格式,然后将最下方的4个文本框向下移动合适的距离,最后调整智能图形的大小并将其移到幻灯片的中间位置。至此,演示文稿的第13张幻灯片制作完毕。

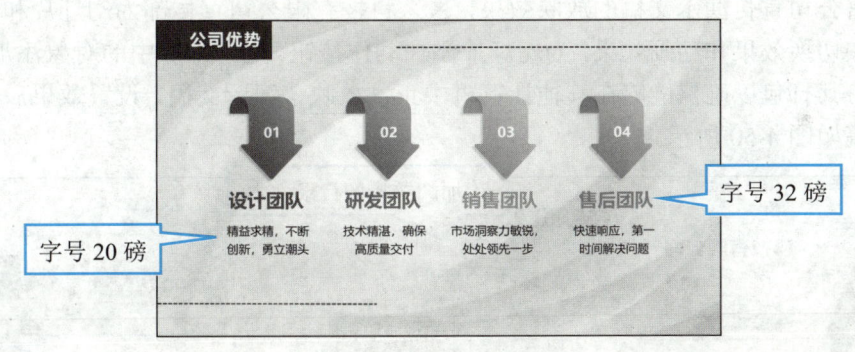

图 4-47　第 13 张幻灯片效果

步骤 24 在第15张幻灯片后新建一张标题幻灯片,在标题占位符中输入文本"感谢观看",然后删除副标题占位符。

步骤 25 选中标题占位符,单击"文本工具"选项卡中的"效果"按钮,在展开的下拉列表中选择"倒影"/"半倒影,8 pt偏移量"选项,如图4-48所示。调整标题占位符的大小并将其移到合适的位置。至此,演示文稿的第16张幻灯片制作完毕,效果如图4-49所示。

步骤 26 保存演示文稿。

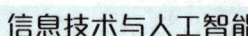

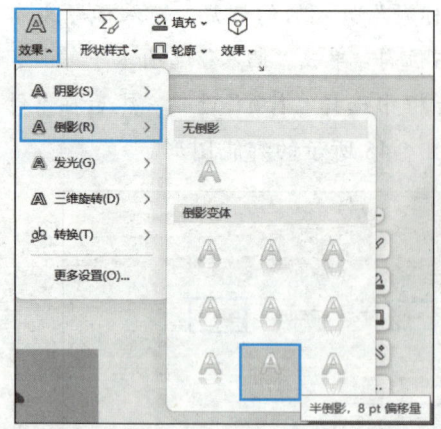

图 4-48 选择效果选项

图 4-49 第 16 张幻灯片效果

任务二　设置公司宣传演示文稿效果

任务描述

为丰富公司宣传演示文稿的放映效果，××科技有限公司宣传部为幻灯片和幻灯片中的对象添加切换效果和动画效果，为幻灯片添加动作按钮，为幻灯片中的对象添加超链接，最后决定将其打包以确保能够在其他计算机中正常放映该演示文稿。设置效果后的公司宣传演示文稿如图 4-50 所示。

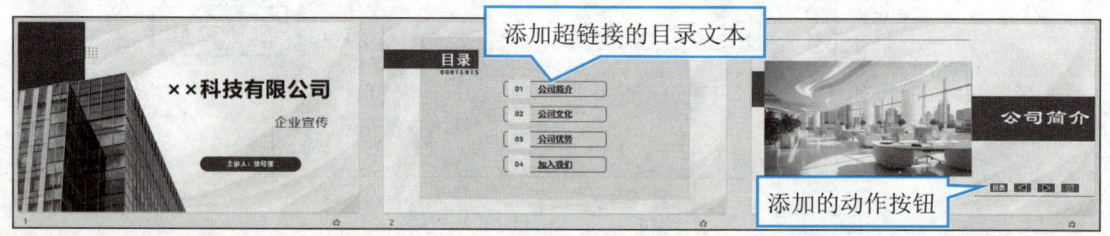

图 4-50 设置效果后的公司宣传演示文稿（部分）

为了完成设置公司宣传演示文稿效果这个任务，我们先来学习一下为幻灯片添加切换效果，为幻灯片中的对象添加动画效果，添加超链接和动作按钮的方法，以及演示文稿的放映与打包方法。

任务准备

全班学生以 4 人为一组进行分组，组长组织组员扫码观看"演示文稿放映效果概述"视频，讨论并回答下列问题。

演示文稿放映效果概述

• 项目四　创意演示——WPS演示文稿制作

问题1：切换效果和动画效果有什么不同？

问题2：在演示文稿中，超链接可以指向哪些对象？

问题3：若需要预览已设置的放映方案，可以怎么做？

任务理论

一、切换效果的设置

切换效果是指在演示文稿的放映过程中，从一张幻灯片切换到下一张幻灯片时的动画效果。默认情况下，幻灯片之间的切换是没有任何效果的。通过设置，可以为幻灯片添加具有动感的切换效果以丰富其放映效果。

为幻灯片设置切换效果的方法是，在幻灯片窗格中选中要设置切换效果的幻灯片，单击"切换"选项卡切换效果列表框右侧的 按钮，在展开的下拉列表中选择一种切换方式即可。选择切换方式后，还可以在"切换"选项卡中进一步设置幻灯片的切换速度、切换声音、换片方式，以及将其应用到全部等，如图4-51所示。

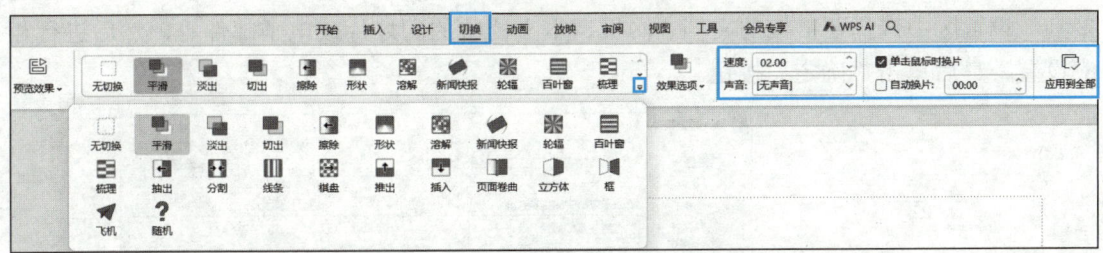

图4-51　为幻灯片设置切换效果

二、动画效果的设置

为使演示文稿的放映更加精彩，用户可以根据需要为幻灯片中的文本、图片、形状等对象设置各种动画效果。其中，进入动画表示对象进入放映界面时的动画效果；强调动画表示为对象设置的用于强调的动画效果；退出动画表示对象离开放映界面时的动画效果；动作路径动画表示让对象在幻灯片中沿着系统定义或用户绘制的路径运动的动画效果。

为幻灯片中的对象设置动画效果的方法是，选中幻灯片中要设置动画效果的文本、图片等对象，单击"动画"选项卡动画效果列表框右侧的 按钮，在展开的下拉列表中选择一种动画效果即可。选择动画效果后，还可以在"动画"选项卡或"动画窗格"任务窗格中进一步设置动画效果的各个参数，如动画的属性、开始播放方式、持续时间、速度等，如图4-52所示。

167

信息技术与人工智能

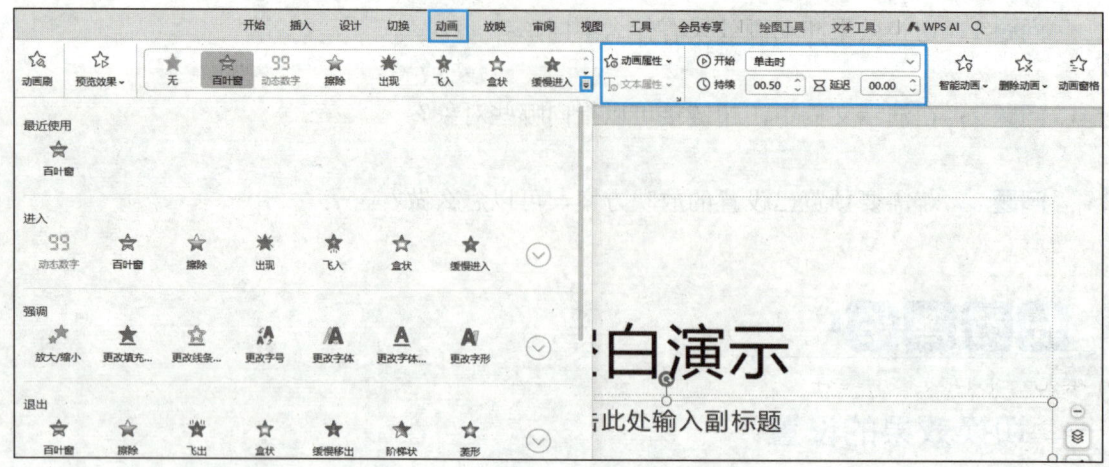

图 4-52　为幻灯片中的对象设置动画效果

三、超链接和动作按钮的设置

为增强演示文稿的交互效果，可以为幻灯片设置超链接和动作按钮。

1. 设置超链接

在幻灯片中设置超链接的方法是，选中要设置超链接的文本、图片、形状等对象，单击"插入"选项卡中的"超链接"按钮，打开"插入超链接"对话框（见图4-53），在"链接到"设置区中选择要链接的文档、网页、本文档中的幻灯片或电子邮件等，然后进行相应设置，最后单击"确定"按钮。

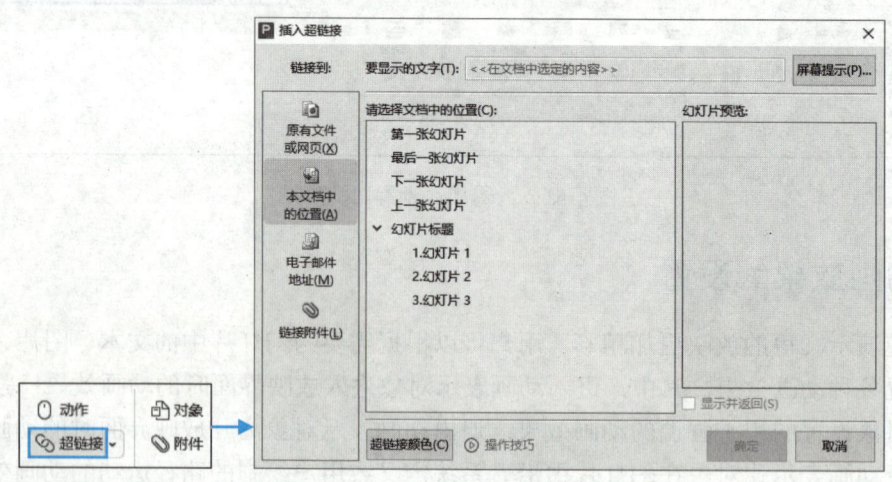

图 4-53　打开"插入超链接"对话框

2. 设置动作按钮

WPS 演示提供了 12 种不同的动作按钮（见图 4-54），在幻灯片中应用这些动作按钮，可以跳转到指定位置，如演示文稿的某张幻灯片、其他演示文稿、文档等。

图 4-54　动作按钮

在幻灯片中设置动作按钮的方法是，选中要设置动作按钮的幻灯片，单击"插入"选项卡中的"形状"按钮，在展开的下拉列表的"动作按钮"区中选择相应的动作按钮，然后在幻灯片中按住鼠标左键并拖动，绘制一个大小适中的按钮，释放鼠标自动打开"动作设置"对话框，在其中进行设置即可。

四、演示文稿的放映

根据不同的场所，可以为演示文稿设置不同的放映方式，如可以由演讲者控制放映，也可以自动放映。对于每种放映方式，还可以控制是否循环放映，指定放映哪些幻灯片及幻灯片的换片方式等。为此，可单击"放映"选项卡中的"放映设置"按钮，在打开的"设置放映方式"对话框中进行设置，如图 4-55 所示。

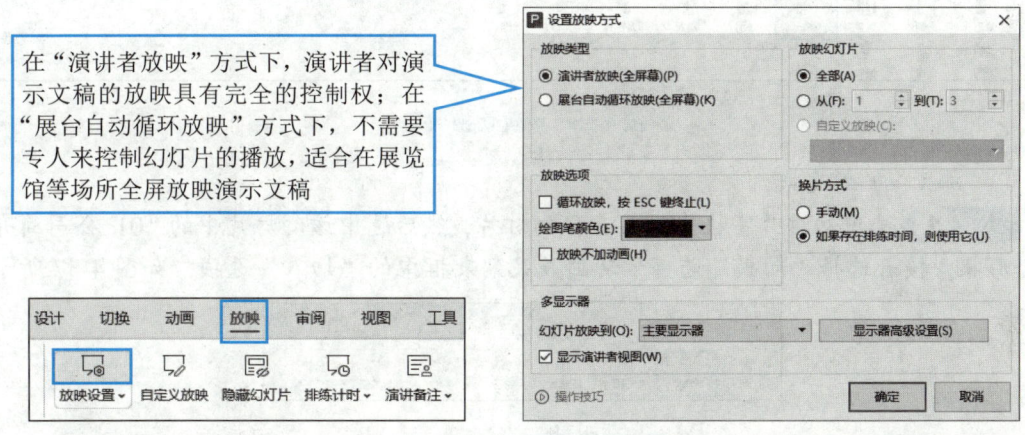

在"演讲者放映"方式下，演讲者对演示文稿的放映具有完全的控制权；在"展台自动循环放映"方式下，不需要专人来控制幻灯片的播放，适合在展览馆等场所全屏放映演示文稿

图 4-55　设置放映方式

此外，WPS 演示提供了排练计时功能，利用该功能可模拟演示文稿的放映过程，自动记录每张幻灯片的播放时间，然后在放映演示文稿时根据排练记录的时间自动播放每张幻灯片。

要放映演示文稿，可单击"放映"选项卡中的相应按钮。在放映演示文稿的过程中，WPS 演示会根据用户的设置来切换幻灯片或显示幻灯片中的动画效果。演示文稿放映完毕，可单击放映画面，或者按"Esc"键结束放映。如果想要在中途终止放映，也可按"Esc"键。

五、演示文稿的打包

为了使制作的演示文稿能够在其他计算机中正常放映，可以利用 WPS 演示提供的"文件打包"功能，将演示文稿及与其关联的文件、字体等打包，然后利用 U 盘或网络等方式将其复制或传输到其他设备中放映。

信息技术与人工智能

任务实施

1. 添加切换效果

步骤 1 打开本书配套素材"素材与实例"/"项目四"/"任务二"/"公司宣传.pptx"演示文稿,并将其另存为"公司宣传(设置).pptx"。

步骤 2 单击"切换"选项卡切换效果列表框右侧的 ▼ 按钮,在展开的下拉列表中选择"棋盘"选项,然后在"速度"编辑框中输入"02.00",设置切换速度为2秒,最后单击"应用到全部"按钮,将设置的幻灯片切换效果应用于演示文稿中的所有幻灯片,如图4-56所示。

设置公司宣传
演示文稿效果

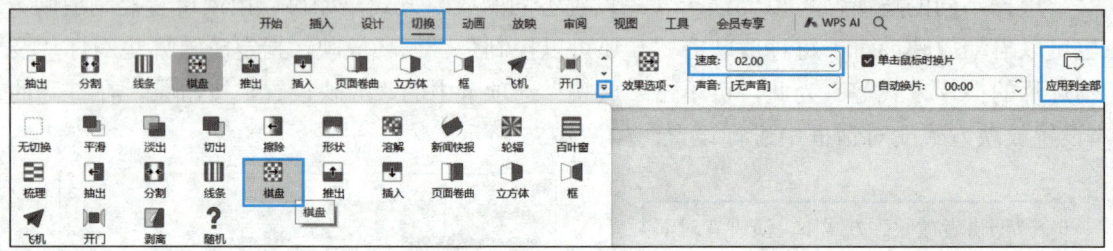

图4-56 设置切换效果

2. 添加动画效果

步骤 1 选中幻灯片窗格中的第2张幻灯片,然后选中该幻灯片中的"01 公司简介"组合形状,接着选择"动画"选项卡动画效果列表框中的"切入"选项,如图4-57所示。

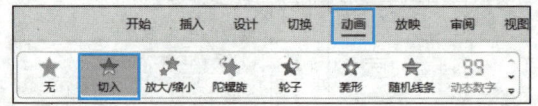

图4-57 选择"切入"选项

步骤 2 选中"02 公司文化"组合形状,为其设置"切入"动画效果,然后在"动画"选项卡中的"开始"下拉列表中选择"在上一动画之后"选项,设置开始播放方式,如图4-58所示。使用同样的方法,为其他两个组合形状设置相同的动画效果,并设置在上一动画之后播放。

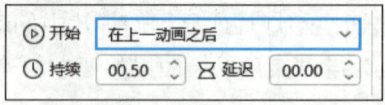

图4-58 设置开始播放方式

步骤 3 选中幻灯片窗格中的第4张幻灯片,然后选中该幻灯片中的图片,为其设置"轮子"动画效果。选中图片右侧的文本占位符,为其设置"切入"动画效果,然后单击"动画"选项卡中的"动画属性"按钮,在展开的下拉列表中选择"自右侧"选项,

• 项目四 创意演示——WPS 演示文稿制作

接着在"开始"下拉列表中选择"与上一动画同时"选项,最后在"持续"编辑框中输入"02.00",设置动画持续时间为 2 秒,如图 4-59 所示。

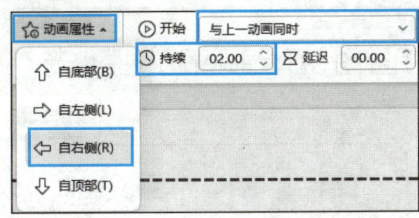

图 4-59 设置动画属性、开始播放方式及持续时间

步骤 4 使用同样的方法,为其他幻灯片中的对象设置合适的动画效果。

3. 添加超链接

步骤 1 选中幻灯片窗格中的第 2 张幻灯片,然后选中第 1 条目录文本"公司简介",最后单击"插入"选项卡中的"超链接"按钮,如图 4-60 所示。

 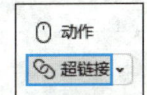

图 4-60 选中第 1 条目录文本后单击"超链接"按钮

步骤 2 打开"插入超链接"对话框,在"链接到"列表框中选择"本文档中的位置"选项,然后在"请选择文档中的位置"列表框中选择"3.公司简介"选项,最后单击"确定"按钮,为第 1 条目录文本添加超链接,如图 4-61 所示。

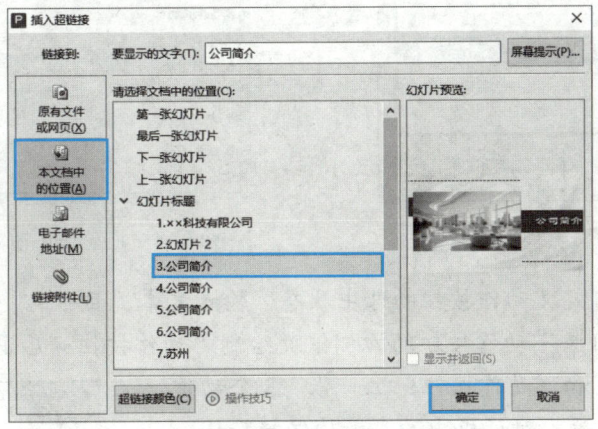

图 4-61 设置超链接

步骤 3 使用同样的方法,为其他 3 条目录文本添加超链接,将它们分别链接到本文档中的第 8 张、第 11 张和第 14 张幻灯片。

4. 添加动作按钮

步骤 1 选中幻灯片窗格中的第 3 张幻灯片,然后单击"插入"选项卡中的"形状"

按钮,在展开的下拉列表的"动作按钮"区中选择"动作按钮:自定义"选项,如图4-62所示。

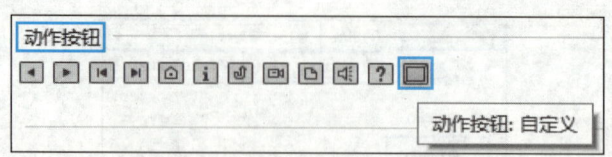

图4-62 选择动作按钮类型

步骤❷ 在幻灯片右下方按住鼠标左键并拖动,绘制一个动作按钮后释放鼠标,打开"动作设置"对话框,在"鼠标单击"选项卡中选中"超链接到"单选钮,然后在其下方的下拉列表中选择"幻灯片"选项,如图4-63所示。

步骤❸ 打开"超链接到幻灯片"对话框,在"幻灯片标题"列表框中选择"2.幻灯片2"选项(见图4-64),单击"确定"按钮返回"动作设置"对话框,再次单击"确定"按钮,完成自定义动作按钮的设置。

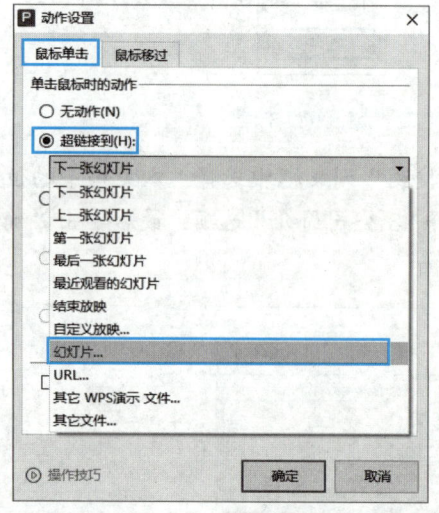

图4-63 选择"幻灯片"选项

图4-64 将动作按钮链接到指定幻灯片

步骤❹ 保持自定义动作按钮的选中状态,输入文本"目录"。

步骤❺ 在"目录"动作按钮的右侧依次绘制"动作按钮:后退或前一项""动作按钮:前进或下一项"和"动作按钮:上一张"3个动作按钮,其中"动作设置"对话框中的参数均保持默认,绘制完成的4个动作按钮如图4-65所示。

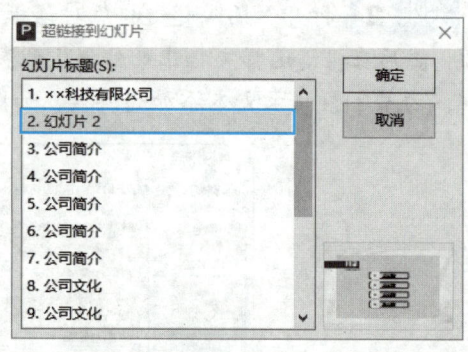

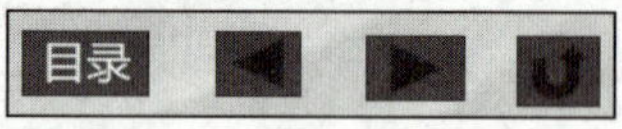

图4-65 绘制完成的4个动作按钮

步骤❻ 同时选中4个动作按钮,然后在"绘图工具"选项卡中设置它们的高度均为0.95厘米,宽度均为1.78厘米。保持4个动作按钮的选中状态,依次单击浮动工具栏中的"底端对齐"按钮和"横向分布"按钮,设置4个动作按钮的对齐方式和分布方式(见图4-66),最后单击浮动工具栏中的"组合"按钮将它们组合起来,效果如图4-67所示。

• 项目四 创意演示——WPS演示文稿制作

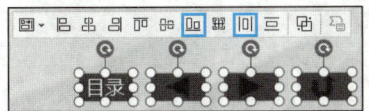

图4-66 设置动作按钮的对齐方式和分布方式

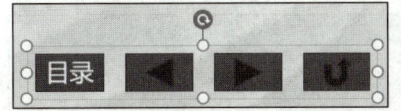

图4-67 组合后的效果

步骤7 保持组合后动作按钮的选中状态，在"绘图工具"选项卡的样式列表框中选择"填充-实线-阴影"选项，为组合按钮应用系统内置的样式，最后调整动作按钮的位置，如图4-68所示。

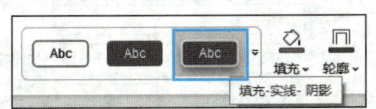

图4-68 美化动作按钮并调整其位置

步骤8 保持组合按钮的选中状态，按"Ctrl+C"组合键，然后切换到第4张幻灯片，按"Ctrl+V"组合键，将组合按钮复制到第4张幻灯片中。使用同样的方法，将组合按钮复制到第5~15张幻灯片中。

5. 放映演示文稿

步骤1 单击"放映"选项卡中的"从头开始"按钮（见图4-69），以全屏方式从第1张幻灯片开始放映演示文稿。

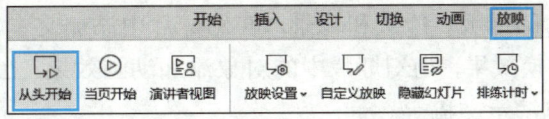

图4-69 单击"从头开始"按钮

步骤2 第1张幻灯片播放完毕，单击即可播放第2张幻灯片。将鼠标指针移到第2张幻灯片的第1条目录文本上，鼠标指针会变成 形状，单击即可跳转到链接的第3张幻灯片。

步骤3 放映演示文稿时，单击添加的动作按钮，可跳转到链接的幻灯片。在幻灯片播放过程中，可看到设置的动画效果。

6. 打包演示文稿

步骤1 放映效果满意后，可将演示文稿打包。单击"文件"按钮，在展开的列表中选择"文件打包"/"将演示文档打包成文件夹"选项（见图4-70），打开"演示文件打包"对话框，设置文件夹名称及文件保存位置（见图4-71），然后单击"确定"按钮，开始打包文件。

步骤2 文件打包完毕后，会打开"已完成打包"对话框，单击"关闭"按钮关闭该对话框即可。

信息技术与人工智能

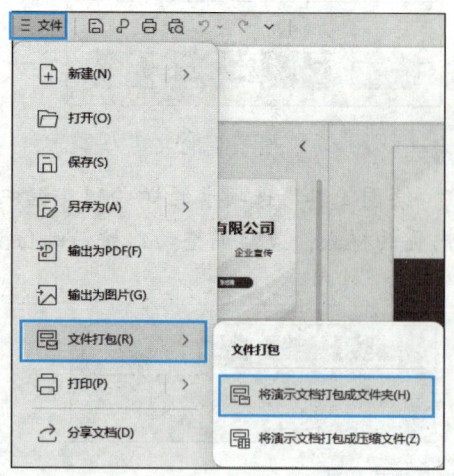

图 4-70　选择"将演示文档打包成文件夹"选项

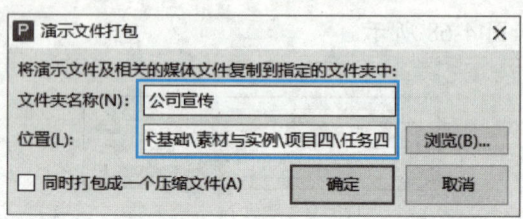

图 4-71　设置文件夹名称及文件保存位置

项目实训

1. 实训目的

本实训通过制作"《爱莲说》课件"演示文稿来进一步巩固 WPS 演示的相关知识和实用技能，如设置幻灯片的母版、版式和背景，在幻灯片中添加文本、形状、图片、音频等对象，为幻灯片添加切换效果，为幻灯片中的对象添加动画效果，在幻灯片中添加超链接、动作按钮，放映并打包演示文稿等。

2. 实训内容

课件在教学过程中发挥着重要的作用，它既可以帮助教师清晰地展示教学内容，又可以吸引学生的注意力，提高学生学习兴趣。请制作"《爱莲说》课件"演示文稿，效果如图 4-72 所示。制作过程中用到的素材均保存在本书配套素材"素材与实例"/"项目四"/"项目实训"文件夹中。

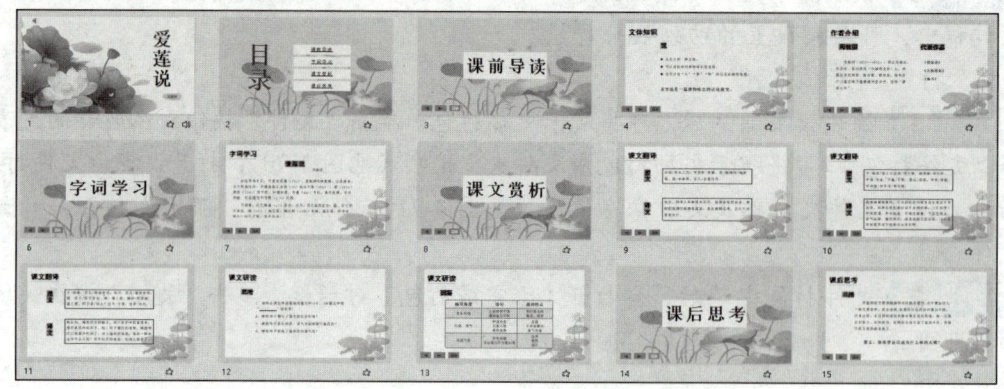

图 4-72　"《爱莲说》课件"演示文稿

项目四 创意演示——WPS演示文稿制作

（1）新建"《爱莲说》课件.pptx"空白演示文稿。

（2）进入幻灯片母版视图，将"标题幻灯片 版式"母版的背景图片设置为素材文件夹中的"封面背景.png"图片。

（3）在"标题和内容 版式"母版中设置背景填充颜色为RGB（212，224，221）。然后，绘制一个矩形，设置其高度为17.41厘米、宽度为31.43厘米，填充颜色为RGB（249，246，241），将矩形置于底层并移到幻灯片的中间位置。接着，插入"插图1.png"图片，设置其透明度为58%，并调整其大小和位置。最后，在标题占位符的下方绘制一个宽度为4.5磅、颜色为RGB（212，224，221）的直线，并设置标题占位符的字符格式为宋体、加粗、"黑色，文本1"，内容占位符的格式为宋体、20磅、"黑色，文本1"、无项目符号。

（4）在"节标题 版式"母版中设置背景填充颜色为RGB（212，224，221），然后插入"插图2.png"图片，并设置图片的透明度为50%，最后调整图片的大小并将其移到合适的位置。

（5）使用同样的方法，在"比较 版式"母版中设置背景填充颜色、绘制形状、插入图片、设置图片透明度、设置标题占位符、文本占位符及内容占位符的格式等。

（6）制作演示文稿内容。新建合适版式的幻灯片，然后在幻灯片中插入文本框、形状、表格等对象，根据"《爱莲说》课件内容.docx"文档中的内容在插入的对象中输入相应文本，接着设置对象的样式并调整文本的格式，最后将这些对象移到幻灯片的合适位置。

（7）为幻灯片添加背景音乐。

（8）为演示文稿中的所有幻灯片设置同样的切换效果，且单击鼠标时切换。

（9）为幻灯片中的对象添加合适的动画效果。

（10）为第2张幻灯片中的目录文本添加超链接，并链接到相应幻灯片。

（11）为第3～15张幻灯片添加"动作按钮：后退或前一项""动作按钮：前进或下一项"和"动作按钮：自定义"3个动作按钮。

（12）从头开始放映演示文稿，查看添加的切换效果和动画效果。单击幻灯片中的超链接和动作按钮，查看是否设置正确。

（13）打包演示文稿。

项目考核

1. 选择题

（1）下列选项中，（　　）是WPS演示特有的。

  A．视图   B．状态栏

  C．幻灯片窗格   D．窗口

（2）在WPS演示中，幻灯片编辑区中带有虚线边框的编辑框称为（　　）。

  A．占位符   B．文本框

  C．图片边界   D．表格边界

(3) 在 WPS 演示中，默认的视图模式是（　　）。

　　A．幻灯片浏览视图

　　B．普通视图

　　C．阅读视图

　　D．备注页视图

(4) 在 WPS 演示中，以缩略图的形式显示幻灯片，便于用户浏览演示文稿整体效果的视图模式是（　　）。

　　A．幻灯片浏览视图

　　B．备注页视图

　　C．普通视图

　　D．阅读视图

(5) 在 WPS 演示中，新建一个空白演示文稿并单击"保存"按钮后，会（　　）。

　　A．自动以"演示文稿1"为名保存

　　B．直接保存为"演示文稿1"并退出 WPS 演示

　　C．打开"另存为"对话框

　　D．打开"保存"对话框

(6) WPS 演示默认的文件扩展名是（　　）。

　　A．"pdf"　　　　　　　　　　　　B．"dpt"

　　C．"dps"　　　　　　　　　　　　D．"pptx"

(7) 在 WPS 演示中，新建幻灯片的快捷键是（　　）。

　　A．"Ctrl+N"　　　　　　　　　　B．"Ctrl+M"

　　C．"Alt+N"　　　　　　　　　　 D．"Alt+M"

(8) 在 WPS 演示中，能通过"插入"选项卡插入的对象是（　　）。

　　A．表格　　　　　　　　　　　　B．艺术字

　　C．图片　　　　　　　　　　　　D．以上都可以

(9) 在 WPS 演示中，进入幻灯片母版视图的方法是（　　）。

　　A．单击"视图"选项卡中的"幻灯片母版"按钮

　　B．单击"开始"选项卡中的"幻灯片母版"按钮

　　C．按住"Shift"键的同时单击"幻灯片母版"按钮

　　D．以上都不可以

(10) 下列关于在 WPS 演示中修改幻灯片版式的操作，正确的是（　　）。

　　A．单击"插入"选项卡中的"版式"按钮

　　B．单击"开始"选项卡中的"版式"按钮

　　C．单击"视图"选项卡中的"版式"按钮

　　D．以上都不正确

（11）下列关于在 WPS 演示中设置幻灯片切换效果的说法，正确的是（　　）。

　　A．在"切换"选项卡中可以为幻灯片设置不同的切换效果

　　B．在"切换"选项卡中可以设置幻灯片切换时的速度和声音

　　C．在"切换"选项卡中可以为所有幻灯片设置相同的切换效果

　　D．以上都正确

（12）下列选项中，不属于 WPS 演示提供的动画效果类型的是（　　）。

　　A．切换　　　　　　　　　　　B．进入

　　C．强调　　　　　　　　　　　D．动作路径

（13）在 WPS 演示中，超链接中所链接的目标可以是（　　）。

　　A．网页

　　B．其他演示文稿

　　C．同一演示文稿中的某张幻灯片

　　D．以上都可以

（14）下列关于在 WPS 演示中放映演示文稿的说法，错误的是（　　）。

　　A．只能使用演讲者放映方式

　　B．可以循环放映演示文稿

　　C．可以手动换片

　　D．可以隐藏不参与放映的幻灯片

（15）在 WPS 演示中，要终止演示文稿的放映，可按（　　）键。

　　A．"Backspace"　　　　　　　B．"Ctrl+X"

　　C．"Esc"　　　　　　　　　　D．"Enter"

2．判断题

（1）在 WPS 演示中，幻灯片窗格是编辑幻灯片的主要区域。（　　）

（2）在 WPS 演示中，要选择连续的多张幻灯片，可按住"Ctrl"键的同时单击首尾两张幻灯片。（　　）

（3）在 WPS 演示中，不能在形状中输入文本。（　　）

（4）在 WPS 演示中，在幻灯片中插入音频后可通过"音频工具"选项卡对音频进行编辑。（　　）

（5）在 WPS 演示中，对幻灯片版式母版的修改会应用于当前演示文稿中的所有幻灯片。（　　）

（6）在 WPS 演示中，幻灯片切换效果是指从一张幻灯片切换到下一张幻灯片时的动画效果。（　　）

（7）在 WPS 演示中，可以通过动作按钮切换幻灯片。（　　）

信息技术与人工智能

项目评价

请学生结合本项目的学习情况，对学习成果进行自评和互评（组内成员相互评分），请指导教师进行师评和总评，并将评价结果填入表 4-1 中。

表 4-1　学习成果评价表

评价项目	评价内容	分值	评价分数		
			自评	互评	师评
知识（30%）	WPS 演示的工作界面	10 分			
	WPS 演示的各项功能及其操作方法	20 分			
技能（40%）	使用 WPS 演示快速制作出图文并茂、富有感染力的演示文稿	30 分			
	通过图片、视频和动画等多媒体形式展现复杂的内容，从而使表达的内容更易于理解	10 分			
素养（30%）	具有自主学习意识，做好课前准备	10 分			
	善于思考，积极参与，勇于提出问题	10 分			
	具有团队合作精神，出色完成小组任务	10 分			
合计		100 分			
总评	综合得分：_____ 综合等级：_____	指导教师签字：_____			

注：综合得分可按照"自评（25%）+互评（25%）+师评（50%）"进行计算；综合等级可以"优"（综合得分≥90 分）、"良"（80 分≤综合得分＜90 分）、"中"（60 分≤综合得分＜80 分）、"差"（综合得分＜60 分）为标准进行评价。

项目五

沙里淘金——信息检索

信息检索是人们获取信息的重要途径，也是人们在信息化时代应当具备的基本信息素养。可以说，掌握信息的高效检索方法，是现代信息社会对高素质技术技能人才的基本要求。

本项目主要介绍信息检索的相关知识，包括信息检索基础，以及搜索引擎、信息检索通用平台和信息检索专用平台。

知识目标

了解信息检索的概念和基本流程；熟悉常用的搜索引擎；掌握常用的信息检索方法；熟悉常用的信息检索通用平台和信息检索专用平台。

能力目标

能够使用布尔逻辑检索、截词检索、位置检索、限制检索等常用信息检索方法检索信息；能够根据特定的信息需求选择合适的信息检索工具和平台；能够以有效的方法和手段判断信息的真实性、可靠性及有效性。

素质目标

增强信息意识，自觉并充分利用信息解决生活、学习和工作中的实际问题；发扬团队协作精神，善于与他人共享信息，让信息发挥更大价值。

信息技术与人工智能

任务一　检索"人工智能"的最新发展动态

任务描述

人工智能作为当前科技领域的热门话题，其应用领域不断拓展，创新成果层出不穷。××学院的老师决定让学生利用搜索引擎检索"人工智能"的最新发展动态，以帮助他们了解这一领域的发展现状。

为了完成检索"人工智能"的最新发展动态这个任务，我们先来学习一下信息检索的定义和基本流程，搜索引擎的分类和常用搜索引擎，以及常用的信息检索方法。

任务准备

全班学生以 4 人为一组进行分组，组长组织组员扫码观看"信息检索概述""搜索引擎概述"视频，讨论并回答下列问题。

问题 1：什么是信息检索？信息检索的目的是什么？

信息检索概述

问题 2：什么是搜索引擎？为什么搜索引擎这么受欢迎？

搜索引擎概述

问题 3：除百度外，你还知道哪些较知名的搜索引擎？

任务理论

一、信息检索概述

1. 认识信息检索

信息检索有广义和狭义之分。广义的信息检索包括信息存储和信息搜索，而狭义的信息检索则只包括信息搜索。

（1）**信息存储**。信息存储是指先按一定的标准对信息进行搜集和整理，然后根据信息的内容或特征对其进行标记、分类和建立索引，最后将所有信息构建成一个检索系统，并建立检索系统的检索语言。

• 项目五 沙里淘金——信息检索

> **知识库**
>
> 检索语言也称标定符号或标识系统,是在自然语言的基础上规范化了的人工语言,它是检索系统组织、存储和检索信息的重要理论依据。有了检索语言,用户就可以按其规则检索、获取信息,这样存入检索系统的信息才有价值。

(2)**信息搜索**。信息搜索是指用户根据所需信息的内容或特征提炼检索词,并将检索词构建成符合检索语言的检索式,然后利用检索工具将检索式输入检索系统,检索系统把检索式与其信息资源进行比较、匹配和排序,将匹配程度较高、排序较靠前的信息作为检索结果输出给用户。

> 对于普通用户来说,信息搜索更为重要,故本项目重点讲解狭义的信息检索。

2. 信息检索的基本流程

一般来说,信息检索的基本流程包括以下4个步骤。

(1)**分析检索内容,明确信息需求。**

该步骤的主要工作是通过分析检索内容的主题、类型、用途和时间范围等,明确自身对信息的需求。很多用户在检索信息时可能会略过该步骤,但实际上该步骤十分重要,它能使用户充分了解要获取的信息,从而避免检索结果与预期结果大相径庭。

信息检索的基本流程

(2)**选择检索工具,了解检索系统。**

① 检索工具。检索工具是帮助用户快速、准确地检索所需信息的工具和设备的总称。常用的检索工具有搜索引擎、门户网站等。选择检索工具时,应遵循"高效"和"灵活"两大原则。

② 检索系统。检索系统是指用户检索信息时用到的检索工具、数据库、检索语言等组成的系统。例如,图书馆就是一个检索系统,其中的检索工具就是图书查询系统,数据库就是图书馆的所有图书,检索语言就是图书分类法。

(3)**实施检索策略,浏览初步结果。**

在明确信息需求、选好检索工具、了解检索系统后,就可以拟定信息检索策略了。检索策略主要包括以下两部分。

① 选取检索词。检索词是用户信息需求的具体表达,它是构成检索式的最基本单元。在选取检索词时,应注意以下4点。

➢ 提炼的检索词要能全面描述所要检索的信息,如使用"空间站"检索信息。

➢ 抽象的检索词要具体化,如将"环保"改为"绿色出行"。

➢ 删除意义不大的虚词、低频词等,如删除"哪些""相关"等。

➢ 对检索词进行适当替换和补充,如将"地铁"替换为"城市轨道交通"。

信息技术与人工智能

② 构建检索式。检索式是用户根据检索系统的检索语言对检索词进行的格式化表述，其呈现形式因检索系统而异。

(4) 评价检索结果，获取所需信息。

进行信息检索后，用户还需对检索结果进行评价，分析检索结果是否与检索式相匹配，是否能够满足信息需求或解决面临的问题。如果能，则挑选匹配程度最高的检索结果作为最终获取的信息；如果不能，就需要按照信息检索的基本步骤进行复盘，查看哪一步出了问题，及时调整检索策略，再次进行信息检索，直到对检索结果满意为止。

二、搜索引擎概述

1. 搜索引擎的分类

搜索引擎是根据用户需求，运用特定算法和策略从互联网中检索出特定信息并反馈给用户的一种检索工具。按照工作方式、搜索范围、目标用户等的不同，可以将搜索引擎大致分为全文搜索引擎、元搜索引擎、垂直搜索引擎和目录搜索引擎。例如，百度是国内最大的全文搜索引擎，在中文搜索领域具有领先地位。

(1) 全文搜索引擎。 全文搜索引擎也称关键词搜索引擎，这种搜索引擎从互联网上提取各个网站的信息（以网页文字为主）建成数据库，用户通过简单的操作（一般为输入关键词）即可快速检索想要获取的内容。

(2) 元搜索引擎。 元搜索引擎即"搜索引擎的搜索引擎"，它可以通过一个统一的用户界面帮助用户在多个搜索引擎中选择和利用合适的搜索引擎来实现检索操作，是一种对分布于网络的多种检索工具的全局控制机制。例如，觅搜作为元搜索引擎，其搜索结果主要来自百度、搜狗、谷歌等多个搜索引擎。

(3) 垂直搜索引擎。 垂直搜索引擎是针对某个行业或专业领域的搜索引擎，是搜索引擎的延伸和细分化应用。垂直搜索引擎可以为用户提供范围较小、极具针对性的具体信息。例如，携程就是国内知名的旅游领域的垂直搜索引擎。

(4) 目录搜索引擎。 目录搜索引擎以人工方式或半自动方式搜集信息，由编辑员查看信息之后，人工形成信息摘要，并将信息置于事先确定的分类框架中。目录搜索引擎可以提供目录浏览服务和直接检索服务，信息大多面向网站。例如，雅虎曾经是著名的目录搜索引擎之一，它通过人工方式或半自动方式搜集信息。但随着搜索引擎技术的发展，目录搜索引擎逐渐被基于算法的搜索引擎所替代。

2. 常用的搜索引擎

在上述 4 种搜索引擎中，全文搜索引擎凭借操作门槛低、搜索范围广、搜索结果丰富等优点广受用户欢迎，几乎成为如今搜索引擎的代名词。因此，此处所说的常用的搜索引擎是指全文搜索引擎。

目前，国内外较为知名的搜索引擎主要有百度、360 搜索、搜狗搜索、Microsoft Bing、Google 等，如图 5-1 所示。

项目五 沙里淘金——信息检索

图 5-1 常用的搜索引擎

拓展阅读

近年来，我国搜索引擎产品智能化水平不断提升，应用场景逐步丰富，在个人端和企业端均呈现纵深推进的良好态势。

（1）推出智能搜索产品。生成式人工智能技术的快速发展，推动传统搜索向问答式搜索演进，持续提升用户搜索体验。例如，360搜索接入"360智脑"，升级为基于人工智能的对话式搜索服务，为用户提供更加精准、个性化的搜索结果。

（2）探索智能制造应用。搜索引擎企业推动大模型与工业领域相结合，逐步提升制造业智能化水平，不断丰富和拓展新的应用场景。例如，百度"开物"平台基于大模型重构升级，工业模型覆盖安全生产、智慧物流、智慧质检等领域，协助企业降本增效。

三、常用的信息检索方法

1. 布尔逻辑检索

布尔逻辑检索（Boolean search）是一种基于布尔逻辑算符的信息精准检索方法。布尔逻辑算符是一种规定检索词之间逻辑关系的算符，目前较常用的布尔逻辑算符有逻辑"与"（如"既属于A又属于B"）、逻辑"或"（如"属于A或属于B"）和逻辑"非"（如"属于A但不属于B"）3种，如图5-2至图5-4所示。

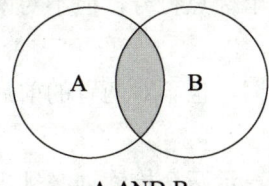

图 5-2 逻辑"与"

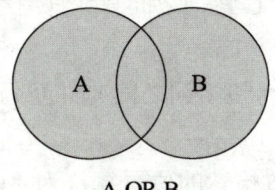

图 5-3 逻辑"或"

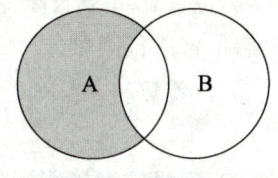

图 5-4 逻辑"非"

2. 截词检索

截词检索（truncation search）是利用检索词的词干或不完整的词形进行检索的技术，

它是一种预防漏检、提高查全率的信息检索方法。截词是指利用"?""*""$"等截词符号替换检索词的某处，使截断后的检索词具有多种可能的词义，这样既可节省输入的检索词数目，又可扩大信息检索范围。根据截词符号所在的位置，可以将截词检索分为前截断、后截断和中截断。

（1）前截断。若用户要检索的多个内容存在相同的词缀，则可使用前截断的截词检索。例如，使用"*ology"可检索出包含"biology""geology""psychology"等检索词的内容。

（2）后截断。若用户要检索的多个内容仅单词单复数、年份、作者等元素不同，则可使用后截断的截词检索。

（3）中截断。若用户要检索的检索词存在特殊单复数（如"man"和"men"）、英美拼写差异（如"colour"和"color"）等情况，为提高信息查全率，可使用中截断的截词检索。

> 大多数检索系统支持的截词检索都以后截断为主，仅部分检索系统支持中截断。此外，各检索系统中的截词符号不尽相同。在实际检索信息的过程中，用户可通过查看各检索系统的帮助文档来确定截词检索的具体规则。

3. 位置检索

位置检索（position search）是一种通过表示检索词之间的邻近关系进行检索的方法，它通常用位置算符限制检索词的前后位置和所间隔的单词数来实现精准检索。不同检索系统中的位置算符不尽相同。

一般来说，位置检索可分为词级位置检索、句级位置检索和同字段位置检索等。下面以 DIALOG 检索系统为例进行介绍。

（1）词级位置检索。词级位置检索的位置算符有"(W)""(nW)""(N)""(nN)"等。

① 位置算符"(W)"表示两个检索词之间只允许有空格或一个标点符号，且两者的前后位置也必须保持一致。

② 位置算符"(nW)"表示两个检索词之间允许间隔 n 个单词，但两者的前后位置必须保持一致。

③ 位置算符"(N)"表示两个检索词之间只允许有空格或一个标点符号，但不对两者的前后位置进行限制。

④ 位置算符"(nN)"表示两个检索词之间允许间隔 n 个单词，也不对两者的前后位置进行限制。

（2）句级位置检索。句级位置检索的位置算符为"(S)"，它表示两个检索词必须出现在同一个句子中，但不限制两者的前后位置和间隔的单词数。

（3）同字段位置检索。同字段位置检索的位置算符为"(F)"，它表示两个检索词必须出现在检索系统数据库中记录的同一个字段中，但不限制两者的前后位置和间隔的单词数。

4. 限制检索

限制检索（limitation search）全称是限制字段检索，它是一种通过限制算符限制检索范围，以达到优化检索结果、提高检索效率等目的的信息检索方法。限制检索在各种检索系统中的应用十分广泛。同样，不同检索系统中的限制算符也不尽相同。

下面以百度搜索引擎为例，介绍 3 种常用的限制算符。

（1）**限制算符"intitle:"**。该限制算符表示搜索结果的标题中必须包含"intitle:"后的检索词。例如，小李计划撰写一篇反映中国机器人产业发展现状的论文，他在百度搜索引擎中搜索关键词"中国机器人产业"后，出现了大量的搜索结果（见图 5-5），若直接使用这些信息，则小李需要在信息筛选上耗费大量时间。

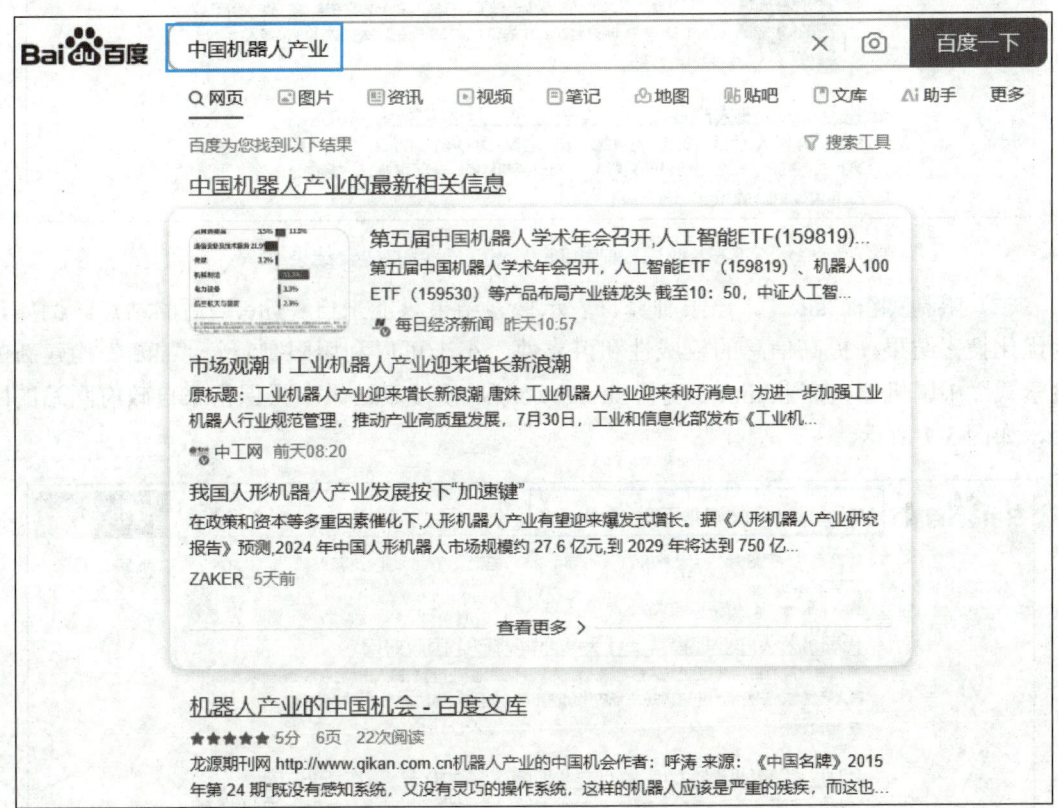

图 5-5　直接搜索的结果

为提高检索效率，可以利用限制算符"intitle:"构建新的检索式"中国机器人产业 intitle:现状"，搜索结果如图 5-6 所示。

> 在百度搜索引擎中，网页链接标题下方的文本也属于标题范畴，所以在使用限制算符"intitle:"筛选搜索结果时，这部分内容如果包含检索词，也会被保留下来。

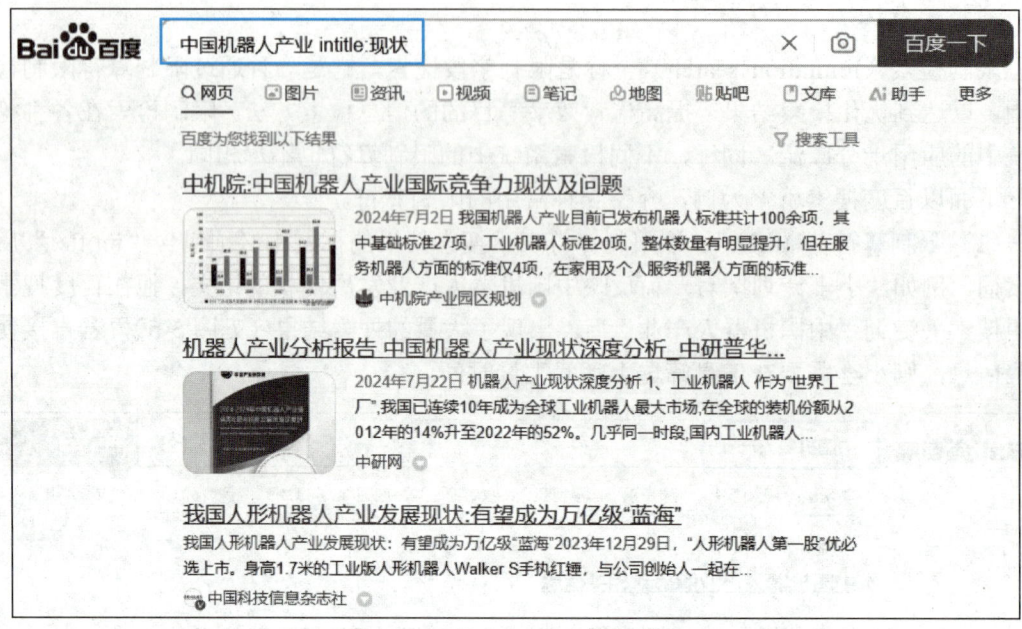

图 5-6 使用限制算符"intitle:"后的搜索结果

（2）**限制算符"site:"**。该限制算符表示搜索结果只能来自"site:"后的站点。例如，为优化搜索结果，提高信息的权威性和可靠性，小李可以利用限制算符"site:"构建新的检索式"中国机器人产业 intitle:现状 site:gov.cn"，使搜索结果中只保留来自政府网站的网页，如图 5-7 所示。

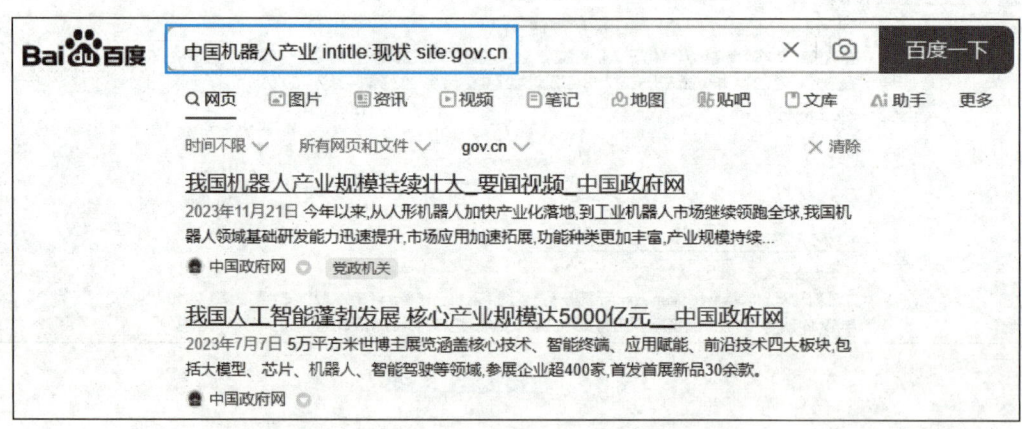

图 5-7 使用限制算符"site:"后的搜索结果

（3）**限制算符"filetype:"**。该限制算符表示搜索结果只能是"filetype:"后规定的文件格式。例如，小李计划用 WPS 文字来编写论文，直接搜索关键词"论文模板"，搜索结果如图 5-8 所示。为优化搜索结果，可以利用限制算符"filetype:"构建新的检索式"论文模板 filetype:DOC"，使搜索结果中只保留 DOC 格式的文档，如图 5-9 所示。

项目五 沙里淘金——信息检索

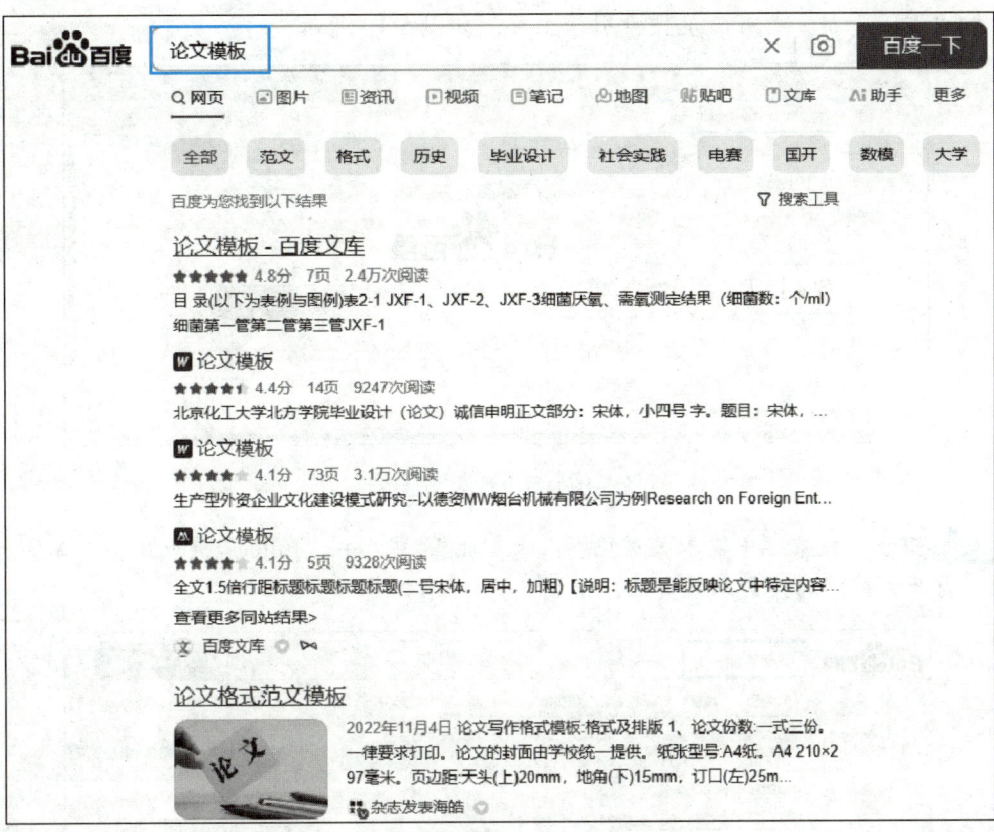

图 5-8 直接搜索的结果

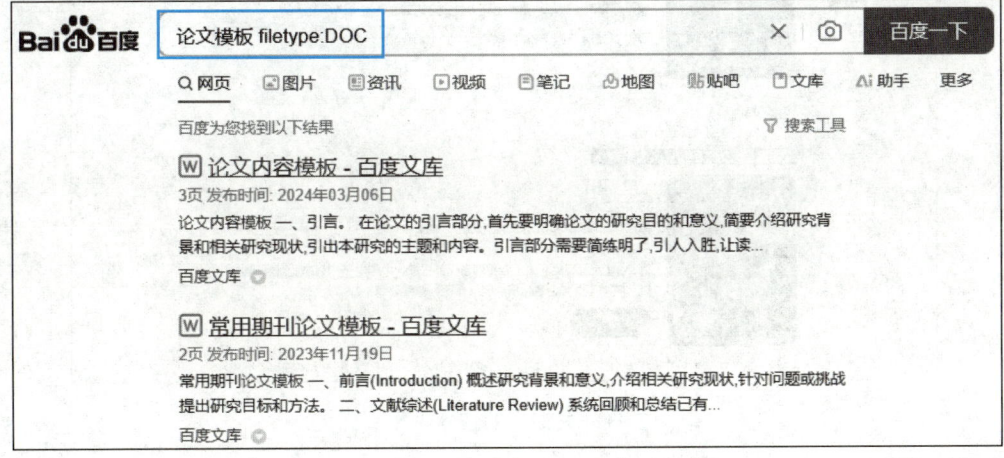

图 5-9 使用限制算符"filetype:"后的搜索结果

步骤 1 启动 Microsoft Edge 浏览器，在地址栏中输入网址"https://www.baidu.com"，

然后按"Enter"键,打开百度搜索引擎主页,如图5-10所示。

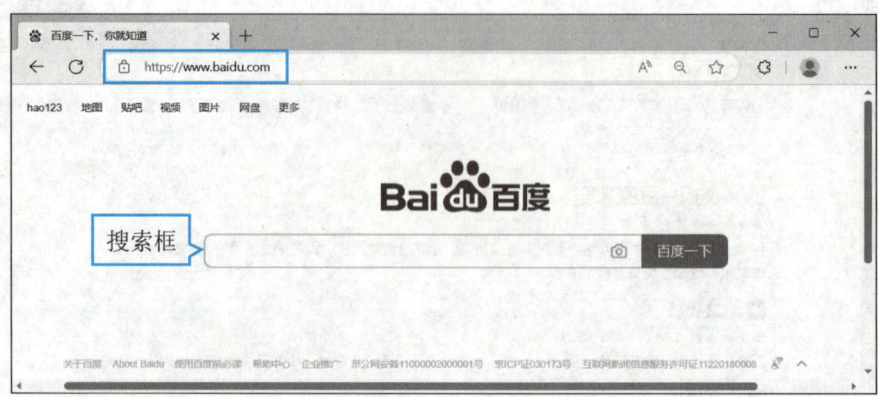

图5-10　百度搜索引擎主页

步骤 2 在搜索框中输入关键词"人工智能",然后按"Enter"键或单击"百度一下"按钮,打开关键词的搜索结果页面,如图5-11所示。

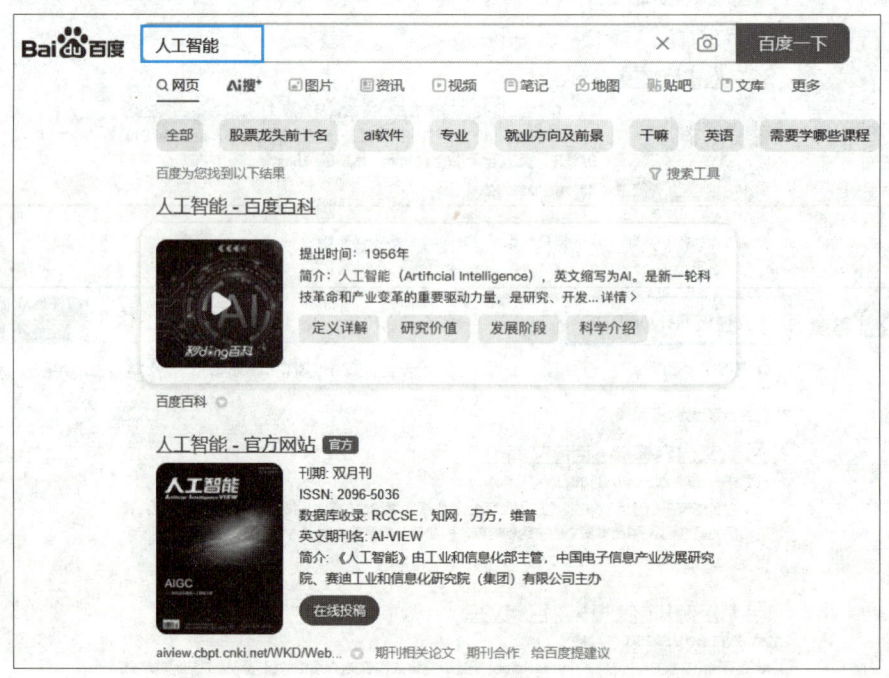

图5-11　关键词的搜索结果页面

步骤 3 利用布尔逻辑算符"与"构建新的检索式"人工智能 发展现状",然后按"Enter"键,查看人工智能发展现状的相关信息,如图5-12所示。

在百度搜索引擎中,通常使用空格来表示布尔逻辑算符"与"。

项目五 沙里淘金——信息检索

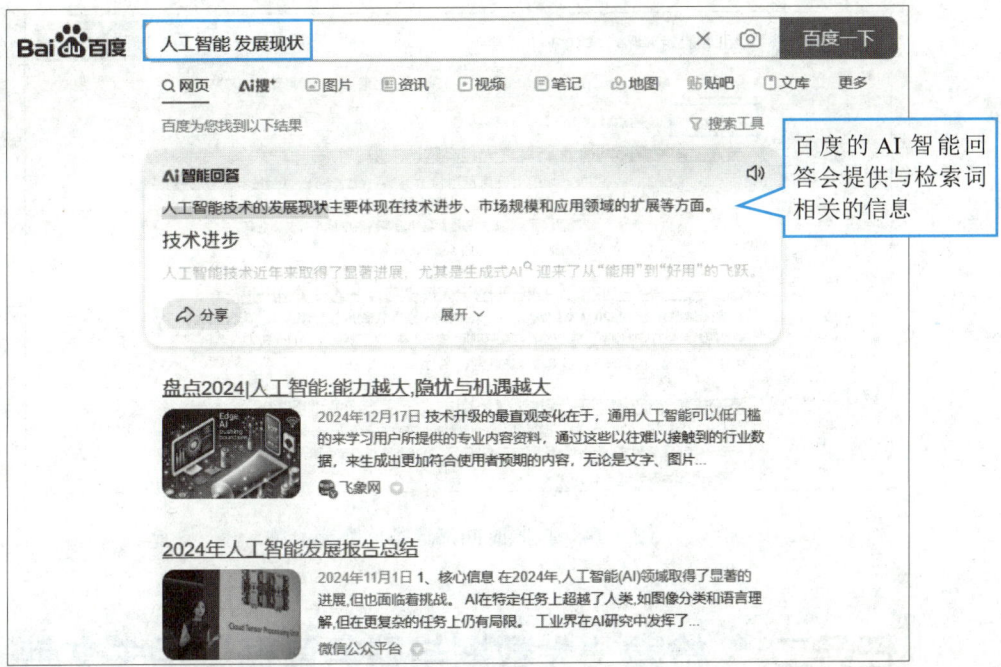

图 5-12 利用布尔逻辑算符"与"筛选信息

步骤 4 利用限制算符"site:"构建新的检索式"人工智能 发展现状 site:gov.cn",然后按"Enter"键,此时搜索结果中只保留政府网站发布的信息,如图 5-13 所示。

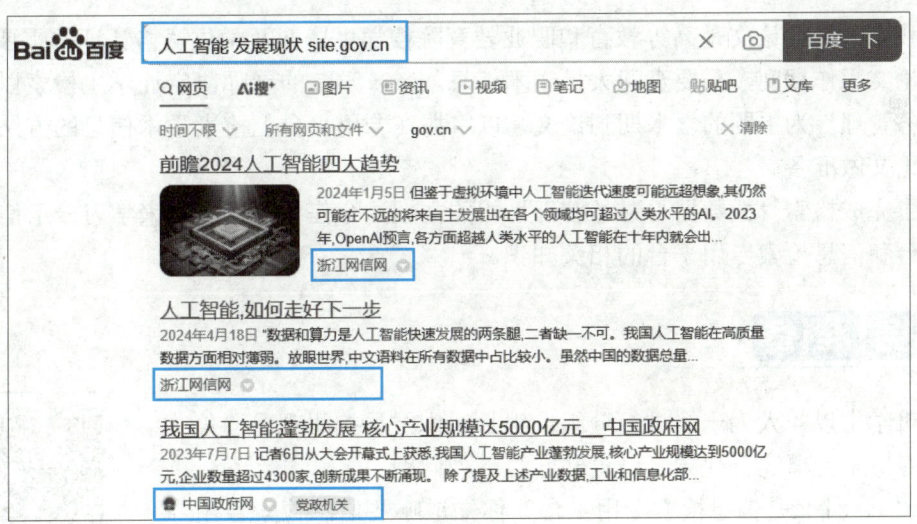

图 5-13 利用限制算符"site:"筛选信息

步骤 5 在搜索框下方的筛选条件中选择"时间不限"/"一月内"选项,查看一个月内政府网站发布的人工智能发展现状相关信息,如图 5-14 所示。

步骤 6 检索完成后,对搜集到的人工智能的最新发展动态进行整理,并以文档的形式保存下来。

189

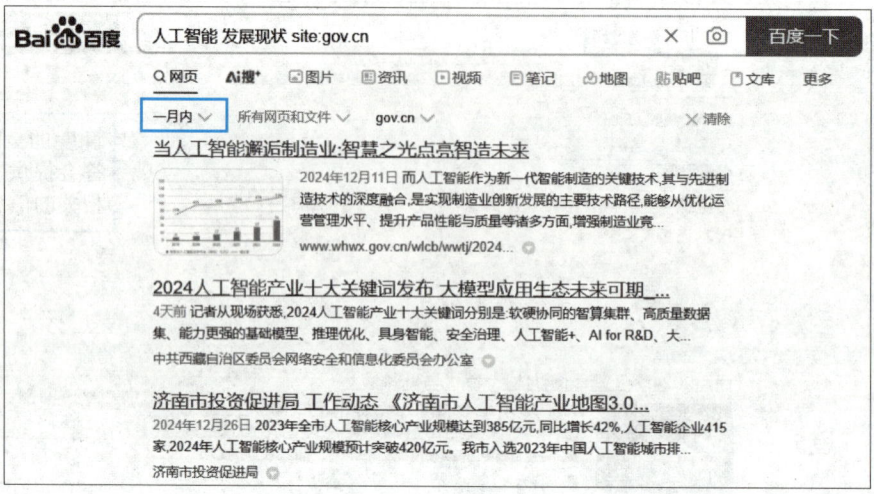

图 5-14　按照时间筛选条件筛选信息

任务二　检索"大数据与财务管理"相关文献

任务描述

在我国，毕业论文是高等教育和职业教育院校学生毕业及学位资格认证的重要依据。学生在论文写作期间，需要查阅大量学术信息。××学院的老师决定让学生检索以"大数据与财务管理"为主题的学术期刊论文，以掌握在专用平台上检索学术信息的方法，为编写毕业论文做准备。

为了完成检索"大数据与财务管理"相关文献这个任务，我们先来学习一下信息检索通用平台和信息检索专用平台的相关知识。

任务准备

全班学生以 4 人为一组进行分组，组长组织组员扫码观看"信息检索专用平台概述"视频，讨论并回答下列问题。

问题 1：什么是信息检索专用平台？你知道哪些信息检索专用平台？

信息检索专用平台概述

问题 2：哪些信息需要在专用平台上进行检索？为什么不直接使用搜索引擎检索？

项目五 沙里淘金——信息检索

任务理论

一、常用的信息检索通用平台

对于普通互联网用户来说，搜索引擎可满足其绝大多数的信息检索需求。然而，搜索引擎的搜索结果动辄上百万、上千万，且搜索结果往往存在重复、虚假、过时等现象，价值密度较低，从中筛选有价值信息的过程时常如同沙里淘金。因此，我们有必要了解一些信息更集中、针对性更强的垂直细分领域的信息平台，并利用它们提供的垂直搜索引擎精准、快速地获取相关信息。下面介绍几种常用的信息检索通用平台。

1. 综合资讯检索平台

如今，一些自媒体平台（如百家号、头条号、大鱼号等）和社交平台（如微信、新浪微博、小红书、知乎等）基于其庞大的用户群体所产生的海量数据，形成了包罗万象的自有数据库。凭借此类数据库，这些平台已成为可以媲美全文搜索引擎的综合资讯检索平台，其资讯内容在时效性方面更具优势。

例如，新浪微博（其首页见图5-15）不仅是面向大众的社交媒体，而且是具有海量信息、搜索灵活高效、搜索结果个性化和时效性极强的信息检索通用平台。新浪微博提供了站内信息垂直搜索功能，使用方法与百度、360搜索等搜索引擎基本无异。

图 5-15 新浪微博首页

2. 视频资料检索平台

目前，国内较知名的视频平台有抖音、央视网、哔哩哔哩、好看视频等，下面重点介绍央视网和哔哩哔哩这两大平台。

(1) 央视网。央视网由中央广播电视总台主办，是以视频为特色的中央重点新闻网站。由于电视媒体的严谨性和中央媒体的权威性，央视网的视频质量和可信度非常高。因此，用户可通过央视网检索到质量和可信度较高的视频资料。

(2) 哔哩哔哩。哔哩哔哩（俗称B站）是国内知名的视频弹幕网站，它拥有趣味性较高的弹幕互动机制和开放自由的创作环境，已成为年轻群体高度聚集的文化社区和视频平台。B站中的视频大多为用户自行制作和上传，视频种类齐全、主题丰富、内容生动、质量较高。因此，若用户需要搜索趣味性高、制作精良的视频（如趣味科普视频），可在B站中进行检索和浏览。

3. 知识百科检索平台

互联网中存在很多知识百科检索平台，它们涵盖了各领域的知识，可帮助用户快速了解基本概念和相关知识点，是信息时代的网络百科全书。

目前，国内外常用的知识百科检索平台有百度百科、360百科、搜狗百科（其首页见图5-16）、维基百科等。这些知识百科检索平台大多遵循百科全书的构建逻辑，即以某个概念、名词或条目（统称为词条）为基本单元，并对每个词条进行详细解释。

图5-16 搜狗百科首页

4. 文件资料检索平台

对于广大学生来说，知识类、专业类的文件资料是日常学习中不可或缺的。当前国内较为知名的文件资料检索和下载平台有百度文库、道客巴巴、爱问文库、360doc个人图书馆、豆丁网等。其中，百度文库（其主页见图5-17）中收录的文件资料丰富且全面。在日常学习中，用户可将百度文库作为搜索文件资料的主要平台，其余平台作为辅助平台。

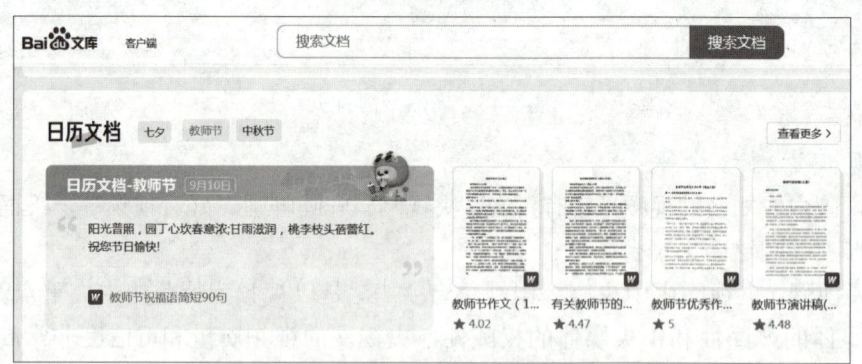

图5-17 百度文库主页

5. 网络课程检索平台

网络课程可打破时空限制，实现远程教学、师生互动、资料同步、线上辅导等功能。当前国内较为知名的网络课程检索平台有中国大学MOOC（其主页见图5-18）、爱课程、学堂在线、智慧职教 MOOC 等。学生可在这些平台上检索并学习自己感兴趣的课程，从而不断提升自身水平。

图 5-18　中国大学 MOOC 主页

二、常用的信息检索专用平台

目前，中文学术信息资源检索专用平台以中国知网、万方数据知识服务平台和维普网最为知名，下面重点介绍这三大网站，并介绍一些在更加细分的领域较为知名的网站。

1．中国知网

中国知网即中国知识基础设施工程（China national knowledge infrastructure，CNKI），是全球知名的中文学术资源数据库，收录了 95% 以上正式出版的中文学术资源，涵盖学术期刊、学位论文、会议、报纸、工具书、年鉴、图书、专利、标准、成果、法律法规、科技报告等多种文献类型。而且，中国知网提供跨库检索，可为全网教师、学生和科研人员提供多种学术信息资源的一站式检索、导航、统计和可视化分析等服务。

2．万方数据知识服务平台

万方数据知识服务平台简称万方，由北京万方数据股份有限公司开发，它涵盖了学术期刊、学位论文、会议论文、科技报告、专利、标准、科技成果、法律法规、地方志、视频等多种文献类型。

与其他知名文献数据库相比，万方具有地方志、视频等特色资源，且在资源收集上注重高校、研究机构出版的文献。在文献检索方面，万方的检索功能更加智能化，其提供的全文深度检索功能有利于发掘文献内部的隐含知识。

3．维普网

维普网原名"维普资讯网"，是重庆维普资讯有限公司建立的综合性期刊文献服务平台。该平台已累计收录期刊 15 000 余种，其中包括现刊 9 000 余种，内容涵盖哲学、社会科学、自然科学、工程技术、医药卫生、农业科学等多个领域，是我国网络数字图书馆建设的核心资源之一。

4．其他学术信息检索平台

（1）**电子图书检索平台**。目前国内较知名的电子图书检索平台有超星数字图书馆、中国国家数字图书馆、全国图书馆参考咨询联盟等。

（2）**专利检索平台**。目前国内较知名的专利检索平台有国家知识产权局专利检索及分析系统、中国专利公布公告系统、国家重点产业专利信息服务平台等。

（3）**商标检索平台**。目前国内较知名的商标检索平台有中国商标网、中华商标协会官方网站等。

（4）**标准检索平台**。目前国内较知名的标准检索平台有全国标准信息公共服务平台、国家标准全文公开系统、中国标准服务网等。

（5）**外文文献检索平台**。目前较知名的外文文献检索平台有谷歌学术、Web of Science、SpringerLink、EBSCOhost 等。

拓展阅读

随着技术的持续升级和算法的不断优化，信息检索能够更精准地理解用户查询意图，更高效地组织和管理信息资源，从而更出色地满足用户的信息需求。未来，信息检索将朝着更智能化、个性化的方向发展，做到依据用户的偏好和需求，为其提供定制化的检索服务。

任务实施

步骤 1 启动 Microsoft Edge 浏览器，在地址栏中输入网址"https://www.cnki.net"并按"Enter"键，打开中国知网首页。

步骤 2 在检索框中输入"大数据与财务管理"并按"Enter"键，打开检索结果页面；单击检索框左侧的"主题"下拉按钮，在展开的下拉列表中选择"篇关摘"选项（见图5-19），然后单击检索框右侧的"结果中检索"按钮。

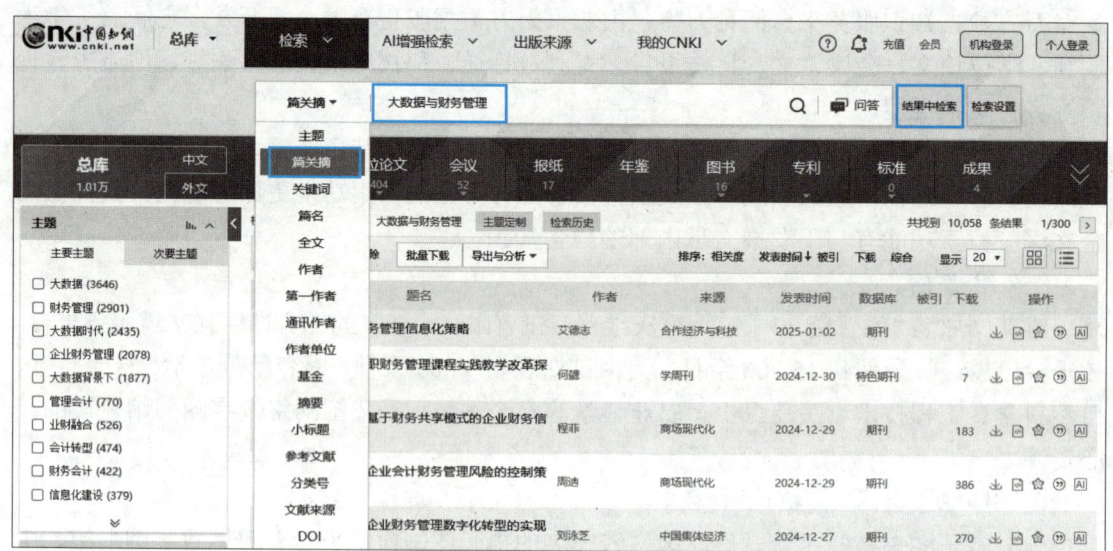

图 5-19　初步检索后选择"篇关摘"选项

项目五 沙里淘金——信息检索

> 💡 **小提示**
>
> 中国知网上的学术信息数以百万计，为了让用户能够更加高效地检索所需信息，中国知网利用检索字段对文献进行了分类。图 5-19 中的"主题""篇关摘""关键词""篇名"等都是常用的检索字段。其中，"篇关摘"是指在篇名、关键词和摘要范围内进行检索。除使用检索字段外，用户还可通过限定发表年度、文献类型、语言、学科等方式，使检索结果更加精准。

步骤 3 在左侧窗格的"主题"列表框的"主要主题"选项卡中勾选"大数据"复选框，在"次要主题"选项卡中勾选"财务管理"复选框，在"学科"列表框中勾选"会计"复选框，添加限定条件，如图 5-20 所示。

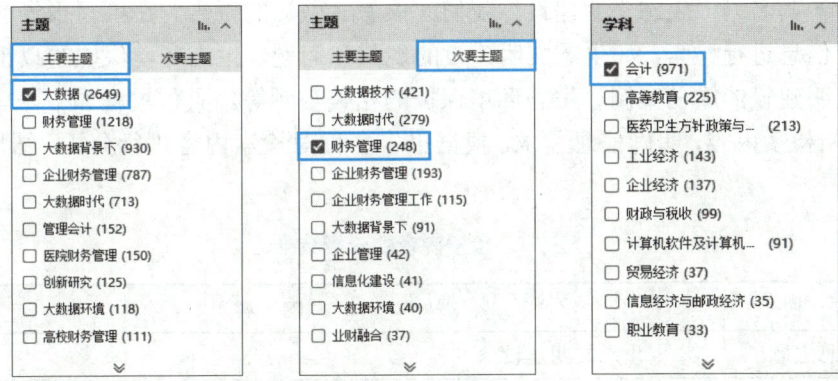

图 5-20 添加限定条件

步骤 4 单击检索框下方的"学术期刊"按钮，从检索结果中将学术期刊筛选出来，如图 5-21 所示。

图 5-21 筛选学术期刊

195

步骤 5 在检索结果中单击某篇学术期刊论文,打开该论文的详情页,查看其摘要、关键词、专辑、专题、分类号等信息,并根据需要选择在线阅读或下载该学术期刊论文。

步骤 6 检索完成后,对检索到的大数据与财务管理相关文献进行整理,并以文档的形式保存下来。

项目实训

1. 实训目的

本实训通过检索撰写调查报告所需的信息来进一步巩固信息检索的相关知识。

2. 实训内容

请撰写一篇名为"生态文明建设,我们应该怎么做"的报告。在撰写报告前,需要对报告所需的信息进行检索,如生态文明建设的现状和问题、生态环境保护的政策和法律法规、生态文明建设的成功案例、生态环境保护的相关视频等。具体过程如下。

(1)分析检索内容,明确信息需求。根据报告名称对检索内容进行分析,结果如表 5-1 所示。

表 5-1 检索内容的分析结果

项 目	内 容
信息主题	生态文明建设
信息类型	政策文件、资讯报道、专家观点、视频等
信息用途	撰写报告
信息时间范围	近 3 年
信息涉及领域	环境保护、气候变化、生态系统、绿色产业等
其他	重点关注生态环境保护的政策和法律法规,生态文明建设的实践经验、成功案例、专家观点等信息

(2)选择检索工具,了解检索系统。考虑到要检索的信息以政策文件、资讯报道和专家观点为主,应综合使用各类检索工具,并重点选择百度、人民网、央视网等。

(3)实施检索策略,浏览初步结果。选取"××××年生态文明建设""环境保护""绿色发展""低碳生活"等作为主要检索词,并根据各检索系统的检索语言构建检索式。例如,在百度中输入检索式"2024年生态文明建设 site:people.com.cn",按"Enter"键后,即可在搜索结果中查找到 2024 年人民网发布的有关生态文明建设的信息。

(4)评价检索结果,获取所需信息。在对检索结果进行浏览后,可选取检索结果中的一些政策文件作为报告中的材料支撑。

(5)参考上述检索信息的基本流程,检索其他相关信息,将检索过程和结果记录下来。

项目五 沙里淘金——信息检索

项目考核

1. 选择题

(1) 下列关于信息检索的说法，错误的是（　　）。
　　A．信息检索为人们的学习和生活带来了很大便利
　　B．信息检索能帮助人们快速、准确地找到所需信息
　　C．信息检索有广义和狭义之分
　　D．信息检索就是使用搜索引擎搜索信息

(2) 下列选项中，不属于信息检索基本流程的是（　　）。
　　A．评价检索结果，获取所需信息
　　B．实施检索策略，浏览初步结果
　　C．分析竞争对手，确立竞品意识
　　D．选择检索工具，了解检索系统

(3) 下列关于全文搜索引擎的说法，错误的是（　　）。
　　A．全文搜索引擎是搜索引擎的延伸和细分化应用
　　B．利用全文搜索引擎，用户通过简单的操作即可快速检索想要获取的内容
　　C．全文搜索引擎也称关键词搜索引擎
　　D．全文搜索引擎非常适合尚未明确检索意图的用户

(4) 下列选项中，不属于常用搜索引擎的是（　　）。
　　A．360 搜索　　　　　　　　　　　B．搜狗搜索
　　C．百度　　　　　　　　　　　　　D．网易严选

(5) 下列选项中，不属于常用信息检索方法的是（　　）。
　　A．截词检索　　　　　　　　　　　B．路径检索
　　C．限制检索　　　　　　　　　　　D．布尔逻辑检索

(6) 下列选项中，不属于布尔逻辑算符的是（　　）。
　　A．NO　　　　　　　　　　　　　B．AND
　　C．OR　　　　　　　　　　　　　D．NOT

(7) 下列选项中，属于知识百科检索平台的是（　　）。
　　A．哔哩哔哩　　　　　　　　　　　B．360 百科
　　C．新浪微博　　　　　　　　　　　D．中国大学 MOOC

(8) 在中国知网中，无法检索的数据类型是（　　）。
　　A．中国学术期刊
　　B．中国博士学位论文
　　C．电视节目
　　D．中国优秀硕士学位论文

(9) 要检索某个专利的相关信息，可使用（　　　）。

　　A．超星数字图书馆

　　B．国家标准全文公开系统

　　C．中国商标网

　　D．国家知识产权局专利检索及分析系统

2．判断题

(1) 信息检索就是网络信息检索。　　　　　　　　　　　　　　　　　（　）

(2) 选择和使用检索工具时，应根据信息需求灵活搭配多种检索工具。　（　）

(3) 目录搜索引擎是针对某个行业或专业领域的搜索引擎。　　　　　　（　）

(4) 检索式"A OR B"表示检索结果中必须同时包含 A 和 B。　　　　　（　）

(5) 截词检索是利用检索词的词干或不完整的词形进行检索的技术。　　（　）

(6) 利用限制检索可以达到优化检索结果、提高检索效率的目的。　　　（　）

(7) 百度文库是当前国内较为知名的文件资料检索和下载平台。　　　　（　）

(8) 哔哩哔哩不属于信息检索平台。　　　　　　　　　　　　　　　　（　）

(9) 维普网是一个专注于收录医学领域期刊的文献服务平台。　　　　　（　）

项目评价

请学生结合本项目的学习情况，对学习成果进行自评和互评（组内成员相互评分），请指导教师进行师评和总评，并将评价结果填入表 5-2 中。

表 5-2　学习成果评价表

评价项目	评价内容	分值	评价分数 自评	互评	师评
知识（40%）	信息检索的概念和基本流程	10 分			
知识（40%）	常用的搜索引擎	10 分			
知识（40%）	常用的信息检索方法	10 分			
知识（40%）	常用的信息检索通用平台和信息检索专用平台	10 分			
技能（30%）	使用布尔逻辑检索、截词检索、位置检索、限制检索等常用信息检索方法检索信息	10 分			
技能（30%）	根据特定的信息需求选择合适的信息检索工具和平台	10 分			
技能（30%）	以有效的方法和手段判断信息的真实性、可靠性及有效性	10 分			

项目五　沙里淘金——信息检索

表 5-2（续）

评价项目	评价内容	分值	评价分数		
			自评	互评	师评
素养（30%）	具有自主学习意识，做好课前准备	10 分			
	善于思考，积极参与，勇于提出问题	10 分			
	具有团队合作精神，出色完成小组任务	10 分			
合计		100 分			
总评	综合得分：_____	指导教师签字：_____			
	综合等级：_____				

注：综合得分可按照"自评（25%）+互评（25%）+师评（50%）"进行计算；综合等级可以"优"（综合得分≥90 分）、"良"（80 分≤综合得分＜90 分）、"中"（60 分≤综合得分＜80 分）、"差"（综合得分＜60 分）为标准进行评价。

项目六

修身正己——信息素养与社会责任

信息素养与社会责任是指在信息技术领域，通过对信息行业相关知识的了解，内化形成的职业素养和行为自律能力。信息素养与社会责任对个人在各自行业的发展起着重要作用。本项目主要介绍信息素养、信息安全、信息伦理和职业行为自律的相关知识。

知识目标

熟悉信息素养的概念、主要要素及提升途径；了解信息安全的概念和目标；熟悉信息安全面临的威胁和防御措施；了解信息安全相关法律法规；了解信息伦理和职业行为自律的相关知识。

能力目标

能够利用互联网开展网络学习；提升自身信息素养；能够使用安全防护软件保护自身信息安全，具备自我防护能力；能够正确认识信息伦理失范行为的不良影响。

素质目标

树立正确的职业价值观，增强"服务社会，回报社会"意识；强化信息安全意识，提高自我防护能力；自觉遵守信息安全相关法律法规及信息伦理规范，培养良好的网络行为习惯。

项目六 修身正己——信息素养与社会责任

任务一　在中国大学 MOOC 平台上学习线上课程

任务描述

如今，互联网与人们的生活息息相关，为人们提供了及时、丰富和有趣的信息。作为新一代学生，应学会利用网络资源提高学习效率，提升信息素养。××学院的老师决定让学生在中国大学 MOOC 平台上学习线上课程，以提升自身信息素养。

为了完成中国大学 MOOC 平台上学习线上课程这个任务，我们先来学习一下信息素养的概念、主要要素和提升途径。

任务准备

全班学生以 4 人为一组进行分组，组长组织组员扫码观看"信息素养概述"视频，讨论并回答下列问题。

问题1：什么是信息素养？

问题2：信息素养有哪些基本要素？

信息素养概述

任务理论

一、认识信息素养

信息素养（information literacy, IL）的概念源于图书馆素养（library literacy）。在信息社会到来之前，图书馆是人们获取信息的主要渠道。由于图书馆中的藏书众多，读者要想快速获取信息，就必须掌握高效利用图书馆信息资源的方法。为此，图书馆会定期开展文献检索技能培训，而图书馆素养就是读者在经过图书馆培训后具备的素养。

随着信息技术的发展，信息化成了社会发展的大趋势，图书馆素养已经无法满足时代发展需求。于是，信息素养应运而生。

信息素养的概念最早由美国信息产业协会主席保罗·泽考斯基于 1974 年提出，是指利用大量的信息工具和主要信息源解决实际问题的技能。但是，信息素养的概念并不是一成不变的，随着信息社会的发展，其内涵和外延在不断丰富。

如今，信息素养不仅是一种技术能力，更是一种适应信息社会的基本素养，它涵盖人们获取、理解、评估、利用、交流和创造信息的全过程，涉及人们日常生活、学习、工作、

信息技术与人工智能

娱乐的方方面面，是个人终身学习、创新型人才培养、信息技术发展、学习型社会建设的重要基础。

二、信息素养的主要要素

信息素养主要包括信息意识、信息知识、信息能力和信息伦理4个要素，它们共同构成了一个不可分割的统一整体。

1. 信息意识

信息意识是指个体对信息的敏感度和对信息价值的判断力，它是信息素养的前提。有无信息意识决定了人们能否捕捉、判断和利用信息，而信息意识的强弱决定了人们能否从已获取的信息中挖掘出有价值的信息。因此，信息意识对人们信息获取与判断能力的提升起着关键作用。

2. 信息知识

信息知识是信息素养的基础，包括信息的特点与类型、信息交流和传播的基本规律与方式、信息的功能与作用、信息检索方法等方面的知识。只有具备了信息知识，人们才能更好地辨别信息，以及获取和利用信息。

3. 信息能力

信息能力是信息素养的保证，也是信息素养最核心的要素。在信息社会中，大多数工作都需要从业者具备信息能力。一般来说，核心的信息能力包括信息发现能力、信息检索能力、信息组织能力、信息分析能力和信息评价能力，这些能力体现在人们对信息的获取、理解、评估、利用、交流和创造等过程中。

4. 信息伦理

信息伦理是信息素养的准则，是指人们在从事信息活动时需要遵守的信息道德准则和需要承担的社会责任。信息伦理要求人们具有一定的信息意识、知识与能力，遵守信息相关的法律法规，信守信息社会的道德与伦理准则，在现实空间和虚拟空间中遵守公共规范。倡导信息伦理，能够有效维护信息活动中的个人合法权益和公共信息安全。

> **知识库**
>
> 信息素养代表了个体在获取、评估和利用信息时所具备的知识、技能和态度，而社会责任则代表了个体在社会中所承担的责任和义务，包括对他人、对社会、对环境的责任和义务。总之，信息素养与社会责任是相辅相成的，信息素养的提升有助于更好地履行社会责任，而社会责任的承担也需要建立在良好的信息素养之上。

三、信息素养的提升途径

在信息时代，信息素养几乎成为每个人必备的基本技能之一。具备良好的信息素养，不仅能帮助我们更好地适应信息社会的发展，还能提高我们的学习效率和工作能力，促进

项目六　修身正己——信息素养与社会责任

个人全面发展。有效提升信息素养的途径有以下几个。

1. 培养信息意识

提升信息素养首先要从培养信息意识开始。而培养信息意识，要在日常学习和工作中始终保持对信息的敏感性和警觉性，能够主动关注、搜集、整理和分析与自身学习、工作相关的信息，养成良好的信息获取与评估习惯。

2. 学习相关课程

通过学习信息素养相关课程，如信息检索与利用、大数据分析、信息资源管理等，可以系统地掌握信息素养的基础知识和技能。

3. 参与实践活动

实践是检验和提升信息素养的有效途径。通过参与各种信息实践活动，如自媒体内容创作与发布、网络调研项目、数据分析项目等，可以将所学知识应用于实际工作和生活中，不断积累经验，提升信息素养实践能力。

4. 利用在线资源

充分利用各种在线资源，如学术数据库、开放课程等，拓宽信息获取渠道，提升信息处理能力。

任务实施

步骤 1 启动 Microsoft Edge 浏览器，使用百度搜索引擎搜索关键词"中国大学 MOOC"，然后在搜索结果页面中单击中国大学 MOOC 平台的官方网站链接，如图 6-1 所示。

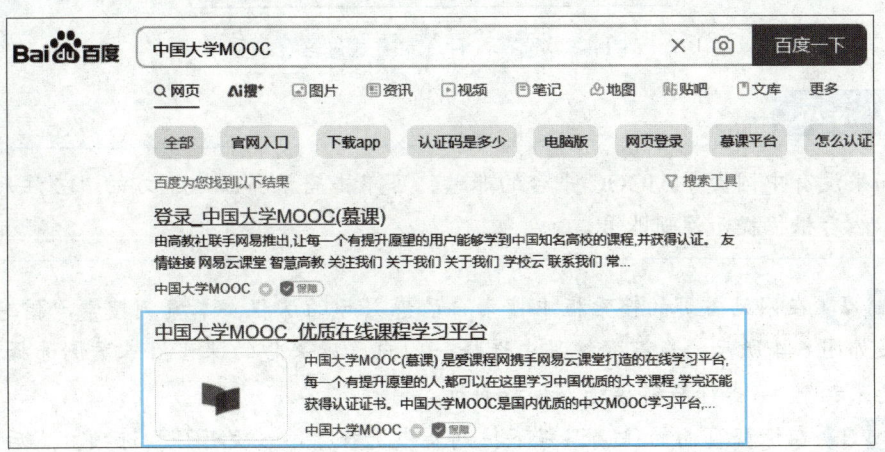

图 6-1　单击中国大学 MOOC 平台的官方网站链接

步骤 2 打开中国大学 MOOC 平台的官方网站首页，单击右上方的"登录"按钮，如图 6-2 所示。

步骤 3 在打开的登录界面中选择一种登录方式，本案例选择手机号登录方式，然后输入手机号和密码，最后单击"登录"按钮，如图 6-3 所示。

信息技术与人工智能

图 6-2　单击"登录"按钮

图 6-3　选择一种登录方式进行登录

 小提示

如果没有中国大学 MOOC 平台的账号，可单击登录界面右下方的"去注册"文字链接，然后根据提示注册账号。

步骤 4　在网站首页的搜索框中搜索自己感兴趣的课程，本案例搜索"信息素养"，搜索结果如图 6-4 所示。在搜索结果中选择一门自己感兴趣的课程，本案例选择"计算思维与信息素养"，单击课程链接进入课程页面。

步骤 5　在课程页面的往期课程下拉列表中选择"第 5 次开课"选项，然后单击"立即自学"按钮（见图 6-5），在弹出的"中国大学 MOOC 在线学习诚信协议"对话框中勾选"我已认真阅读并同意上述相关内容"复选框，并单击"确定"按钮。

步骤 6　进入课程学习页面，单击左侧导航栏中的"课件"按钮，在右侧窗口中可查看课程对应的课件列表（见图 6-6），单击某个课件，可展开其内容并进行学习。此外，单击"测验与作业"按钮，可查看并完成教师发布的测试题和作业。

项目六 修身正己——信息素养与社会责任

图 6-4 课程搜索结果

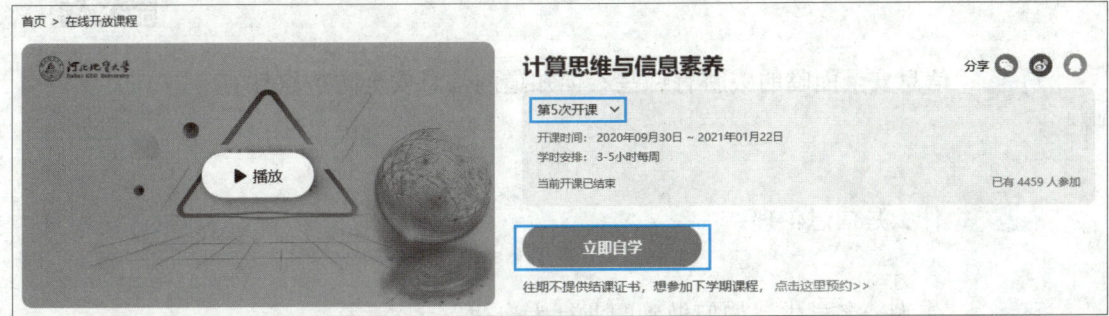

图 6-5 参加课程

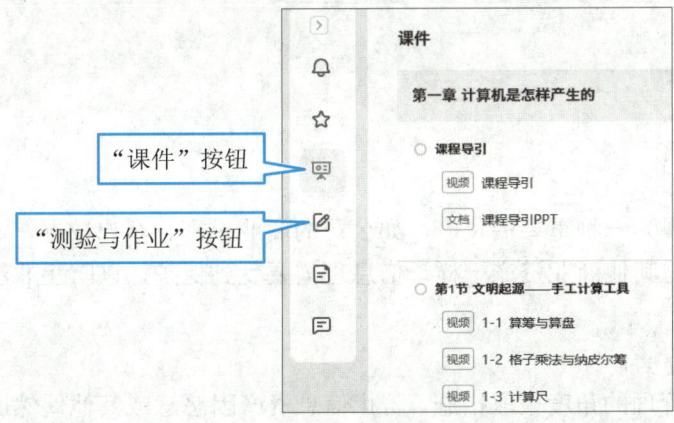

图 6-6 课程学习页面

任务二 利用360安全卫士保障信息安全

任务描述

360安全卫士作为一款深受用户欢迎的计算机安全管理和系统维护软件,可为计算机提供实时安全防护,保障用户的信息安全。××学院的老师决定让学生启用360安全卫士,以借助其强大的功能保障学生个人信息安全。

为了完成利用360安全卫士保障信息安全这个任务,我们先来学习一下信息安全的基础知识、信息安全相关法律法规、信息伦理和职业行为自律。

任务准备

全班学生以4人为一组进行分组,组长组织组员扫码观看"信息安全与信息伦理概述"视频,讨论并回答下列问题。

问题1:什么是信息安全?信息安全的目标是什么?

问题2:信息安全面临的威胁有哪些?你知道的信息安全防护软件有哪些?

信息安全
与信息伦理概述

问题3:什么是信息伦理?

问题4:作为一名学生,如何做到职业行为自律?

任务理论

一、认识信息安全

在当代社会中,信息被视为一种重要的资产,如公司的商业机密、客户数据、财务信息等都是公司的重要资产。与其他商业资产一样,信息也需要受到保护,以防止非法的访问、泄露或损坏。

1. 信息安全的概念

信息安全是指从技术和管理的角度采取措施,防止信息资产因恶意或其他偶然原因在未授权的情况下被泄露、破坏、更改或者遭到非法的系统辨识、控制。它是一门涉及计算机科学、网络技术、通信技术、计算机病毒学、密码学、应用数学、数论、信息论、法学、犯罪学、心理学、经济学、审计学等多门学科的综合性学科。

2. 信息安全的目标

信息安全的目标是保护和维持信息的三大基本安全属性，即保密性（confidentiality）、完整性（integrity）和可用性（availability），这三者也常合称为信息的 CIA 属性。此外，信息安全的目标有时还包括保护和维持信息的可控性（controllability）、真实性（authenticity）和不可否认性（non-repudiation）等。

（1）保密性是指确保信息在存储、使用、传输过程中不会泄露给未授权用户或实体。

（2）完整性是指确保信息在存储、使用、传输过程中不会被未授权用户篡改，同时还要防止授权用户对系统及信息进行不恰当的修改。

（3）可用性是指确保授权用户或实体对信息及资源的正常使用不会被异常拒绝，允许授权用户或实体及时访问信息及资源。

（4）可控性是指对系统中的信息传播及内容具有控制能力。

（5）真实性是指验证某个通信参与者的身份，确保与其申明的身份一致，防止冒名顶替。

（6）不可否认性是指防止通信参与者事后否认参与通信。

3. 信息安全面临的威胁

信息安全面临的威胁包括计算机病毒、黑客攻击、预置陷阱、网络诈骗和内部威胁等。

（1）**计算机病毒**。计算机病毒是指能够破坏计算机功能或数据，并且能够自我复制的计算机指令或程序，如蠕虫病毒（Conficker 蠕虫）、木马病毒（特洛伊木马）等。计算机病毒通常具有传染性、隐蔽性、潜伏性、可触发性和破坏性等特征。

（2）**黑客攻击**。黑客是指计算机系统的入侵者。黑客攻击是指黑客利用系统漏洞和弱点非法入侵计算机系统，以窃取数据、破坏系统或进行其他恶意活动。黑客攻击已成为当前信息安全面临的主要威胁之一。

（3）**预置陷阱**。预置陷阱是指在网络信息系统的软件或硬件中预置一些可以干扰或破坏系统正常运行的程序或窃取系统信息的"后门"。预置陷阱的不法分子可以借助"后门"绕过网络信息系统的防火墙或安全检查，并利用未授权的方式访问系统或激活预置的程序，从而破坏系统运行。

（4）**网络诈骗**。网络诈骗是指不法分子通过各种手段（如钓鱼网站、恶意软件等）获取用户的个人信息（如身份证号、银行账户信息、社交媒体账号等），并利用这些信息进行身份盗窃或其他欺诈活动，以非法获取公私财物。网络诈骗不仅会给人们带来严重的财产和声誉损失，还会对社会的稳定造成影响。

（5）**内部威胁**。内部威胁是指来自企业内部的威胁。例如，由于企业内部员工的操作不当、恶意报复等行为，导致企业内部数据泄露。内部威胁会给企业带来不可估量的损失，甚至影响企业的发展。

4. 信息安全的防御措施

信息安全的防御措施主要有以下几种。

（1）**加强密码管理**。各类账号的密码尽量使用包含大写字母、小写字母、数字和特殊字符的复杂密码，不将自己的生日或手机号码设置为密码；定期修改密码，且不同的账号使用不同的密码；增加额外的安全验证，如短信验证、指纹识别等。

（2）**定期更新系统**。启用系统的自动更新功能，确保系统始终处于最新状态，及时修复潜在的安全漏洞；定期检查系统更新，确保系统没有遗漏重要的安全补丁。

（3）**安装防病毒软件和启用防火墙**。安装杀毒软件（如 360 安全卫士），定期检测和清除病毒或恶意软件；启用防火墙（如 Windows Defender 防火墙），监测网络流量，降低计算机受到攻击的风险。

（4）**定期备份数据**。定期将重要数据备份到云端或外部存储设备，防止数据丢失或损坏。

（5）**物理安全控制**。加强机房、办公室等场所的安全防护，如安装门禁、视频监控等安防系统；限制光盘、移动硬盘等物理媒介的使用，防止数据被非法复制。

（6）**增强个人安全意识**。不随意将访问通讯录、麦克风、摄像头等隐私权限授予应用程序；不随意丢弃个人存取款凭条、快递单、火车票等重要单据；在丢弃或出售旧手机、旧计算机前，清除所有个人隐私信息。

二、信息安全相关法律法规

我国历来重视信息安全法律法规的建设，经过多年探索和实践，我国已经制定和颁布多项涉及信息系统安全、信息内容安全、信息产品安全、网络犯罪、密码管理等方面的法律法规，构建了较为完善的信息安全法律法规框架，部分法律法规如图 6-7 所示。

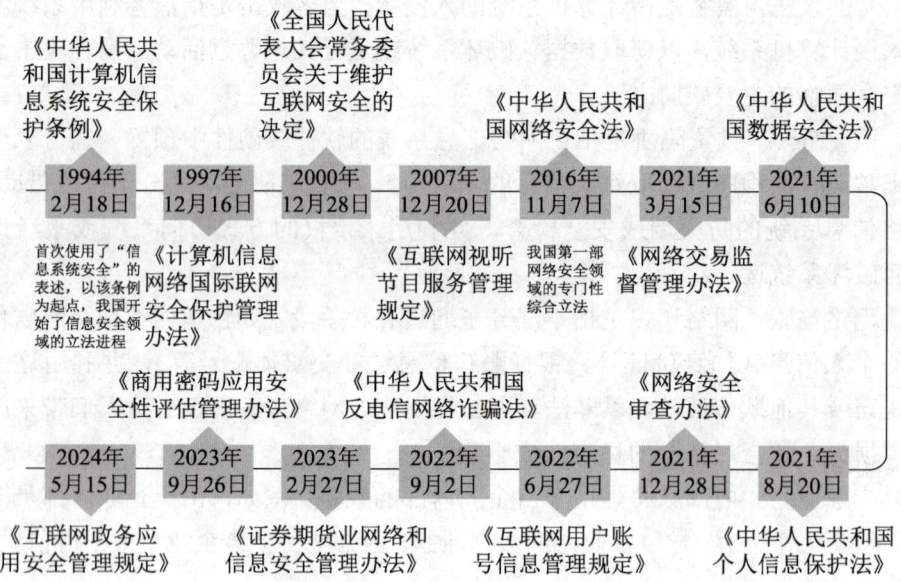

图 6-7　信息安全法律法规

项目六　修身正己——信息素养与社会责任

2021年11月，《中华人民共和国个人信息保护法》正式实施，连同已经实施的《中华人民共和国网络安全法》《中华人民共和国数据安全法》，三者共同构成了我国网络安全和数据保护监管的"三驾马车"。这标志着国内数字经济发展和治理自此迈入崭新阶段。

法律法规是最重要的行为规范，信息安全相关法律法规凭借国家强制力，对大众的信息行为起着强制性调控作用，维持着信息社会秩序。

法律法规是社会发展不可缺少的强制手段，但是信息能够规范的信息活动范围有限，且对于高速发展的信息社会而言，每个社会人提高自身素质，进行自我约束必不可少。只有每个人都约束好自我，网络环境才能清明。作为新一代学生，应该做到自觉遵守法律法规，在工作、学习和生活中能够用法律法规保护自身的信息安全，同时为维护信息社会的和谐秩序出一份力。

三、信息伦理和职业行为自律

早期，《人民日报》用整版探讨了"信息化带来伦理挑战"这一问题。文中指出："从伦理学角度来看，当大数据和人工智能的发展改变甚至颠覆人类活动的主体地位时，传统伦理就会发生解构，人具有排他性主体地位的伦理时代就可能结束。"这句话既揭示了传统伦理在信息时代受到的挑战，同时也预言了信息时代发生的伦理变革。

1. 信息伦理

信息伦理又称信息道德，它是调整人和人之间，以及个人和社会之间信息关系的行为规范的总和。信息伦理不是由国家强行制定和强制执行的，而是依靠社会舆论的力量，依靠人们的信念、习惯、传统和教育的力量来维持的。

自1994年正式接入国际互联网起，我国就高度重视信息社会的建设和发展，并取得了举世瞩目的成就。互联网虽然为人们提供了便捷的服务，但也引发了许多信息伦理失范乱象，如网络谣言、隐私泄露、网络暴力、盗版侵权、网络诈骗等。因此，信息社会的每个公民都应当高度重视、自觉遵守信息伦理规范，并主动参与到网络秩序的建设中。

2. 职业行为自律

在信息社会中，无论从事何种职业，都应当自觉遵守信息伦理规范。尤其是作为准职场人的学生们，更应当从各个方面明确职业发展的行为规范。

（1）**坚守健康的生活情趣**。我们应当坚守健康的生活情趣，静心抵制诱惑，保持积极向上的人生态度，严防侥幸和不劳而获的心理。

（2）**培养良好的职业态度**。职业态度是指个人对所从事职业的看法及在行为举止方面的倾向。积极的职业态度可促使人自觉学习职业知识，钻研职业技术和技能，并对本职工作表现出极高的认同感。我们应当树立明确的职业目标，对待工作认真负责，持续学习新知识、新技能，灵活应对职场中的各种挑战，不断提升自己的专业素养和综合能力。

（3）**秉承端正的职业操守**。我们应当秉承端正的职业操守，遵守行业规章制度，坚持严于律己，不做损人利己的事，对工作单位的各项事务和信息数据守口如瓶。

（4）**尊重他人的知识产权**。知识产权是指智力劳动产生的成果所有权，它是依照各国法律赋予符合条件的著作者及发明者或成果拥有者的，可在一定期限内享有的独占权利。我们应当严格遵守关于知识产权的法律法规，不侵犯他人的专利权、商标权、著作权等，同时合理引用他人作品并注明出处，尊重原作者的权益。

（5）**防止产生个人不良记录**。为维护行业秩序，营造良好的行业环境，各行各业都在积极建立行业"黑名单"。"黑名单"用于记录企业或个人的不良行为，若企业或个人上了行业"黑名单"，就会受到各种限制。因此，我们应当自律自省，诚实守信，自觉履行契约，防止产生个人不良记录。

任务实施

步骤 1 双击桌面上的"360安全卫士"图标，启动该应用程序并打开其主界面，如图6-8所示。

图6-8　"360安全卫士"主界面

步骤 2 单击主界面上方的"木马查杀"按钮，打开"木马查杀"界面，然后单击"快速查杀"按钮，即可开始常规模式扫描，如图6-9所示。

图6-9　木马查杀

项目六 修身正己——信息素养与社会责任

步骤 3 等待一段时间后，会显示木马查杀扫描结果，如图 6-10 所示。用户可勾选或取消勾选危险项前的复选框，然后单击"一键处理"按钮进行批量处理。此处默认全部清理，直接单击"一键处理"按钮，危险项处理完成后，单击"完成"按钮即可。

图 6-10　木马查杀扫描结果

步骤 4 单击主界面上方的"系统修复"按钮，打开"系统修复"界面，然后单击"一键修复"按钮，即可开始智能扫描，如图 6-11 所示。

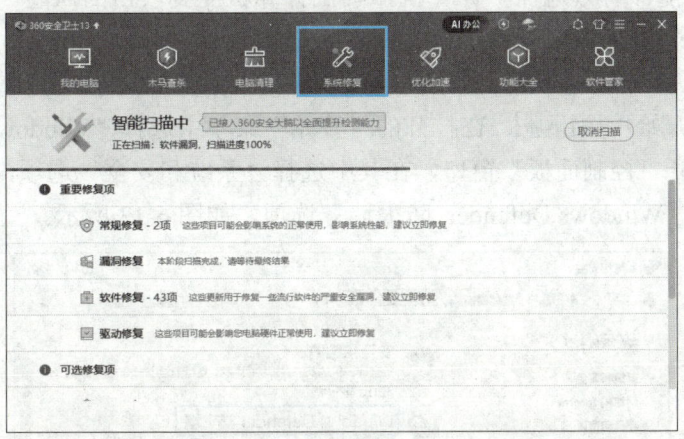

图 6-11　系统修复

步骤 5 等待一段时间后，会显示系统修复扫描结果，如图 6-12 所示。用户可勾选或取消勾选修复项前的复选框，然后单击"一键修复"按钮进行批量修复。此处默认全部修复，直接单击"一键修复"按钮，系统修复完成后，单击"完成"按钮即可。

除上述功能外，360 安全卫士还提供了诸如电脑清理、优化加速、软件管家等功能，感兴趣的读者可以自行探索。

信息技术与人工智能

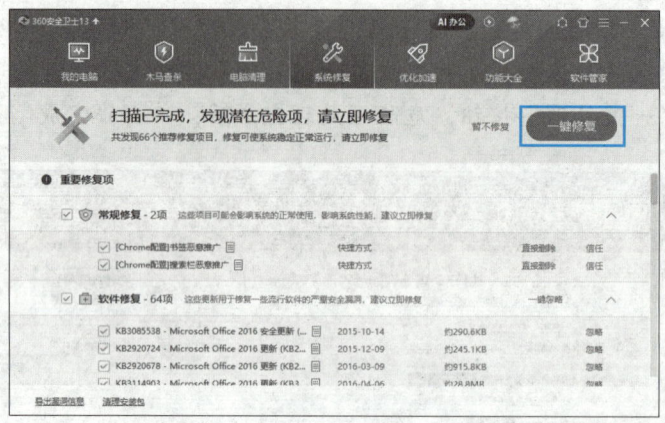

图 6-12　系统修复扫描结果

项目实训

1. 实训目的

当计算机的内部程序与外部网络进行通信时，Windows 10 操作系统自带的 Windows Defender 防火墙能够有效地保护计算机，降低计算机受到攻击的风险。本实训通过启用 Windows Defender 防火墙来保障计算机的信息安全。

2. 实训内容

（1）单击"开始"按钮，在打开的"开始"菜单中选择"Windows 系统"/"控制面板"选项，打开"控制面板"窗口，在其中选择"系统和安全"选项，打开"系统和安全"窗口，选择"Windows Defender 防火墙"选项，如图 6-13 所示。

图 6-13　选择"Windows Defender 防火墙"选项

项目六 修身正己——信息素养与社会责任

> 在"设置"窗口的搜索栏中输入"Windows Defender 防火墙",按"Enter"键进行搜索,在搜索结果中选择"Windows Defender 防火墙"选项,可直接打开"Windows Defender 防火墙"窗口。

(2)打开"Windows Defender 防火墙"窗口(见图 6-14),可看到防火墙默认处于关闭状态,在窗口左侧选择"启用或关闭 Windows Defender 防火墙"选项。

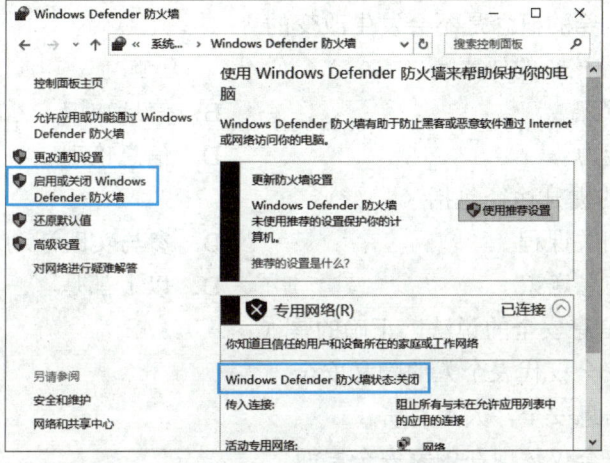

图 6-14 "Windows Defender 防火墙"窗口

(3)进入"自定义设置"界面,选中"启用 Windows Defender 防火墙"单选钮,并单击"确定"按钮,如图 6-15 所示。

(4)返回"Windows Defender 防火墙"界面,显示已经启用防火墙,如图 6-16 所示。

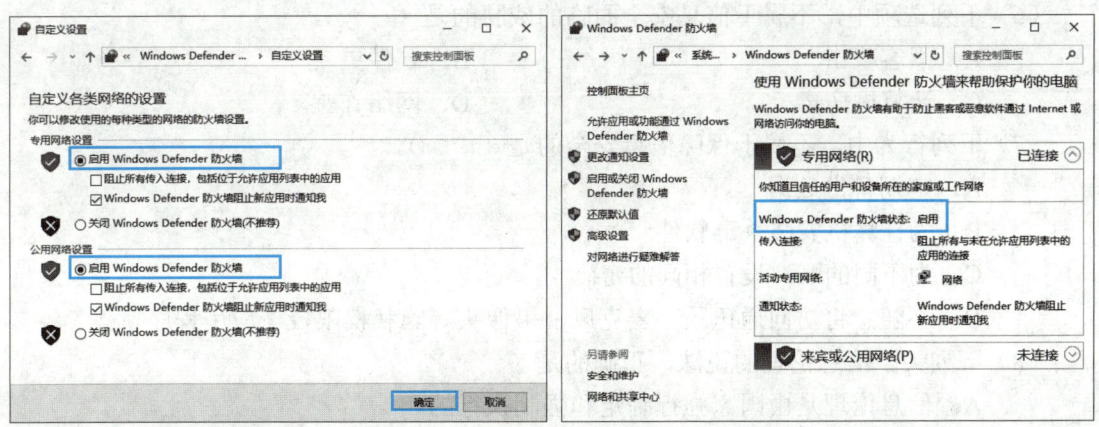

图 6-15 启用防火墙　　　　　　　　图 6-16 防火墙启用成功

213

信息技术与人工智能

项目考核

1. 选择题

（1）下列关于信息素养的说法，错误的是（　　）。
  A．在信息社会到来之前，图书馆是人们获取信息的主要来源
  B．信息素养涵盖人们获取、理解、评估、利用、交流和创造信息的全过程
  C．信息素养的概念源于图书馆素养
  D．信息素养的概念是不会发生改变的

（2）信息素养最核心的要素是（　　）。
  A．信息意识　　　　　　　　B．信息知识
  C．信息能力　　　　　　　　D．信息伦理

（3）信息素养的提升途径包括（　　）。
  A．学习相关课程　　　　　　B．参与实践活动
  C．培养信息意识　　　　　　D．以上都是

（4）下列关于信息安全的说法，正确的是（　　）。
  A．信息安全仅代表个人的隐私安全
  B．维护信息安全，人人有责
  C．信息安全仅体现在国家安全层面
  D．信息安全仅指代某项单一的技术

（5）信息的 CIA 属性是指（　　）。
  A．保密性、完整性、可用性　　　B．保密性、真实性、可靠性
  C．真实性、可靠性、可用性　　　D．保密性、可核查性、抗抵赖性

（6）下列选项中，不属于信息安全面临的威胁的是（　　）。
  A．黑客攻击　　　　　　　　B．软件更新
  C．计算机病毒　　　　　　　D．网络诈骗

（7）下列行为中，不属于保障信息安全的是（　　）。
  A．定期备份数据
  B．为计算机安装杀毒软件
  C．为不同的账户设置相同的密码
  D．不随意将访问通讯录、麦克风、摄像头等隐私权限授予应用程序

（8）下列关于信息伦理的说法，正确的是（　　）。
  A．信息伦理是由国家强行制定和强制执行的
  B．在信息社会中，无论从事何种职业，都应当自觉遵守信息伦理规范
  C．信息伦理和传统的社会伦理没有任何关联
  D．信息伦理是指人们从事信息活动时应当遵守的法律法规

2. 判断题

（1）图书馆已经随着信息时代的到来而退出了历史舞台。（   ）
（2）信息意识是信息素养的前提。（   ）
（3）信息伦理是信息素养最核心的要素。（   ）
（4）信息并不像其他商业资产一样具有价值，所以不需要受到保护。（   ）
（5）《中华人民共和国网络安全法》是我国第一部网络安全领域的专门性综合立法。
（   ）
（6）信息社会的每个公民都应当高度重视、自觉遵守信息伦理规范。（   ）

项目评价

请学生结合本项目的学习情况，对学习成果进行自评和互评（组内成员相互评分），请指导教师进行师评和总评，并将评价结果填入表 6-1 中。

表 6-1　学习成果评价表

评价项目	评价内容	分值	评价分数		
			自评	互评	师评
知识（40%）	信息素养的概念、主要要素及提升途径	10 分			
	信息安全的概念和目标，以及信息安全面临的威胁和防御措施	10 分			
	信息安全相关法律法规	10 分			
	信息伦理和职业行为自律的相关知识	10 分			
技能（30%）	利用互联网开展网络学习，提升自身信息素养	10 分			
	使用安全防护软件保护自身信息安全，具备自我防护能力	10 分			
	正确认识信息伦理失范行为的不良影响	10 分			
素养（30%）	具有自主学习意识，做好课前准备	10 分			
	善于思考，积极参与，勇于提出问题	10 分			
	具有团队合作精神，出色完成小组任务	10 分			
合计		100 分			
总评	综合得分：_____	指导教师签字：_____			
	综合等级：_____				

注：综合得分可按照"自评（25%）+互评（25%）+师评（50%）"进行计算；综合等级可以"优"（综合得分≥90 分）、"良"（80 分≤综合得分＜90 分）、"中"（60 分≤综合得分＜80 分）、"差"（综合得分＜60 分）为标准进行评价。

项目七

智启未来——人工智能

随着科技的快速发展，人工智能已经成为推动社会进步的重要力量，它正以惊人的速度改变着人们的生活、工作和思维方式。这种变革不仅提高了生产效率，降低了成本，还为人们带来了更加便捷、高效的生活体验。

本项目主要介绍人工智能的相关知识，包括人工智能的应用领域、主要技术和常用工具，以及 WPS AI 的应用。

知识目标

了解人工智能的概念、起源与发展、应用领域和主要技术；了解人工智能在文本处理、图像处理、视频生成、语音处理方面的常用工具；掌握 WPS AI 的应用。

能力目标

能够使用人工智能工具进行文本处理、图像处理、视频生成、语音处理等；能够使用 WPS AI 解决实际问题。

素质目标

通过了解人工智能在我国的发展，感受国家的强大，增强民族自豪感；增强人工智能工具使用过程中的数据安全与隐私保护意识。

项目七 智启未来——人工智能

任务一　提取图片中的文字

任务描述

近年来，随着各行业数字化转型浪潮的不断推进，人工智能已经成为一项能够辅助人们提高工作效率的重要技术。××公司积极推动员工掌握人工智能相关技能，领导要求人力资源部将相关纸质学习文件拍摄成图片，并快速转换成电子文档，以便全公司员工深入学习。

为了完成提取图片中的文字这个任务，我们先来学习一下人工智能的概念、起源与发展、应用领域和主要技术。

任务准备

全班学生以4人为一组进行分组，组长组织组员扫码观看"人工智能概述"视频，讨论并回答下列问题。

问题1：什么是人工智能？

问题2：人工智能的应用领域有哪些？

人工智能概述

任务理论

一、人工智能的概念

如今，无论是指纹识别、人脸识别、导航系统、美颜相机、新闻推荐、智能搜索、语音助手、翻译助手、垃圾邮件过滤等手机应用，还是智能机器人、自动驾驶汽车、无人机等工业产品，都与人工智能（见图7-1）密切相关。

图7-1　人工智能

217

信息技术与人工智能

人工智能（artificial intelligence, AI）是研究、开发用于模拟、延伸和扩展人类智能的理论、方法、技术及应用的一门学科，其实质是对人类意识与思维过程的模拟。具体来说，人工智能就是让机器像人类一样具有感知能力、思考能力、沟通能力、判断能力等，从而更好地为人类服务。

二、人工智能的起源与发展

1. 人工智能的发展历程

总体来说，人工智能的发展主要经历了 7 个阶段，依次是孕育期、起步发展期、反思发展期、应用发展期、低迷发展期、稳步发展期和蓬勃发展期，如表 7-1 所示。

表 7-1 人工智能的发展历程

发展时期	发展经历	重要历史事件
孕育期 （1956 年之前）	逻辑推理、计算机、图灵测试的出现促进了人工智能的产生	1936 年，图灵提出了一种理想计算机的数学模型，即图灵机；1950 年，图灵提出了"图灵测试" 1946 年，世界上第一台通用计算机 ENIAC 问世
起步发展期 （1956—1976 年）	人工智能概念提出后，相继取得了一批令人瞩目的研究成果，掀起了人工智能发展的第一个高潮	1956 年，达特茅斯会议上提出"人工智能"的概念，标志着人工智能的诞生
反思发展期 （1976—1982 年）	人工智能的突破性进展使人们开始尝试一些不切实际的想法。然而，接二连三的失败和预期目标的落空使人工智能的发展陷入低谷	机器翻译等项目的失败及一些学术报告的负面影响，导致人工智能的研究经费普遍减少
应用发展期 （1982—1987 年）	模拟人类专家的知识和经验解决问题的专家系统盛行，并在医疗、地质和化学等领域取得成功，推动人工智能进入应用发展的新高潮	1982 年，商用专家系统 R1 开始在数据设备公司运行 反向神经网络被提出
低迷发展期 （1987—1997 年）	随着人工智能应用规模的不断扩大，专家系统的应用领域狭窄、缺乏常识性知识、知识获取困难、推理方法单一等问题逐渐暴露出来	直接以 LISP 语言的系统函数为机器指令的通用计算机市场崩溃
稳步发展期 （1997—2010 年）	网络技术（特别是互联网技术）的发展，加速了人工智能的创新研究，促使人工智能技术进一步走向实用化	1997 年，超级电脑"深蓝"战胜国际象棋世界冠军 基于神经网络的深度学习取得突破性进展
蓬勃发展期 （2010 年至今）	随着大数据、云计算、互联网、物联网等信息技术的发展，以深度神经网络为代表的人工智能技术飞速发展	2016 年，阿尔法围棋（AlphaGo）战胜世界围棋冠军李世石 2018 年，在央视春晚上，百度阿波罗（Apollo）无人车在荧幕上亮相 2022 年，人工智能技术驱动的自然语言处理工具 ChatGPT 正式发布。随后，文心一言等大语言模型陆续正式发布

项目七 智启未来——人工智能

> **知识库**
>
> 图灵测试是计算机科学家图灵设计的关于机器智能的测试,其测试流程如下。
> 一名测试者写下自己的问题,随后将问题以纯文本的形式发送给其他房间中的一个人和一台机器(所有参与测试的人或机器都分在不同的房间)。人和机器分别回答测试者的问题,测试者根据回答来判断哪一个是真人,哪一个是机器。
> 图灵测试旨在探究机器能否模拟出与人类相似或无法区分的智能。图灵将这个测试发表在一篇题为《计算机器与智能》的论文中,也正是因为这篇论文,图灵赢得了"人工智能之父"的称号。

2. 人工智能在我国的发展

我国人工智能的发展可以追溯到20世纪50年代。1956年,中国科学院计算技术研究所成立,标志着我国正式迈入了计算机技术研究的新阶段,为我国后续在计算机硬件和软件领域的快速发展奠定了基础,也为人工智能的研究提供了重要的技术支撑。自此以后,我国的人工智能技术取得了显著的进步,其主要研究成果如下。

(1)20世纪80年代,我国在语音识别、机器翻译等领域取得了初步进展。

(2)20世纪90年代,随着经济的快速发展和计算机应用的普及,人工智能在教育、医疗、金融和制造业等领域得到了初步应用。

(3)进入21世纪,我国的人工智能研究取得了巨大的突破和创新。国内学者在问题求解、不确定推理、泛逻辑理论、模式识别、图像处理、机器学习、专家系统、智能计算和智能控制等人工智能的诸多领域颇有建树,取得了一批具有国际先进水平的创造性成果。例如,在模式识别方面,国内学者对文字识别、语音识别、指纹识别、人脸识别和步态识别等进行了深入研究,研究成果在生物医学、卫星遥感、机器人视觉、货物检测、目标跟踪、自主导航等多个领域都有了深入应用。

三、人工智能的应用领域

如今,人工智能已经在安防、教育、医疗、交通、制造、零售、农业、家居等多个领域展现出了独特的优势和巨大的潜力。下面分别介绍人工智能在这些领域的应用。

1. 人工智能+安防

安防即安全防范,它以维护社会公共安全为目的,为人类安全保驾护航。随着人工智能在安防领域的大规模应用,基于活体检测、目标跟踪和图像识别等技术的智慧安防产品应运而生。例如,门禁系统(见图7-2)能够自动验证进出人员的身份,只有经过授权的人员才被允许进入特定区域,从而有效阻止未授权人员的进入,确保区域安全;车牌识别系统(见图7-3)能够自动识别车牌信息进行车辆放行,并统计来往车辆的数量、确定车位剩余数量等。

信息技术与人工智能

图 7-2 门禁系统

图 7-3 车牌识别系统

2. 人工智能+教育

教育兴则国家兴，教育强则国家强。人工智能为教育领域的发展提供了技术支撑，促使传统的教育模式、教学方法及学生的学习体验发生根本性转变。通过智能化的教学工具和平台，教师能够获取丰富的教学资源，并对学生的学习情况进行精准分析，从而有效提升教学质量。例如，百度 VR 智慧课堂（见图 7-4）为教师的教学提供了三维立体化平台，增强了课程的趣味性。

人工智能在教育领域的应用不仅提高了教师的教学质量和管理效率，也促进了学生的自主学习和个性化学习。例如，智能学习机（见图 7-5）和家教机等可以针对学生的特点提供个性化学习服务，辅助学生自主学习。

图 7-4 百度 VR 智慧课堂

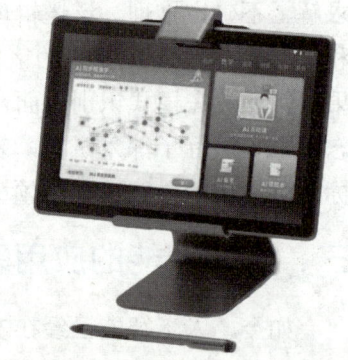

图 7-5 智能学习机

3. 人工智能+医疗

医疗是每个人的刚性需求，也是国家重要的民生领域。结合图像识别和自然语言处理两大核心技术，研究人员针对疾病诊疗、疾病预测及药物研发等多个场景开发了多种人工智能应用。例如，手术机器人（见图 7-6）能够辅助医生对患者进行治疗；超微 AI 生命预警手表（见图 7-7）能够对用户的身体健康指标实施 24 小时不间断监测，并及时预警心脑血管疾病。

项目七　智启未来——人工智能

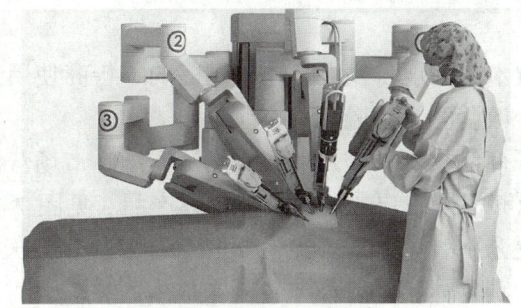
图 7-6　手术机器人

图 7-7　超微 AI 生命预警手表

4. 人工智能+交通

人工智能在交通领域的应用数不胜数，如自动驾驶汽车（见图 7-8）、智能停车诱导系统（见图 7-9）等。这些应用不仅促进了节能减排和资源的有效利用，也大幅提高了交通运输的效率，推动交通更安全、更高效、更便捷、更经济、更环保、更舒适地运行和发展，并带动交通的相关产业实现转型和升级等。更重要的是，这些应用还显著增强了人们的出行体验，使得民众出行更加便捷。

图 7-8　自动驾驶汽车

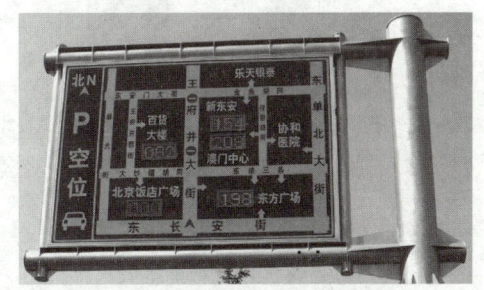
图 7-9　智能停车诱导系统

5. 人工智能+制造

人工智能与制造业的深度融合催生了新一代智能制造技术，提升了制造业的数字化、网络化、智能化水平，从根本上提高了生产效率，极大地解放了人的体力和脑力。例如，智能生产线（见图 7-10）能够自动调整生产流程，减少人为错误，降低人工成本；制造机器人（见图 7-11）能够执行高精度、高强度的作业任务，同时还能在危险或恶劣环境下替代人工操作，保障人员安全。

图 7-10　智能生产线

图 7-11　制造机器人

6. 人工智能+零售

随着人工智能、大数据、物联网等新技术的涌现与发展，越来越多的零售商使用新技术优化自身的零售业务，以提高运营效率，改善客户体验。

人工智能与零售领域的深度融合涵盖了商品推荐、客户服务、物流配送、市场营销等多个方面。例如，天猫、京东等电商平台能够根据用户的需求智能推荐产品（见图7-12），在增强用户体验感的同时促进产品销量的提升；智慧客服（见图7-13）能够提供全天候、智能的客户服务，不仅能为用户带来极致的购物体验，还能节省人工成本。

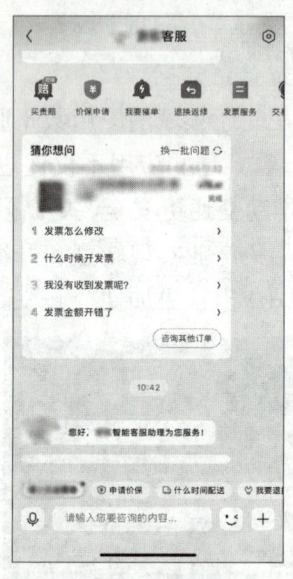

图 7-12　智能推荐产品　　　　　图 7-13　智慧客服

7. 人工智能+农业

人工智能与农业深度融合是现代农业发展的新兴趋势。通过使用人工智能、物联网、大数据等先进技术对农业生产全过程进行智能化管理，能够实现农业生产效率、资源利用率和农产品质量的全面提升，为农业现代化和乡村振兴注入新的活力。例如，智能农机（见图7-14）能够根据土壤湿度、作物生长状态等数据自动调整作业模式，减少了人力成本；智能病虫害监测系统能够实时监测作物的生长环境，保障农产品的质量。

图 7-14　智能农机

8. 人工智能+家居

随着生活水平的提高，人们对居住环境的要求也越来越高，使得家居产品向更加个性化、智能化的方向发展。应用了人工智能的智能家居产品能够学习用户的习惯和偏好，进而为用户提供良好的使用体验。

目前，人工智能主要应用于智能家居产品中的智能视觉模块和智能语音模块。例如，智能照明系统（见图 7-15）能够通过智能视觉模块感知环境光线、人员活动等，从而自动切换照明模式，实现更加个性化的照明效果，同时节约能源；智能语音助手（见图 7-16）能够通过智能语音模块理解并执行用户的语音指令（如播放音乐、控制家电等），为用户提供便捷的服务。

图 7-15　智能照明系统

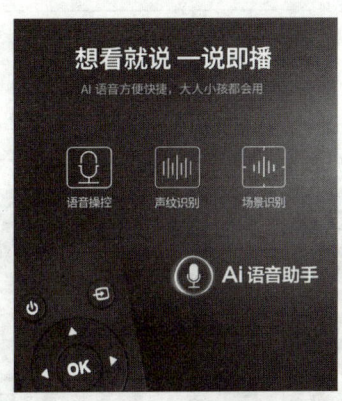

图 7-16　智能语音助手

四、人工智能的主要技术

1. 机器学习

机器学习（machine learning）是指使计算机能像人类一样学习，以获取新的知识或技能，并能够重新组织已有的知识结构，从而不断改善自身性能。

机器学习是一个庞大的体系，涉及众多算法、任务和学习理论。根据学习形式的不同，机器学习可分为监督学习、无监督学习、半监督学习和强化学习。

（1）监督学习是从有标签的训练数据中得出一个模型，并基于此模型预测新样本标签的一种学习方式，是机器学习中使用最广泛的一种类型。例如，为了使用监督学习识别猫和狗，首先需要准备一些猫和狗的图片，并为这些图片添加标签，对这些带有标签的图片（即训练数据）进行训练，所得到的模型就能够识别猫和狗的图片，如图 7-17 所示。监督学习得到的模型性能较好，但成本也较高。

（2）无监督学习是在无标签的训练数据中发现数据规律的一种学习方式，其主要任务是从给定的数据集中挖掘出潜在的特征。例如，准备一些猫和狗的图片（即训练数据），但是不给这些图片添加任何标签，通过无监督学习对这些无标签的图片进行训练，所得到的模型能够基于图片中相似的特征自动地将图片进行归纳和分类，如图 7-18 所示。

信息技术与人工智能

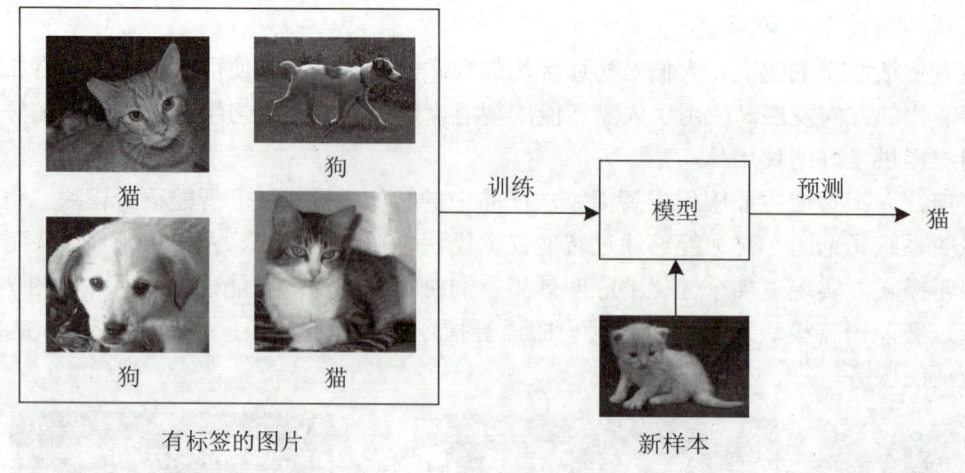

图 7-17　监督学习

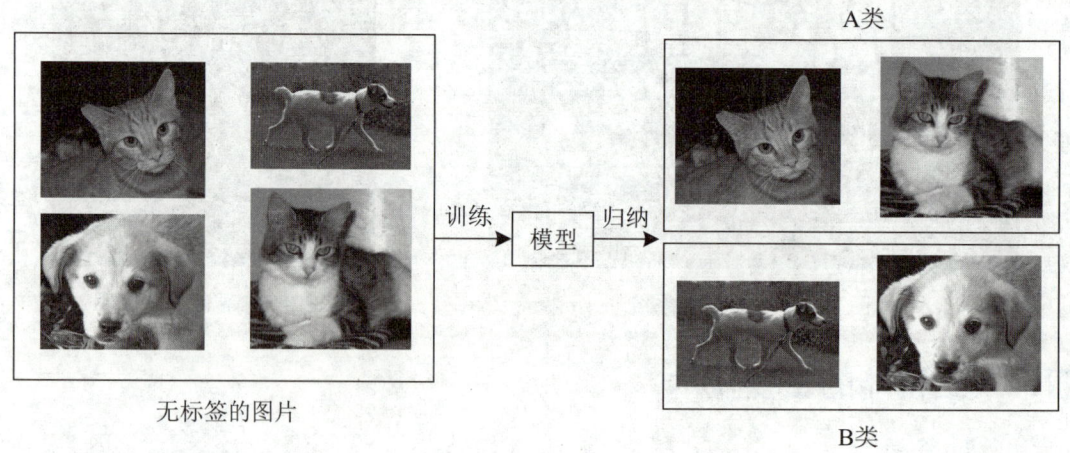

图 7-18　无监督学习

> 💡 **小提示**
>
> 在无监督学习中，虽然图片被分为猫和狗两类，但基于这些图片得到的模型并不知道哪类是猫、哪类是狗。

（3）半监督学习是监督学习和无监督学习相互结合的一种学习方式，也可以说是介于两者之间的一种学习方式。半监督学习的数据由大量的无标签数据和少量的有标签数据混合而成。通过在模型训练中引入无标签数据，半监督学习可以弥补监督学习训练数据不足的缺陷。

（4）强化学习是一种基于奖惩机制的机器学习方式。它让机器通过与环境的交互，学习如何在给定的环境中做出最优的决策。这种学习方式模拟了生物系统中的学习机制，即通过奖励和惩罚来指导行为的选择。强化学习在机器人的自动控制、计算机游戏的智能化、市场战略的最优化等方面均有广泛应用。目前，ChatGPT、文心一言等人工智能大模型将监督学习与强化学习相结合，进一步提升了模型的智能水平和性能。

2. 深度学习

深度学习（deep learning）是机器学习的一个研究方向，它的概念源于对人工神经网络的研究。人工神经网络（artificial neural network）又称神经网络，是一种模拟人类大脑神经系统结构的机器学习方法。人工神经网络是由若干类似神经元的处理单元相互连接而成的庞大的信息处理系统，是对人脑组织结构和运行机制的抽象、简化和模拟。

深度学习的模型结构是一种包含多个隐藏层的人工神经网络。其中，"深度"是指人工神经网络中包含一系列连续的层；而"学习"是指训练这个人工神经网络的过程。

机器学习与深度学习最大的不同在于二者提取特征的方式不同。机器学习描述样本的特征通常需要由人类专家手动选取和设计，特征的好坏对泛化性能（模型在新样本上的表现能力）有至关重要的影响；深度学习则是通过自身的学习和分析自动提取样本的特征。

> 人工智能、机器学习和深度学习的关系如图 7-19 所示。机器学习是实现人工智能的一种核心技术，即以机器学习为手段解决人工智能中的规律、经验、知识获取问题。深度学习则包含在机器学习中，是一种更加高效的技术。
>
>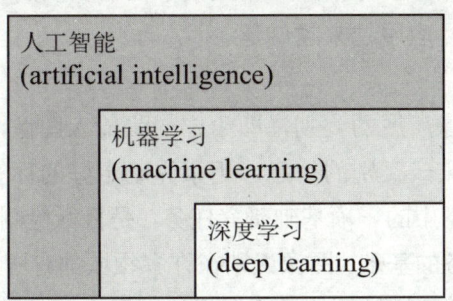
>
> 图 7-19　人工智能、机器学习和深度学习的关系

3. 自然语言处理

自然语言处理（natural language processing, NLP）是研究实现人类与计算机系统之间用自然语言进行有效通信的各种理论和方法，是人工智能研究的重要课题之一。实现人机间的自然语言通信意味着计算机系统既能接受用户自然语言形式的输入，又能以自然语言形式输出用户所期望的结果等。

目前，自然语言处理已经在机器翻译、文字识别、自动文摘、句法分析、情感分析、文本分类、语音识别、语音合成等研究方向（见表 7-2）取得了突出成就。

表 7-2 自然语言处理的研究方向

研究方向	简　介
机器翻译	将一种自然语言翻译成另一种自然语言，如将汉语翻译成英语
文字识别	识别印刷体、手写体等文字，将它们转换为可供计算机处理的文本
自动文摘	提炼指定文章的摘要，即自动归纳文章的主要内容和含义，并形成摘要
句法分析	运用自然语言的句法和其他相关知识确定输入的句子中各成分的功能，建立一种数据结构，用于获取输入句子的语义
情感分析	对文本中的词汇、语句结构、上下文等诸多因素进行综合分析，判断文本所蕴含的情感倾向，如积极、消极或中性
文本分类	在给定的分类体系和分类标准下，根据文本内容自动判别文本类型，实现文本自动归类
语音识别	将语音自动转换成对应的文本
语音合成	将文本自动转换成对应的语音

4．计算机视觉

计算机视觉（computer vision）是人工智能研究最早取得突破性成就的领域，它涉及图像识别、目标检测和图像分割等技术，这些技术在人脸识别、自动驾驶和医疗辅助诊断等领域的研究越来越深入，应用越来越广泛。

（1）图像识别。

图像识别旨在判断图像所属的类别，即给定一张输入图像，解决"是什么"的问题。其方法是将图像结构化为某一类别的信息，用事先确定好的标签或类别来描述图像。

图像识别是计算机视觉中的一项基础研究任务，是目标检测、图像分割、目标跟踪、人脸识别等其他高级视觉任务的基础。图像识别在许多领域都有着广泛的应用，如智慧城市中的智能视频场景分析、智慧交通领域的道路标识识别等。

（2）目标检测。

目标检测是指通过算法自动检测出图像中目标物体的类别和位置，即解决"是什么，在哪里"的问题。目标检测比图像识别的难度更高，不仅要识别图像中包含了哪些物体，还要识别这些物体的具体位置。

目标检测主要应用于智能安防、智能分拣、内容审核等领域。在智能安防领域，通过实时监测监控画面中的可疑人员、车辆等，并精准定位其踪迹，可以助力安防布控。

（3）图像分割。

图像分割是指通过算法自动分割图像中的内容，即通过分析每个像素点的类别信息，解决"属于哪个目标物或场景"的问题。图像分割可分为语义分割和实例分割。其中，语义分割只区分图像中的每个像素点属于哪个类别，实例分割需要区分每个像素点属于哪个类别的哪个实例，如图 7-20 所示。

项目七 智启未来——人工智能

图 7-20　图像分割

图像分割主要应用于自动驾驶、医学辅助诊断、地理信息系统、机器人等。在自动驾驶中，车载摄像头或激光雷达探查到图像后，自动驾驶汽车将图像输入模型中，后台计算机可以自动将图像分割并归类，以避让行人和车辆等障碍。

5．知识图谱

知识图谱（knowledge graph）又称"语义网络"，是将海量知识及其相互联系组织在一起而得到的关系网络，它为人工智能模型提供丰富的语义信息。

知识图谱通常由实体、关系和属性 3 部分组成，并使用"实体—关系—实体"或"实体—属性—属性值"等形式的三元组表示。下面以图 7-21 的知识图谱为例，介绍实体、关系、属性的概念。

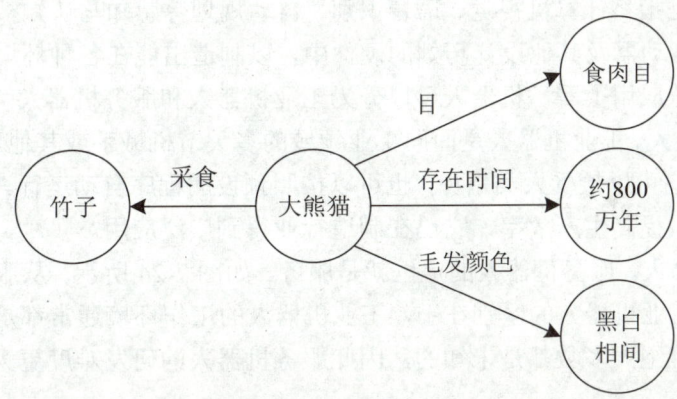

图 7-21　知识图谱

（1）实体是知识图谱中的基本单位，代表现实世界中的对象，如人、地点、组织等。每个实体都有唯一的标识符。图 7-21 中的"大熊猫""竹子"均为实体。

（2）关系是连接不同实体的纽带，代表实体之间的相互作用和联系。图 7-21 中的"采食"即为一种关系，"大熊猫—采食—竹子"是"实体—关系—实体"形式的三元组。

（3）属性是对实体的描述和补充，提供关于实体的详细信息。图 7-21 中的"目""存在时间""毛发颜色"均为属性，"大熊猫—毛发颜色—黑白相间"是"实体—属性—属性值"形式的三元组。

目前，知识图谱已广泛应用于智能搜索、智能问答、个性化推荐、金融风控、智慧医疗等多种场景。例如，搜索引擎能够从知识图谱中获取相关搜索答案，并通过知识卡片（见

信息技术与人工智能

图 7-22）等形式展示给用户；个性化推荐系统能够通过构建大规模的知识图谱，更好地理解用户的需求和偏好，从而提供更符合用户喜好的推荐。

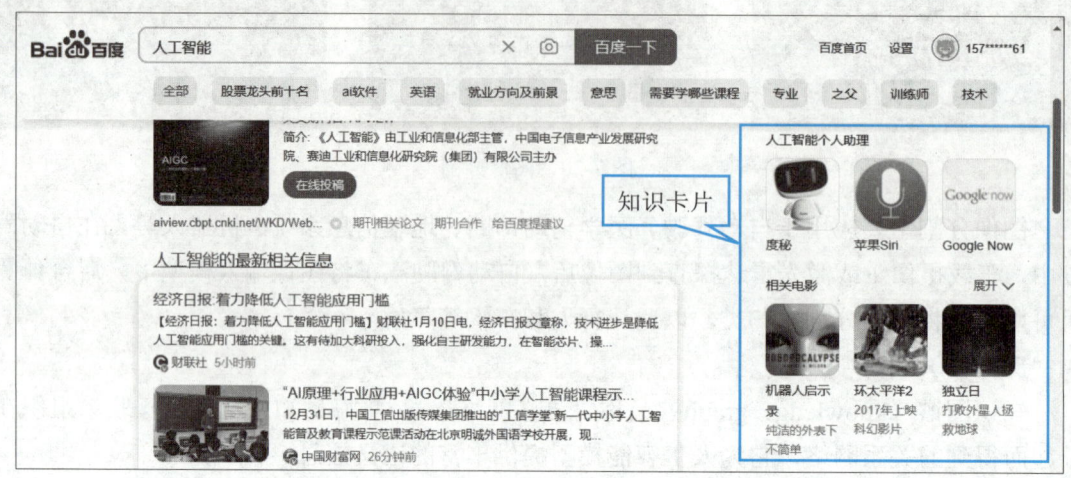

图 7-22　搜索引擎的知识卡片

6．机器人技术

机器人技术是指将计算机视觉、语音识别、自动规划等感知与认知技术整合至极小的高性能传感器、制动器及其他设计巧妙的硬件中，以制造出能在各种环境中灵活处理不同任务的机器人。从应用上看，机器人可以分为工业机器人和服务机器人两个类别。

（1）**工业机器人**。工业机器人是面向工业领域的多关节机械手或其他形式的机器装置，如图 7-23 所示。它可以接受人类指挥，也可以按照预设的程序自动运行。工业机器人可以降低劳动力成本、提高生产效率，它已在制造行业得到广泛应用。

（2）**服务机器人**。服务机器人的定位就是服务，如图 7-24 所示。从服务机器人的功能特点来看，它与工业机器人的区别在于，工业机器人的工作环境通常都是已知的，而服务机器人的工作环境绝大多数都是未知的，因此服务机器人的研发难度更大。

图 7-23　工业机器人

图 7-24　服务机器人

项目七 智启未来——人工智能

任务实施

以常用的聊天工具"微信"为基础,提取图片中的文字。

步骤1 使用手机将准备好的纸质文件拍摄成图片,如图7-25所示。

提取图片中的文字

> **人工智能在我国的发展**
>
> 　　我国人工智能的发展可以追溯到20世纪50年代。1956年,中国科学院计算技术研究所成立,标志着我国正式迈入了计算机技术研究的新阶段,为我国后续在计算机硬件和软件领域的快速发展奠定了基础,也为人工智能的研究提供了重要的技术支撑。自此以后,我国的人工智能技术取得了显著的进步,其主要研究成果如下。
> 　　(1)20世纪80年代,我国在语音识别、机器翻译等领域取得了初步进展。
> 　　(2)20世纪90年代,随着经济的快速发展和计算机应用的普及,人工智能在教育、医疗、金融和制造业等领域得到了初步应用。
> 　　(3)进入21世纪,我国的人工智能研究取得了巨大的突破和创新。国内学者在问题求解、不确定推理、泛逻辑理论、模式识别、图像处理、机器学习、专家系统、智能计算和智能控制等人工智能的诸多领域颇有建树,取得了一批具有国际先进水平的创造性成果。例如,在模式识别方面,国内学者对文字识别、语音识别、指纹识别、人脸识别和步态识别等进行了深入研究,研究成果在生物医学、卫星遥感、机器人视觉、货物检测、目标跟踪、自主导航等多个领域都有了深入应用。

图7-25　纸质文件内容

步骤2 使用手机将拍摄好的图片发送至微信的"文件传输助手"对话界面中。

步骤3 在计算机中登录微信客户端,切换到"文件传输助手"对话界面。

步骤4 在"文件传输助手"对话界面中找到传入的图片,单击该图片,打开显示图片的窗口。

步骤5 在显示图片的窗口中右击该图片,在弹出的快捷菜单中选择"提取文字"选项,即可在窗口右侧显示提取的文字,如图7-26所示。

图7-26　提取图片中的文字

229

信息技术与人工智能

步骤 6 按住鼠标左键并拖动，选中提取的文字，按"Ctrl+C"组合键复制文字，然后切换到要编辑的电子文档中，按"Ctrl+V"组合键粘贴文本，即可快速将纸质文件中的文字复制到电子文档中。

步骤 7 在要编辑的电子文档中，手动调整文本格式并检查文本的正确性，即可得到一个排版好的电子文档。

任务二　生成宣传海报配图

任务描述

在人工智能工具百花齐放的时代，人工智能文本处理工具、人工智能图像处理工具、人工智能视频生成工具、人工智能语音处理工具等已然成为人们生活、学习、工作中的得力助手。××公司领导要求设计部设计一幅公司的宣传海报。为了提高工作效率，设计部计划使用人工智能工具生成宣传海报配图以供参考。

为了完成生成宣传海报配图这个任务，我们先来学习一下人工智能在文本处理、图像处理、视频生成和语音处理方面的常用工具。

任务准备

全班学生以 4 人为一组进行分组，组长组织组员扫码观看"与人工智能工具高效沟通"视频，讨论并回答下列问题。

问题 1：用户可以通过哪些方式与人工智能工具进行沟通？

与人工智能工具高效沟通

问题 2：请给出与人工智能工具高效沟通的建议，至少 3 个。

任务理论

一、人工智能文本处理工具

随着自然语言处理技术的不断成熟，人工智能在文本处理领域的应用愈发广泛，已深度融入各行各业。在此背景下，各式各样的人工智能文本处理工具纷纷涌现。下面介绍一些常用的人工智能文本处理工具。

项目七 智启未来——人工智能

本书所涉及的人工智能工具的功能、界面及操作方法，均为编写本书时各工具的最新状态。未来若因技术升级而有所变化，请以实际情况为准。

1. ChatGPT

ChatGPT 是 OpenAI 公司发布的一款聊天机器人程序，基于 GPT 大语言模型开发而成。它具有强大的自然语言处理能力，能够根据上下文信息流畅地与人交流，撰写论文、电子邮件、脚本、文案、代码等。ChatGPT 的出现引发了大语言模型的研究热潮。

> **知识库**
>
> 大语言模型（large language model, LLM）是通过海量文本数据进行训练的深度学习模型，它可以更准确地理解自然语言，并高效处理文本，如文本生成、翻译、摘要提取等。

2. 文心一言

文心一言是百度公司发布的知识增强大语言模型，其主要功能包括与人对话互动、创作内容等，是人们工作、学习、生活、娱乐、办公等的好助手。在线访问文心一言官方网站（网址 https://yiyan.baidu.com）（见图 7-27），或者下载文小言 App（移动端），登录账号后即可使用相关功能。

图 7-27　文心一言官方网站首页

文心一言采用对话方式与用户交互，用户可以在编辑框中输入文本、图片、文件和指令。其中，输入图片时，每次支持上传一张图片；输入文件时，支持上传 Word、Excel、PDF 等格式的文件；输入指令时，须先输入"/"，再输入指令。

例如，在编辑框中输入"请介绍一下你自己"，然后按"Enter"键发送内容，其输出结果如图 7-28 所示。

信息技术与人工智能

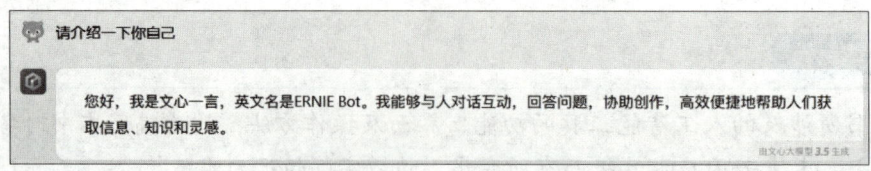

图 7-28 文心一言的输出结果

> **小提示**
>
> 在实际应用中,人工智能工具可能会引发一些问题,如生成虚假内容、版权纠纷、数据安全等。因此,大家需要谨慎使用人工智能工具,并不断提升自身的辨识能力和法律素养。

3. 豆包

豆包是字节跳动公司推出的人工智能助手,基于豆包大模型(原云雀大模型)研发。它的主要功能包括文案创作、图像生成、学术搜索、解题答疑等。在线访问豆包官方网站(网址 https://www.doubao.com/chat)(见图 7-29),或者下载豆包 App(移动端),登录账号后即可使用相关功能。

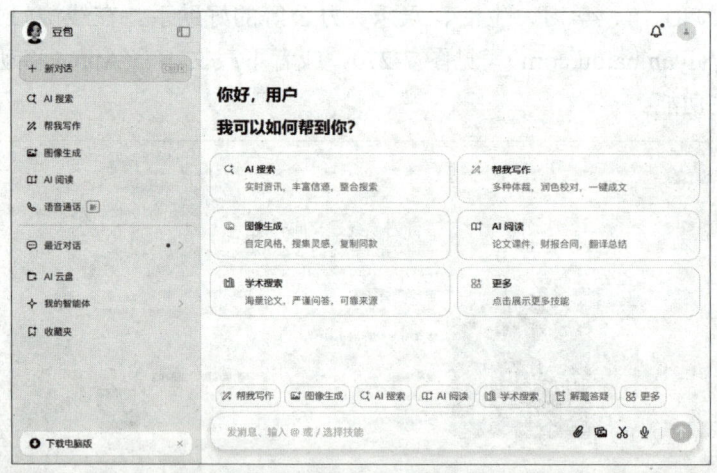

图 7-29 豆包官方网站首页

豆包同样采用对话方式与用户交互,支持输入文本、语音,以及多种格式的图片和文件等。

4. 通义

通义(前身为通义千问)是阿里云公司推出的超大规模语言模型,其主要功能包括对话互动、内容创作、逻辑推理、代码生成等。在线访问通义官方网站(网址 https://tongyi.aliyun.com),或者下载通义 App(移动端),登录账号后即可使用相关功能。

通义的使用方法与文心一言类似,同样是通过在编辑框中输入内容来进行对话交互。通义网页版支持输入文本和指令,PNG 和 JPG 格式的图片,以及 Word、Excel、PDF、TXT、

Markdown、EPUB、MOBI 等格式的文档。

5．讯飞星火

讯飞星火是科大讯飞公司发布的大语言模型，其主要功能包括文本生成、语言理解、知识问答、逻辑推理、代码生成、多模交互等。在线访问讯飞星火官方网站（网址 https://xinghuo.xfyun.cn），或者下载讯飞星火 App（移动端），登录账号后即可使用相关功能。

讯飞星火的交互模式与之前介绍的工具类似，其网页版除了支持输入文本，还支持上传 JPG、PNG 等格式的图片，Word、PowerPoint、Markdown、PDF、TXT 等格式的文档，以及多种格式的音视频文件。

二、人工智能图像处理工具

人工智能图像处理工具的出现推动了图像处理技术的飞速发展。利用人工智能图像处理工具，不仅可以简化图像处理流程，降低图像处理技术门槛，还可以为用户提供更加丰富多样的图像处理功能和服务。下面介绍一些常用的人工智能图像处理工具。

1．文心一格

文心一格是百度公司推出的人工智能艺术和创意辅助平台。它基于飞桨、文心大模型开发而成，在中文处理上极具优势，能更好地理解中文，从而生成更贴合中文语境的图像。在线访问文心一格官方网站（网址 https://yige.baidu.com），进入文心一格官方网站首页（见图 7-30），登录账号后即可使用相关功能。

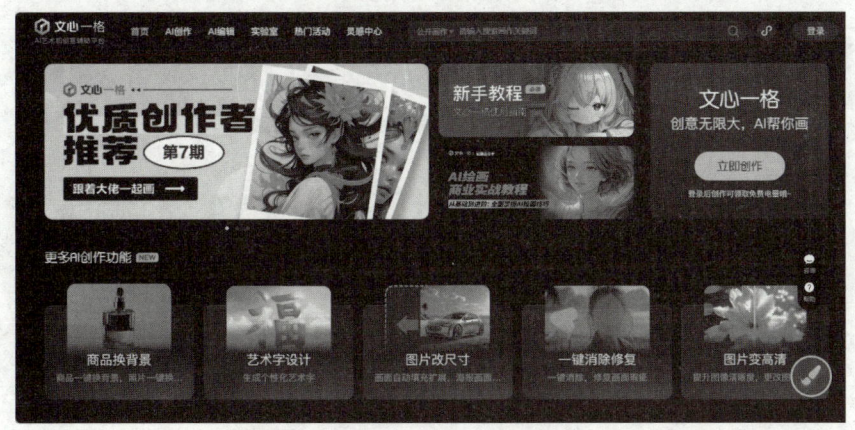

图 7-30 文心一格官方网站首页

目前，文心一格具备智能生成图像、图像编辑等核心功能。在智能生成图像方面，它可以根据文字描述和自定义参数生成图像，还可以生成艺术字、海报等。在图像编辑方面，它可以实现图片扩展、图片变高清、涂抹消除、智能抠图和图片叠加等功能。除此之外，它还提供了"实验室"模块，允许用户上传训练图片集、选择基础模型、调节参数，以训练出自己的专属模型。

例如，使用文心一格生成一幅可爱小狗的图像，结果如图 7-31 所示。

信息技术与人工智能

图 7-31　文心一格的图像生成结果

2. WHEE

WHEE 是美图公司推出的一款人工智能视觉创作工具，具备强大的图像生成与图像合成功能。在线访问 WHEE 官方网站（网址 https://www.whee.com），进入 WHEE 官方网站首页（见图 7-32），登录账号后即可使用相关功能。

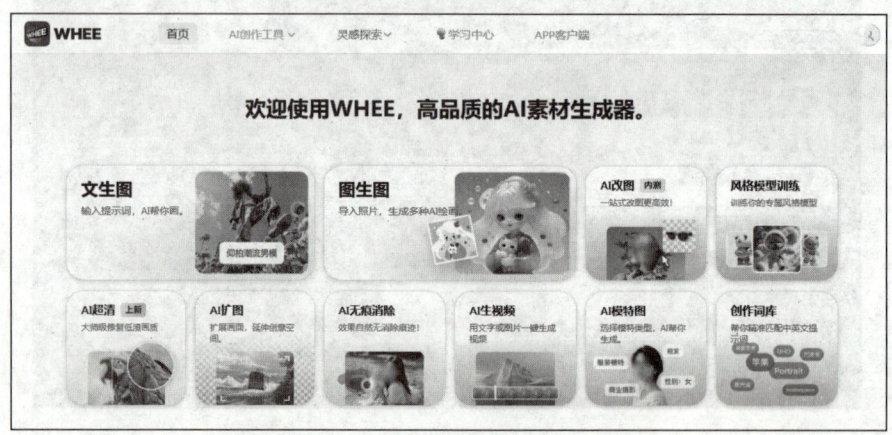

图 7-32　WHEE 官方网站首页

　　WHEE 在图像创作和图像编辑方面均有广泛应用。在图像创作方面，它可以实现文本生成图像、图像生成图像、模特图生成等功能。在图像编辑方面，它提供了 AI 改图、AI 超清、AI 扩图、AI 无痕消除等实用功能。除此之外，它还具备 AI 生成视频功能，能够根据文本或图像内容生成视频。

　　例如，使用 WHEE 的 AI 超清功能处理图像，可以使模糊的图像变得高清，如图 7-33 所示。

图 7-33 WHEE 的图像处理结果

3. 通义万相

通义万相是阿里云公司推出的一款人工智能艺术创作大模型。在线访问通义万相官方网站（网址 https://tongyi.aliyun.com/wanxiang），进入通义万相首页，登录账号后即可使用相关功能。

通义万相的基本功能包括文字作画、相似图像生成和图像风格迁移。除此之外，它还提供了一些创意功能，如艺术字生成、写真制作、涂鸦作画和虚拟模特生成。

4. DALL-E

DALL-E 是 OpenAI 公司推出的一款人工智能图像生成模型，其当前版本已接入 ChatGPT，因此它能够更好地理解自然语言，并支持多种语言输入，从而生成高度匹配用户意图的图像。

DALL-E 能够依据文本生成既清晰又逼真的图像，同时支持使用多种艺术风格。在此基础上，它还可以实现图像编辑修改、风格迁移等功能。

三、人工智能视频生成工具

随着人工智能文本生成、人工智能图像生成等 AIGC（人工智能生成内容）技术的发展，人工智能视频生成技术也逐渐取得了突破，多样的人工智能视频生成工具应运而生。下面介绍一些常用的人工智能视频生成工具。

1. Vidu

Vidu 是北京生数科技有限公司和清华大学联合发布的视频大模型，它基于 U-ViT 架构开发而成，生成的视频具有时长长、逼真、一致性高、动态性高等特点。在线访问 Vidu 官方网站（网址 https://www.vidu.studio），进入 Vidu 官方网站首页，登录账号后即可使用相关功能。

目前，Vidu 的基本功能包括文本生成视频和图像生成视频。除此之外，Vidu 还支持对生成的视频进行重新编辑和画质提升。

> **拓展阅读**
>
> U-ViT 架构是北京生数科技有限公司研发的一款国产原创架构，它是为图像生成与扩散模型设计的新型架构，也是 Vidu 视频大模型的核心架构。U-ViT 架构在 2022 年 9 月发布，比国外 Sora 的 DiT 架构早了两个月。在实际应用中，基于 U-ViT 架构的 Vidu 也成为与 Sora 相抗衡的存在。Vidu 被认为是继 Sora 之后，在全球范围内率先取得重大突破的视频生成大模型。

2. Sora

Sora 是 OpenAI 公司发布的人工智能文本生成视频大模型。在语言理解上，Sora 运用了 DALL-E 和 GPT 中的相关技术，能够准确理解用户需求。通过大规模的训练，Sora 能够理解人和动物的行为，并准确模拟真实世界。因此，人们认为它的出现标志着人工智能在理解真实世界场景及与之互动的能力上实现了飞跃。

Sora 的基础功能是文本生成视频，目前支持根据提示词生成最长时长 60 秒的连贯视频。除此之外，它还支持图像生成视频、连接视频、视频扩展和缺失帧补充等功能。

3. 可灵

可灵是快手公司自主研发的视频生成大模型，可生成最长时长 2 分钟的视频。在线访问可灵官方网站（网址 https://kling.kuaishou.com），进入可灵官方网站首页（见图 7-34），登录账号后即可使用相关功能。

图 7-34　可灵官方网站首页

目前，可灵支持文本生成视频、图像生成视频和视频续写功能，每次可以生成 5 秒或 10 秒的视频，还可以在原视频的基础上再生成 5 秒内容以延长视频时长。除此之外，可灵还提供了高性能输出、运镜控制、首尾帧控制等进阶功能，可实现对生成视频的精细控制。

4. 即梦 AI

即梦 AI 是字节跳动公司旗下的一站式 AI 创作平台，能够生成高质量的图像和视频。在线访问即梦 AI 官方网站（网址 https://jimeng.jianying.com），进入即梦 AI 官方网站首页（见图 7-35），登录账号后即可使用相关功能。

图 7-35　即梦 AI 官方网站首页

目前，即梦 AI 具有图像生成、视频生成、智能画布和故事创作四大功能。在视频生成方面，它支持文本生成视频和图像生成视频两种方式，每次可生成最长时长 12 秒的视频。在此基础上，即梦 AI 还提供了视频延长、对口型、补帧、提升分辨率等进阶功能。

四、人工智能语音处理工具

随着人工智能语音技术的持续发展，市场上涌现出了一系列人工智能语音处理工具。这些工具功能强大且易于使用，极大地降低了语音处理的技术门槛。下面介绍一些常用的人工智能语音处理工具。

1. 讯飞开放平台

讯飞开放平台是一个以语音交互为核心的人工智能开放平台。在线访问讯飞开放平台（网址 https://www.xfyun.cn），进入讯飞开放平台首页（见图 7-36），登录账号后即可使用相关功能。

讯飞开放平台集成了极为强大且全面的语音功能。在语音识别领域，它能够精准处理各种类型的语音输入，以超高的准确率将语音迅速转换为清晰准确的文本信息；在语音合成领域，它拥有丰富多样的音色库，可以将电子书籍、新闻资讯、文案稿件等各类文本内容流畅自然地转换为生动的语音，为有声读物制作、智能语音播报等提供了高品质的解决方案。此外，讯飞开放平台还提供了语音唤醒、语音测评、同声传译等功能。

2. 通义听悟

通义听悟是阿里云公司推出的一款聚焦于音视频内容记录的 AI 助手。在线访问通义听悟官方网站（网址 https://tingwu.aliyun.com/home），进入通义听悟官方网站首页（见图 7-37），登录账号后即可使用相关功能。

信息技术与人工智能

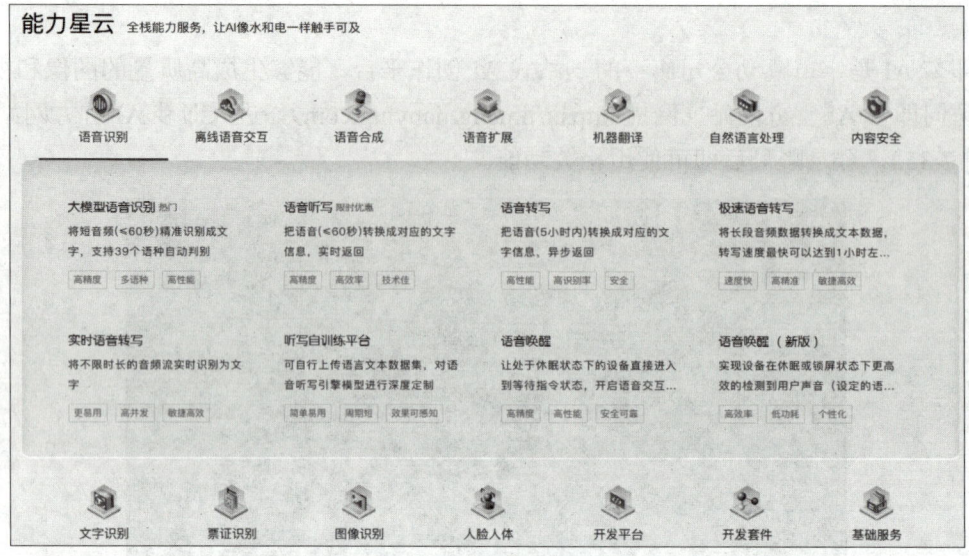

图 7-36　讯飞开放平台首页

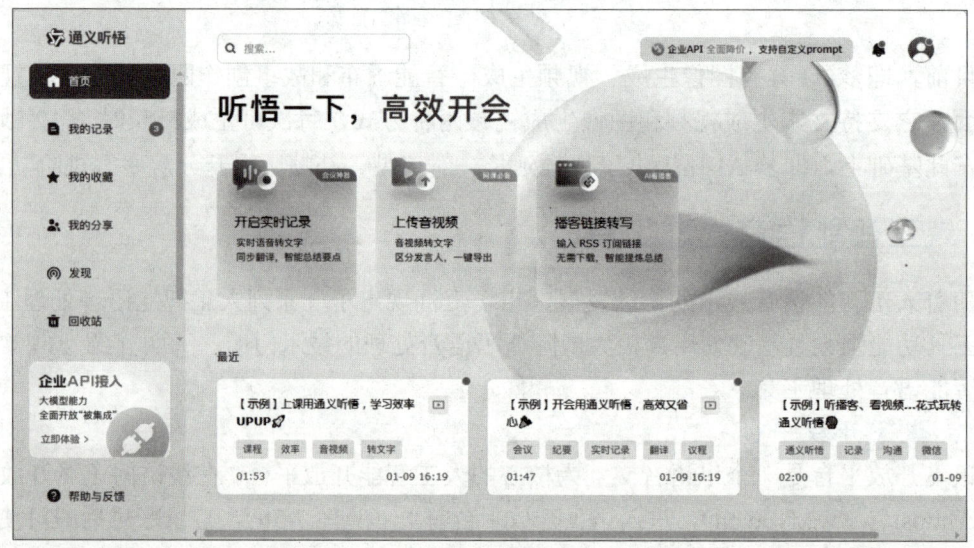

图 7-37　通义听悟官方网站首页

通义听悟不仅可以识别语音内容，还可以进行翻译、区分发言人等。此外，通义听悟还支持自动提炼全文概要、关键词、问题、待办事项，以及整理笔记等功能。同时，它还支持记录分享，可实现信息的无损且高效传递。

3．天工 SkyMusic

天工 SkyMusic 是昆仑万维推出的中国首款对外开放的 AI 音乐生成工具，基于天工 3.0 超级大模型开发而成。在线访问天工 AI 官方网站（网址 https://www.tiangong.cn），在首页界面左侧选择"AI 音乐"选项，进入天工 SkyMusic 首页（见图 7-38），登录账号后即可使用相关功能。

项目七 智启未来——人工智能

图 7-38 天工 SkyMusic 首页

天工 SkyMusic 支持多种音乐风格，包括说唱、民谣、古风、电子等，能够满足不同用户的音乐风格需求，为用户提供广泛的创作空间。此外，天工 SkyMusic 还能够识别并处理歌词的不同段落，如前奏、主歌、副歌等，使得生成的歌曲结构清晰，段落之间情感变化明显，进而增强音乐的表现力。

任务实施

设计部打算先利用文心一言获取一些关于公司宣传海报配图的建议，然后根据建议利用 WHEE 生成宣传海报配图以供参考。

生成宣传海报配图

步骤 1 访问网址"https://yiyan.baidu.com"，进入文心一言官方网站首页，并登录账号。

步骤 2 在编辑框中输入"公司现需要制作一幅具有科技感的宣传海报，请你给出一些关于宣传海报配图的建议，要求包括图像的内容、风格等"，按"Enter"键发送内容，文心一言给出的回答如图 7-39 所示。

步骤 3 访问网址"https://www.whee.com"，进入 WHEE 官方网站首页，登录账号后选择"文生图"功能模块，进入"文生图"界面。

步骤 4 选择"高级创作"选项，然后参考文心一言的回答设计提示词，在"提示词"编辑框中输入"展示一个充满高科技元素的未来城市；采用简洁的线条、少量的色彩和大量的留白；以冷色调为主，如深蓝、银灰、亮紫等；保持信息层次清晰，重要信息应突出显示"，在"不希望呈现的内容"编辑框中输入"过度拥挤；比例不协调"，如图 7-40 所示。

步骤 5 在"参数设定"设置区中设置画面比例为 4∶3，提示词强度为 10.0，生成张数为 1，如图 7-41 所示。

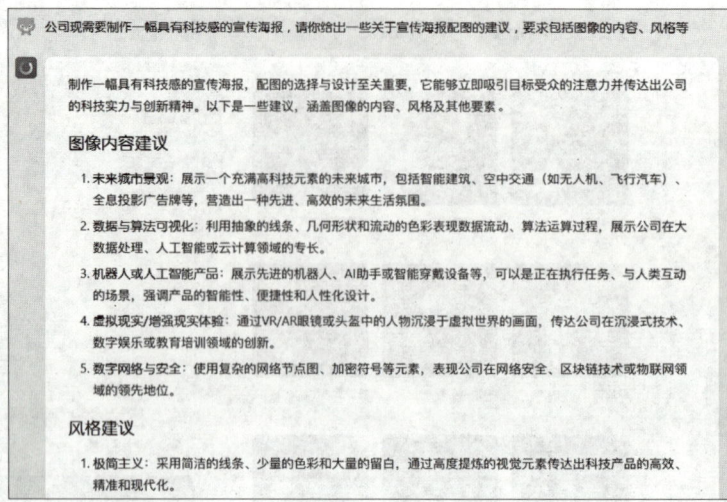

图 7-39 文心一言对宣传海报配图的建议（部分）

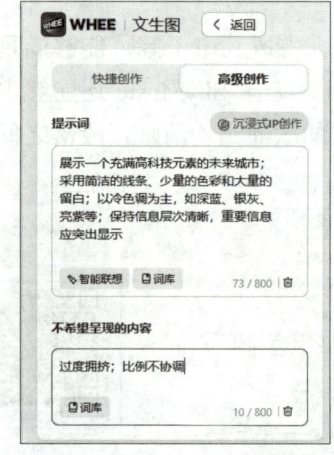

图 7-40 图片生成的文本要求

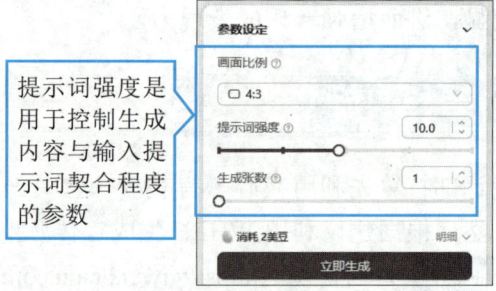

图 7-41 图片生成的参数设定

步骤 6 单击"立即生成"按钮，等待一段时间，WHEE 生成的图像如图 7-42 所示。

图 7-42 WHEE 生成的宣传海报配图

项目七 智启未来——人工智能

> **小技巧**
>
> WHEE 生成的图像仍然可能存在一些瑕疵，可以尝试使用其 AI 改图功能中的局部修改工具对图像中的局部瑕疵进行快速修改。

任务三　使用 WPS AI 设计活动策划方案

任务描述

随着人工智能技术的进步，人工智能工具可以与办公软件高度结合，使办公更加智能、高效。××公司为了丰富员工的生活，促进员工之间的交流，计划下周五在体育公园组织一场员工趣味运动会。公司领导让策划部负责设计该活动的策划方案。为了提高工作效率，策划部计划使用 WPS AI 设计一份活动策划方案以供参考。

为了完成使用 WPS AI 设计活动策划方案这个任务，我们先来学习一下 WPS AI 协助文档处理、电子表格处理和演示文稿制作的方法。

任务准备

全班学生以 4 人为一组进行分组，组长组织组员扫码观看"认识常用的办公软件"视频，讨论并回答下列问题。

问题 1：常用的办公软件包括哪些功能？

问题 2：WPS AI 是什么？

认识常用的办公软件

任务理论

WPS AI 是金山办公公司推出的一款基于大语言模型的人工智能应用，旨在提高用户的办公效率。下载并安装最新版的 WPS Office（本书以 WPS 365 为例），登录金山办公在线服务账号后，即可在 WPS 文字、WPS 表格、WPS 演示中使用 WPS AI 的相关功能。

一、WPS AI 协助文档处理

在 WPS 文字中，WPS AI 具有"AI 帮我读""AI 帮我改""AI 帮我写""AI 排版""全文总结""灵感市集"功能，如图 7-43 所示。

241

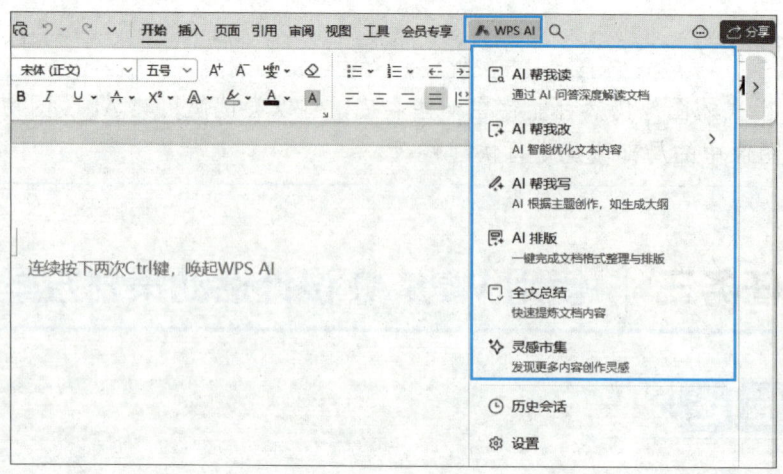

图 7-43　WPS 文字中的 WPS AI

1. AI 帮我读

"AI 帮我读"功能能够对文档进行总结和解读，可以根据用户的提问快速给出正确回答并精准定位原文位置，帮助用户提高阅读和编辑效率。

2. AI 帮我改

"AI 帮我改"功能能够实现自动修改文档中用户指定的文本。将插入点定位到目标段落或选中目标文本，然后可利用该功能对目标段落或选中的文本进行继续写、缩写、扩写或转换风格，如图 7-44 所示。

3. AI 帮我写

"AI 帮我写"功能具备强大的文本生成能力，可以根据用户输入的问题自动生成内容。该功能还提供了多种实用场景供用户选择（见图 7-45），以便快速生成符合用户需求的文本。

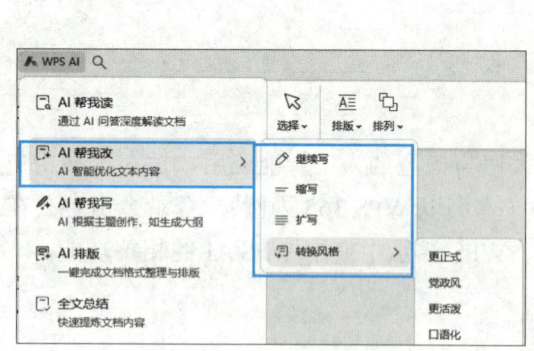

图 7-44　"AI 帮我改"功能

图 7-45　"AI 帮我写"功能

4. AI 排版

"AI 排版"功能能够实现一键整理文档格式并排版,极大地节省了人工排版的时间。启用"AI 排版"功能后,用户只需要选择目标模板,WPS AI 即会自动将目标模板的样式应用于当前文档。"AI 排版"不仅提供了多种常用文档模板(如学位论文、党政公文、合同协议和通用文档模板),还支持用户自行导入范文排版模板,如图 7-46 所示。

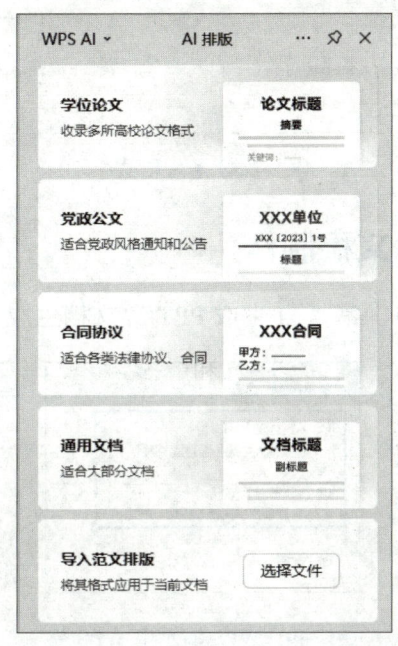

图 7-46 "AI 排版"功能

5. 全文总结

"全文总结"功能能够依据当前文档内容自动生成总结性文本,并且允许用户复制生成的文本,以便用户将其自由运用于各种场景,如工作汇报。需要注意的是,目前该功能仅支持对 100 字以上的文档进行总结。

6. 灵感市集

"灵感市集"功能为用户提供了丰富多样的预设模板,这些模板涵盖了常见的文档创作场景,如"PPT 大纲生成""教学工作计划""活动策划"等,能够帮助用户快速生成符合特定格式和要求的内容,大大节省了创作时间和精力,提高了整体创作效率。

二、WPS AI 协助电子表格处理

在 WPS 表格中,WPS AI 具有"AI 写公式""AI 条件格式"功能,如图 7-47 所示。

1. AI 写公式

"AI 写公式"功能能够快速生成公式,即根据用户输入的具体要求,快速生成符合要求的公式,实现快捷计算。

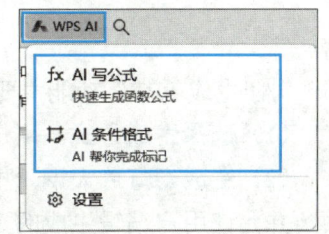

图 7-47 WPS 表格中的 WPS AI

2. AI 条件格式

"AI 条件格式"功能能够依据用户所设定的标记条件和标记效果，自动生成条件格式规则，并按照此规则标记当前工作表中符合条件的数据，如图 7-48 所示。

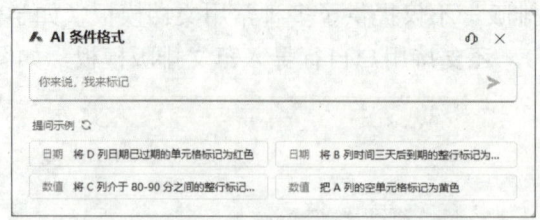

图 7-48 "AI 条件格式"功能

三、WPS AI 协助演示文稿制作

在 WPS 演示中，WPS AI 具有"AI 生成 PPT""文档生成 PPT"功能，如图 7-49 所示。

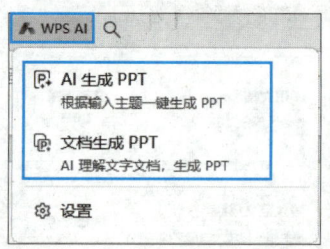

图 7-49 WPS 演示中 WPS AI

1. AI 生成 PPT

"AI 生成 PPT"功能可以根据用户提供的主题、文档或大纲自动生成演示文稿。这 3 种生成方式的区别在于生成演示文稿的依据不同，它们分别依据用户输入的文本内容、用户上传的文档、用户粘贴的大纲概要自动生成演示文稿，如图 7-50 所示。

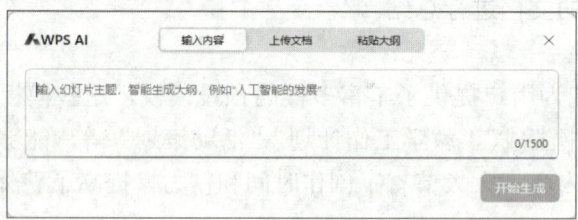

图 7-50 "AI 生成 PPT"功能

"AI 生成 PPT"功能主要通过以下几个关键步骤生成演示文稿。

（1）选择生成方式。用户需要在 3 种演示文稿生成方式中选择其一，如"输入内容"。

（2）生成幻灯片大纲。根据用户选择的生成方式，WPS AI 将自动生成与之匹配的大纲，并允许用户编辑生成的大纲。

（3）挑选模板。WPS AI 支持用户根据实际应用场景，选择合适的演示文稿模板。

项目七　智启未来——人工智能

（4）**生成演示文稿**。WPS AI 将根据以上步骤中的用户设定，自动生成符合条件的演示文稿。

在 WPS AI 生成演示文稿后，用户仍可对其进行编辑，如修改内容、增加幻灯片、更换模板等。

> **拓展阅读**
>
> 　　在使用 WPS AI 生成演示文稿时，用户应该对生成的演示文稿进行严格审查，不仅要检查其内容是否符合自身需求，还应该判断这些内容是否合法合规。若涉及商用，则应该特别注意演示文稿中使用的文字、图片等内容是否已获得商业授权，以避免侵权。

2. 文档生成 PPT

"文档生成 PPT"功能即为"AI 生成 PPT"功能中的上传文档生成演示文稿的方式。使用该功能生成演示文稿的步骤与使用"AI 生成 PPT"功能的步骤相同。其中，在生成幻灯片大纲的步骤中，"文档生成 PPT"功能可以选择智能改写或贴近原文生成幻灯片大纲。

> **小提示**
>
> 　　随着 WPS Office 的不断更新和升级，本书呈现的 WPS AI 功能可能与最新版本的 WPS 365 存在细微差异，读者请根据实际情况进行操作。

1. 使用 WPS AI 撰写活动策划方案文档

步骤 1 启动 WPS Office 并登录金山办公在线服务账号后，新建一个名为"活动策划方案.docx"的空白文档。

步骤 2 单击"WPS AI"按钮，在展开的列表中选择"AI 帮我写"选项。

步骤 3 在打开的编辑框中输入"下周五，公司将在体育公园举办一场员工趣味运动会，要求全体员工参加。请写一份以趣味、团结为主题的员工运动会活动策划方案，要求既有个人运动项目也有团体运动项目，同时兼顾人文关怀"，如图 7-51 所示。

使用 WPS AI 设计
活动策划方案

图 7-51　输入活动策划方案的要求

信息技术与人工智能

步骤 ❹ 按"Enter"键，等待一段时间，WPS AI 自动生成文档内容，然后单击"保留"按钮，将生成的文本添加到当前文档，如图 7-52 所示。

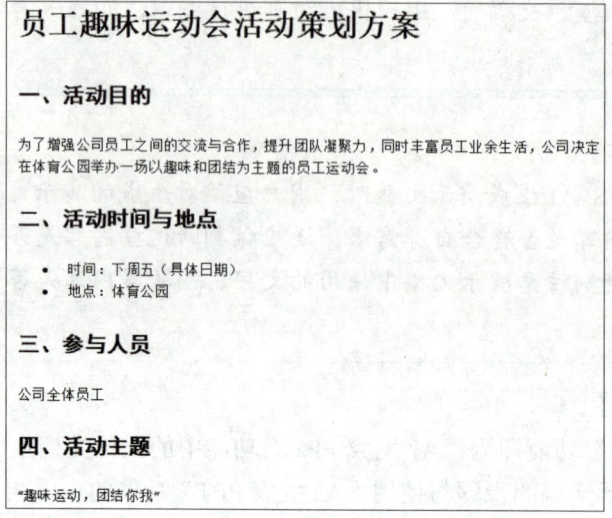

图 7-52 员工趣味运动会活动策划方案（部分）

> 使用 WPS AI 生成的文档内容不一定相同，请读者根据实际内容进行相关操作。

步骤 ❺ 将插入点定位到"一、活动目的"文本下方段落的末尾，然后单击"WPS AI"按钮，在展开的列表中的"AI 帮我改"子列表中选择"扩写"选项，该段落下方会自动生成扩写的文本，如图 7-53 所示。单击"替换"按钮，将扩写的文本添加到当前文档。

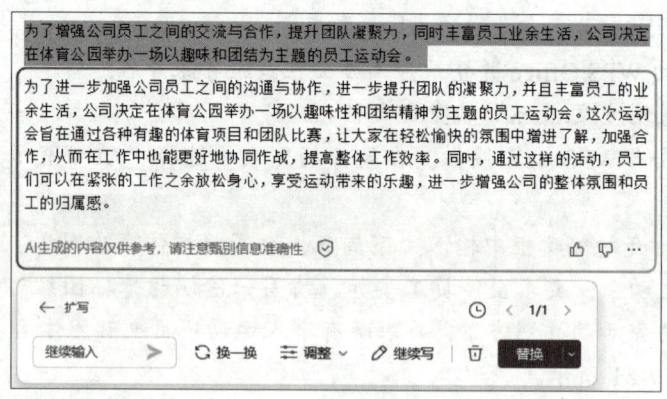

图 7-53 扩写活动目的

步骤 ❻ 按"Ctrl+S"组合键保存文档。

2. 使用 WPS AI 生成活动策划方案演示文稿

步骤 ❶ 新建一个名为"活动策划方案.pptx"的空白演示文稿。

项目七　智启未来——人工智能

步骤 **2** 单击"WPS AI"按钮，在展开的列表中选择"文档生成 PPT"选项，在打开的对话框中单击"选择文档"按钮，上传使用 WPS AI 撰写的活动策划方案文档（"活动策划方案.docx"文档）。

步骤 **3** 上传文档后选择大纲生成方式为智能改写（见图 7-54），然后单击"生成大纲"按钮，等待一段时间，WPS AI 自动生成幻灯片大纲，如图 7-55 所示。

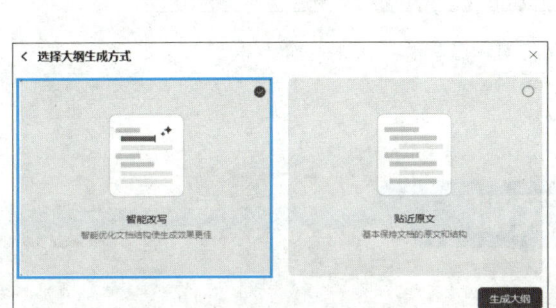

图 7-54　选择大纲生成方式　　　　　　图 7-55　生成的幻灯片大纲（部分）

步骤 **4** 单击"挑选模板"按钮，在打开的"选择幻灯片模板"对话框中选择"黄蓝色社团活动卡通主题"选项，如图 7-56 所示。

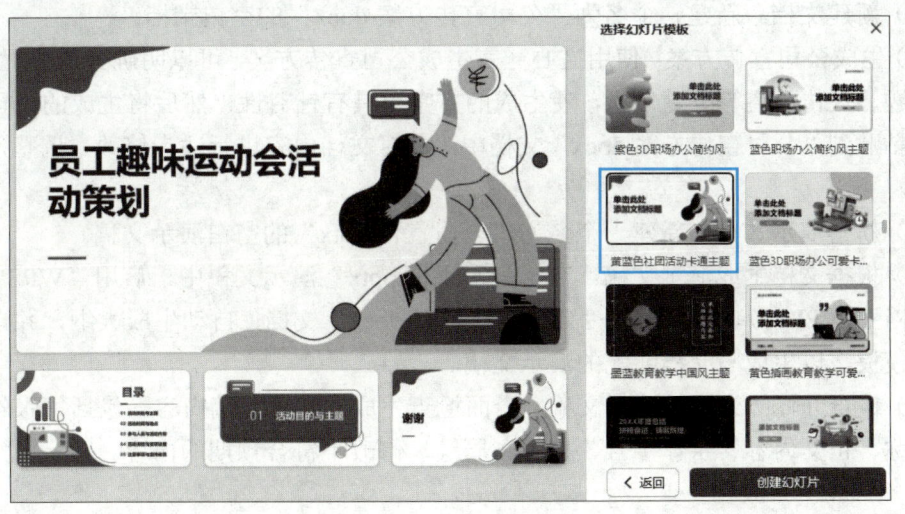

图 7-56　选择幻灯片模板

步骤 **5** 单击"创建幻灯片"按钮，等待一段时间，WPS AI 自动生成演示文稿。此时，用户可以根据实际需要进一步调整演示文稿内容（如插入文本框并输入"汇报人：策划部"），如图 7-57 所示。

信息技术与人工智能

图 7-57　生成的演示文稿

步骤 6 按"Ctrl+S"组合键保存演示文稿。

项目实训

1. 实训目的

（1）掌握使用人工智能文本处理工具的方法。

（2）掌握使用 WPS AI 的方法。

2. 实训内容

（1）新建文档。新建一个名为"公司宣传方案.docx"的空白文档。

（2）生成公司宣传方案。使用文心一言生成公司宣传方案，可以明确公司概况与定位、宣传主题、宣传渠道等关键信息，使生成的方案更具有针对性，然后将生成的公司宣传方案复制粘贴到"公司宣传方案.docx"文档中，并对文档内容进行适当修改、调整，最后保存文档。

（3）新建演示文稿。新建一个名为"公司宣传.pptx"的空白演示文稿。

（4）根据文档生成演示文稿。在"公司宣传.pptx"演示文稿中，启用"WPS AI"，利用"文档生成 PPT"功能，根据"公司宣传方案.docx"文档，自动生成大纲，并自行挑选合适的模板，以生成与文档匹配的演示文稿。

（5）检查并修改生成的演示文稿。全面检查生成的演示文稿内容，包括每张幻灯片的标题名称、正文内容、字体字号、排版布局等，修改不符合预期的内容。

项目七 智启未来——人工智能

项目考核

1. 选择题

（1）（　　）是研究、开发用于模拟、延伸和扩展人类智能的理论、方法、技术及应用的一门学科。

  A．人工智能   B．机器学习

  C．自然语言处理   D．图像识别

（2）下列关于人工智能发展的说法，错误的是（　　）。

  A．1936年图灵提出了图灵机

  B．人工智能在反思发展期因为机器翻译等项目的失败及一些学术报告的负面影响，研究经费普遍减少

  C．反向神经网络是在人工智能的应用发展期被提出的

  D．2018年百度阿波罗（Apollo）无人车在央视春晚上亮相，表明人工智能进入稳步发展期

（3）下列选项中，不属于人工智能应用的是（　　）。

  A．手术机器人   B．智能语音助手

  C．车牌识别系统   D．使用键盘输入文字

（4）（　　）是研究实现人类与计算机系统之间用自然语言进行有效通信的各种理论和方法。

  A．机器学习   B．深度学习

  C．自然语言处理   D．计算机视觉

（5）下列选项中，属于百度公司人工智能产品的是（　　）。

  A．文心一言   B．讯飞星火   C．ChatGPT   D．通义

（6）WHEE是（　　）公司推出的一款人工智能视觉创作工具，具备强大的图像生成与图像合成功能。

  A．百度   B．美图   C．OpenAI   D．科大讯飞

（7）在WPS文字中，（　　）功能可以根据用户输入的问题自动生成内容。

  A．AI帮我读   B．全文总结   C．AI帮我改   D．AI帮我写

2. 判断题

（1）人工智能的实质是对人类意识与思维过程的模拟。（　　）

（2）1956年，中国科学院计算技术研究所成立，标志着我国正式迈入了计算机技术研究的新阶段。（　　）

（3）自动驾驶汽车没有使用人工智能技术。（　　）

（4）在机器学习中，无监督学习的训练数据是无标签数据。（　　）

信息技术与人工智能

（5）在计算机视觉中，目标检测不可以识别图像中物体的位置。（　）
（6）文心一格既能实现文本生成图像，也能进行图像编辑。（　）
（7）Vidu 是专用于语音合成的工具。（　）
（8）"AI 生成 PPT" 功能可以根据用户提供的主题、文档或大纲自动生成演示文稿。
（　）

项目评价

请学生结合本项目的学习情况，对学习成果进行自评和互评（组内成员相互评分），请指导教师进行师评和总评，并将评价结果填入表 7-3 中。

表 7-3　学习成果评价表

评价项目	评价内容	分值	评价分数		
			自评	互评	师评
知识（40%）	人工智能的概念、起源与发展、应用领域和主要技术	15 分			
	人工智能在文本处理、图像处理、视频生成、语音处理方面的常用工具	15 分			
	WPS AI 的应用	10 分			
技能（30%）	使用人工智能工具进行文本处理、图像处理、视频生成、语音处理等	15 分			
	使用 WPS AI 解决实际问题	15 分			
素养（30%）	具有自主学习意识，做好课前准备	10 分			
	善于思考，积极参与，勇于提出问题	10 分			
	具有团队合作精神，出色完成小组任务	10 分			
合计		100 分			
总评	综合得分：_____	指导教师签字：_____			
	综合等级：_____				

注：综合得分可按照"自评（25%）+互评（25%）+师评（50%）"进行计算；综合等级可以"优"（综合得分≥90 分）、"良"（80 分≤综合得分＜90 分）、"中"（60 分≤综合得分＜80 分）、"差"（综合得分＜60 分）为标准进行评价。

参考文献

[1] 赵竞，欧阳芳. 信息技术基础［M］. 2版. 北京：机械工业出版社，2024.
[2] 王代勇，李安强，张加青. WPS Office办公应用案例教程［M］. 北京：清华大学出版社，2024.
[3] 方加娟. 信息技术基础：WPS Office［M］. 北京：高等教育出版社，2024.
[4] 龚玉清，程宇，朱云，等. 大学计算机应用基础教程：WPS版［M］. 北京：清华大学出版社，2024.
[5] 丁艳. 人工智能基础与应用［M］. 2版. 北京：机械工业出版社，2024.